虚構に基づくダム建設

北海道のダムを検証する

北海道自然保護協会 編

緑風出版

まえがき

3・11から学んだ人と自然の關係

二〇一一年三月十一日に起きた大地震・大津波と原発事故は、私たち日本人の自然と社会のあり方についての考え方を変えた。

一つは、人間は万能でないということを再認識したことである。自然の中から生まれた人類はその進化の過程で、何が起きるかわからない自然のありようを遺伝子に刻みこんできたはずであるが、西欧文明の導入に伴う物質の豊かさの中で、ともすればそのことを忘れがちになっていた。さらに、人間は自然を管理できる、という考えも批判を受けた。原子力を人間が管理できるという安全神話を信頼する人は大きく減少した。ダム問題でも、基本高水《きほんたかみず》という想定の河川流量をつくりあげ、自然がそのようにふるまうと考えてきた河川工学者も、自然を管理できると考えた人たちではないか。このような考え方は自然からしっぺ返しを受けるということを私たちは学んだ。これと関連して、社会の方向を示す役割を担ってきた専門家への信頼が大きくゆらいだ。3・11以降、原発の専門家の発言をそのまま信用する人が大幅に減少したことに典型的に表れている。

ダム問題でも同様なことが存在する。専門家の信用回復が必要な時代である。

二つ目は、私たちは、今の時代だけでなく、後世の人たちのことを今までより強く考えるようになったことである。原発事故は、「今さえよければよい」という考えを変えなくてはならないという意識を呼び起こした。原発から生まれる使用済み核燃料が十万年も放射能を出し続けることを初めて知って、多くの人が驚いた。ダム問題でも同じ問題が存在する。ダムは、それがある限り河川環境を悪化させ、しかもダムの寿命は百年ほどである。ダムを造るにも大きな費用が必要であるが、取り壊すにも大きな費用がかかる。後世の人たちのことを考えて行動する必要性を、3・11は教えてくれた。

ドイツの脱原発に関する「倫理委員会」報告に学ぶ

日本社会では、多くの国民が脱原発と言いながら、他方で原発輸出につとめ、原発再稼働を急ぐ政府の対応に象徴されるように、まだ従来型と新しい考え方とがせめぎ合っている。

ドイツでは、メルケル首相のイニシアチブで「安全なエネルギー供給に関する倫理委員会」が作られて、その報告に基づきメルケル政権は二〇二二年までに原発を全廃することを決定した。この倫理委員会報告は、これからの日本社会のあり方や私たちが取り組んでいるダム問題に大きな示唆を与えると考えて、簡単に紹介する。

(1) この委員会委員は、原子力の専門家は含まず、委員長は元環境大臣とドイツ研究者連名会長、委員は教会大司教や哲学者、元科学技術大臣、化学メーカー会長、経済学者などであった。福島第一原発事故以後、原子力発電の「安全性」に関する専門家の判断に対する信頼が揺らいだため、専門家に任せられないという考えを基本にしたためである。

(2) リスク判断やエネルギー供給といった重要な問題に対して異なった立場を代表する人物が委員となったが、問題について率直に、そして互いに敬意を払いながら討論が行なわれた。委員会メンバーは、自分の基本的な立場を放棄することなしに、実践的な結論へと合意に至った。

(3) この委員会は、「倫理的な価値評価において鍵となる概念は、『持続可能性』と『責任』である。ドイツの安全な未来は、環境が損なわれていないこと、社会において正義が成り立っていること、経済が健全であること、という持続可能性の三つの柱の上に成り立つ」と考えて検討を進めた。

(4) この委員会は、エネルギーの安定供給、炭酸ガスの削減、経済成長と雇用の安定など考えられるあらゆることについて検討した。

(5) エネルギー政策の転換が公衆の参加によってなされることを重視した。

私たちが重視したのは次のようなことである。①専門家ではない人たちが脱原発についてまとめたこと、②異なった立場の委員が議論して、結論をまとめたこと、③エネルギー政策、地球温暖化、経済成長と雇用の安定などあらゆる問題を幅広く検討したこと、④「持続可能性」と「責任」という倫理的視点で、後世に核のゴミを押し付けないことを重視したこと、⑤徹底した透明性を追求したこと。丸一日の公聴会が二回開催され、一五〇万人が視聴した。

私たちは、この本をまとめるにあたって、①の専門家ではない市民目線で検討し、③できるだけ幅広く考え、④持続可能性や後世につけを押し付けない視点を重視したが、この点でドイツの倫理委員会報告に励まされた。②の、異なる立場の人たちによる討論とまとめ、および⑤の、徹底した透明性と住民参加を、今後のダム問題の検討に生かしていきたい。

本書について

高度経済成長期以降急速に失われた河川環境

日本は、アジアモンスーン域に存在するために世界の中では水の豊かな国である。日本人は利用する水の大部分を川から得ている。川は、人にとって飲み水、農業用水、工業用水などを供給してくれる必須の存在である。また、一生川で暮らすものだけでなく、海と川を行き来する魚類の生息の場であり、人は川から魚介類を得ている。川の流れは人間に躍動感を与え、美しい川は観光の場ともなる。しかし、時には洪水をもたらし、生命や財産を奪う存在でもある。このように川は古来より人が生きていくうえで重要な存在であり、川を治めるものは国を治めるという言葉はよく知られている。大地を潤す豊かな川が、とくに戦後になって治山・砂防ダムや大型ダムにより失われつつある。川の自然環境を奪い続ける原因の一つであるダムが、なぜ造り続けられているのかを明らかにし、新たな方向を示したい。日本の宝である生きている川を後世に残していきたい。

日本の高度経済成長以前の日本の川は、様々な魚が生息し、蛍も珍しくなく、子ども達が歓声をあげて遊ぶ場であった。高度経済成長が始まる一九六〇年頃から、川の環境は悪化している。よりよい生活をめざす一方、水質が悪化し、都市部の川だけでなく、上中流部でも魚がめっきり少なくなった。

日本人に親しまれてきた淡水魚のワカサギは一九六六年、コイは一九八七年、フナは一九八〇年以降、アユは一九九一年以降に減少が始まった。ウナギは、一九七〇年に日本の河川では約三二〇〇トンの漁獲量があったが、その後減少を続け、二〇〇五年にはその一五％の四八〇トンまで減少した。近年とくに注目を浴びているウナギについて一言述べる。最近になってウナギは、グアム島付近亜熱帯の深い海で生まれ、黒潮に乗って日本近海にきて、河川で生長して再び亜熱帯の海にもどる生活史が明らかにされた。現在ウナギが大きく減少した要因として、獲り過ぎとともに河川環境の悪化が問題視されている。ダムによる遡上阻害やコンクリートを主体とした河川環境の変化も悪影響を与えている（井田〔二〇〇七〕）。

このような河川環境の悪化は、人と川の付き合い方が大きく変化したことが原因となっている。江戸時代までの人は、川と共存してきたが、明治時代に入ってからは、人は川を支配・管理する対象とするようになり、その結果魚類を含む河川生態系の保全はほとんど考慮されなくなった。河川生態系は複雑であり、そのためダム計画では生態系の管理のための予測は極めて不確実なものにならざるを得ない。多くのダムで、魚類に影響がほとんどないと予測したのにもかかわらず、ほとんどの場合魚類は減少していることが、予測の不確実性を如実に示している。

本書を通じて、国交省の官僚と関連研究者の「現場を見ずに想定を重んじる」姿勢の誤りを痛切に感じた。まず、現場・実態を把握して、その上で理論なり対策なりを検討するのが、研究者や行政の基本であるが、三つのダムを検討した流域委員会やそれに相当する委員会委員は、現場検証を一切行なわなかった。私たちは、少なくとも私たちが取り組んだ三つのダム事業は、机上の空論の上に作り上げられた砂上の楼閣だと考えている。読者の皆さんにも、そのような視点で本書を見ていただければ幸いである。

本書の構成

本書では、二つの計画中のダムと一つのすでに建設されたダムの必要性を検討した結果を述べ、ダムによらない人と川の関係によって生命あふれる川をとりもどすことを提案しようとするものである。

二〇〇九年八月三十日開票の総選挙でそれまでの自民党・公明党の政権から民主党へ政権が交代し、「できるだけダムに頼らない治水」への政策転換をめざすとして、全国のダム事業の検証を行なうことを決めた。その結果、サンルダムと平取《びらとり》ダムは検証の対象とされたが、当別《とうべつ》ダムは二〇〇九年に本体工事を着工したとして、検証の対象から外された。二〇一二年十一月現在、開発局はサンルダムの検証は終わったとしてダム継続方針を国交省に届け、平取ダムの検討の場は終了して、対応策が近々出される。当別ダムは二〇一二年三月に試験湛水が開始された。

以下に、私たちが二〇一〇年三月から二〇一一年五月の間に五回にわたってこの三つのダム事業について検証した結果を中心に述べる。第一章では、本書でとりあげるサンル川、沙流《さる》川および当別川を紹介し、第二章では日本のダムをめぐる状況を考え、第三章ではサンルダム、第四章では平取《びらとり》ダム、第五章では当別ダムをとりあげる。第六章では国民の多くがダム建設に懐疑的な中でダム建設が止まらない原因を明らかにして、第七章で、川を国民に取り戻す課題と提案を述べる。

本書の内容について以下の方々に校閲を受けた。治水は今本博健京都大学名誉教授と元国土交通省官僚の宮本博司樽徳商店会長に、治水・利水および費用対効果は嶋津暉之水源開発問題全国連絡会共同代表に、河川環境とくにサクラマス保全については前川光司北海道大学名誉教授に。厚くお礼申し上げる。

引用文献

井田徹治（二〇〇七）『ウナギ地球環境を語る魚』、岩波新書、一二二頁。

目　次

虚構に基づくダム建設——北海道のダムを検証する

第一章　人と川

第一章　人と川

一九四五年の終戦以後もしばらくは、日本の河川は自然状態を維持していて、川は、子どもたちのかっこうの遊び場であった。その中で友だちをつくり、自然の楽しさを体験した。しかし、高度経済成長期以降、日本の河川環境は悪化し、川の生物たちも大きく減少した。これは子ども文化の消滅であり、大いなる損失であった。私たちが取り上げる北海道の川の中で、サンル川は自然が美しく保たれている河川であり、沙流《さる》川と当別《とうべつ》川はダムや森林荒廃、川砂採取などで環境が悪化した。これらの河川の過去と現在を紹介し、失われたものの重要性を考えてみる。

第一節　子どもたちと川　過去を振り返る

現在の若者や子どもたちには、思いやりの心や人間関係を形成する力の低下傾向が指摘されている。これらの現象が起きてきた原因にはさまざまなことがあると考えられるが、私たちは子どもたちをめぐる自然の変化も重要ではないかと考えている。

子どもたちの生活体験や自然体験と道徳観、正義感について文部省が一九九八年にアンケート調査した結果を図1に示す。この図には、子どもたちが自然に親しむ度合と正義感などをもつ度合が関係していることが示されている。なぜそうなのかについては今後の検討が必要であるが、人類が自然の中から生まれてきて、自然に適応して進化してきたなかで培ってきたものが、自然と離れることによって失われた可能性が考えられる。

図１　子どもたちの体験活動に関するアンケート調査

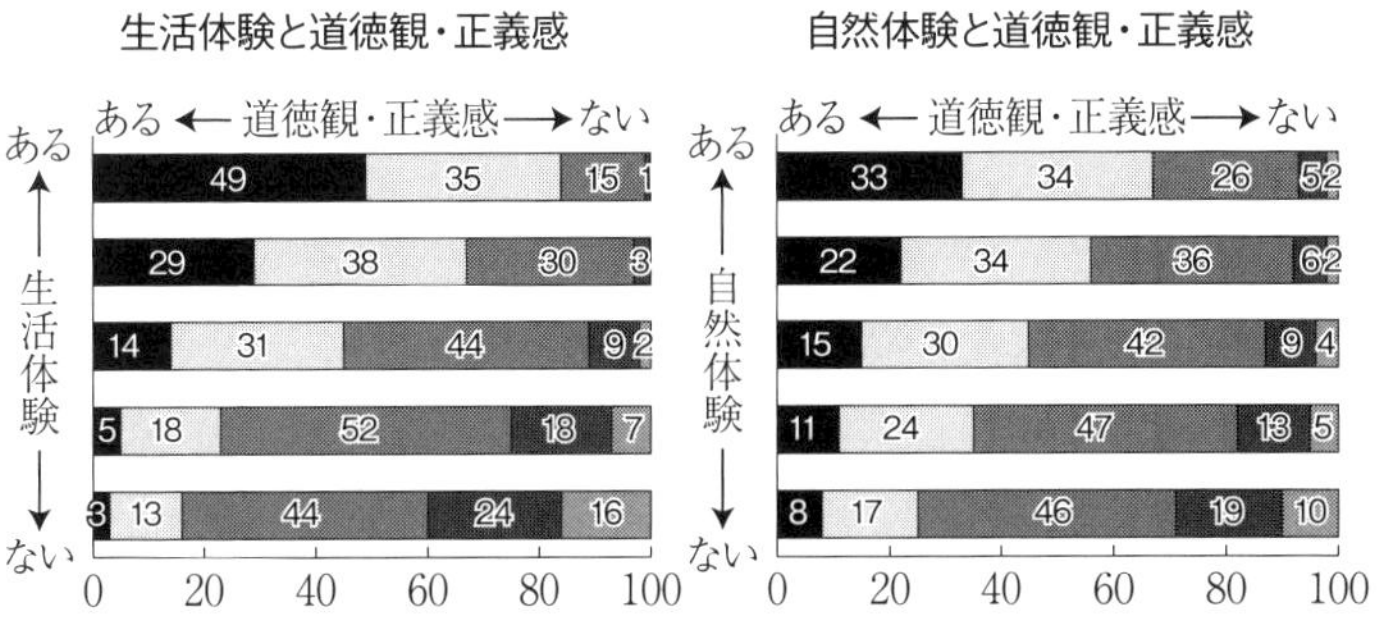

（注）生活体験や自然体験の有無、道徳観、正義感の有無について、アンケートに対する子どもの回答に基づき5段階評価してクロス集計したもの。
（資料）1998年（平成10）年7月調査、青少年教育活動研究会（文部省委託調査）

現在の子どもたちは、太平洋戦争後に大人たちが築き上げた豊かではあるが環境が破壊されつつある物質文明の中におかれている。急激な経済成長を経て現在にいたる大きな社会変化の中で子ども社会も例外なく変えられてきた。

過去の時代に、子どもたちの遊びの環境は、子どもたちを取り巻く周りにあり、当たり前で比較的安定したものであった。時に大水害の後でも遊びを通じ、その環境にすぐさま適応できた。自由奔放な子ども社会には、大人社会の介入がほとんど無く、自然環境に育てられる世界が成立していたと考えられる。

そこで子どもたちは「群れ」を形成し、身近な川や湿地、森や草原の四季と連動した。遊ぶ「群れ」の中には年代差があり、上下関係があった。小学高学年には数人のリーダー格がいて、群れを満足させる遊びの知恵や技能に優れ、尊敬される存在だった。

また、それぞれ多様な得意分野があり、だから遊びも多彩であった。

四季の遊びでは、周辺の湧き水場を先ず覚えた。遊びと飲み水の確保は重要だった。だから子どもたちの群れは川を大切にし、川の神様の存在を信じていたのだ。

川と親しむ

本書執筆者の一人の親は石狩川水系空知川《そらちがわ》の縁《ふち》で農業をしていた。家の前には稲作のための用水があり、大きな池につながる。池は広い旧川《きゅうかわ》（旧河道のことで、蛇行河川を短縮して残された河道）で雪解け後にはフナ釣りが始まる。用水では初夏蛍が無数に群れ飛んでいた。

夏休みは堤防を越え、空知川の蛇篭《じゃかご》護岸の隙間でバケツ一杯のカジカを釣り、鶏の餌にする。護岸からは湧水が川に流れ込み、水のみ場にもなっていた。浅瀬の岸の湧水は、広い下流域を冬季間結氷から守った。そこには越冬するカモ類が群れ、貴重な餌場となっていた。

蛇篭護岸の縁には柳林が連なり、片っ端から蹴飛ばすとクワガタがポトリと落ちる。これを捕まえ大きさを競った。

川にはこのあたりで一番の広く深い淵があり、父のイトウ釣りの場となっていて、巨大なイトウを釣ってきたものだ。その下流は早瀬となり、長い淵へとつながる。イトウが群れていたのを見つけ、口先に餌を流し釣ろうとしたけれど、食いつかなかった。

その淵の対岸は河原が続いていた。河原では泳いで冷えた体を、温まった石の上に横たえ温めていた。小学校の水泳授業は空知川の平瀬に造った天然プールで、大人も子どもも上達すると、深場を好んだ。赤や黒のフンドシや、タオル巻いた姿が当たり前だった。当時コンクリートででてきたプールは見たことがない。

一年に一度、土曜丑の日は村中の人たちが空知川に集まり、思い思いに川魚を捕り町内会ごとに魚汁を作って食べる大宴会もあったものだ。

我が家を襲った大水害

このように親しんだ川に異変が起こった。一九六一年八月、台風の影響で空知川の水位が上がり、大人たちは堤防で土嚢積みをしていた。越水《えっすい》寸前だったのを現場に行って見ていたが水害は逃れた。ところが翌一九六二年八月の場合、堤防での水位はさほど上がらず、土嚢積みをするまでには至らなかったが、翌朝まで上流部で集中豪雨があり、早朝堤防が決壊して濁流が押し寄せた。

小学五年の私は、弟と一年生になったばかりの妹を連れ、先に避難することになったけれど、すでに濁流は道路を覆っていた。膝までの流れは強く、二人の手を引きやっとのことで高台の親戚にたどりついた。一週間に及ぶ避難生活は不安で惨めなものだ。毎日濁流の中で頑張っている家や納屋を見ていたが、家畜は馬を除き全滅だった。

畑の表土は流され大きな水溜りがあちこちにでき、そこで泳ぎ、ウグイ釣りを楽しんだ。だが、堤防や護岸はことごとく破壊され、川の様相は一変していた。

ダム建設と河川環境の変化

災害復旧工事が始まり、堤防が次第に完成していった。するとなぜか川の流れは徐々に元に戻ってきたのだった。

その後上流に巨大な金山《かなやま》ダムが完成し水害を無くしたが、川から子どもたちを遠ざけてしまった。雨が降らなくとも放流による水位の増加がある。ダム放流の警告は次第に川に親しんでいた住民を遠ざけていった。さらに徐々に川の様相が変わってきた。

ダムによる川の人為的管理で、洪水的増水が少なくなり流量が平均化する。すると淵は埋まり、瀬が消えていく。蛇行は緩やかになり変化が無くなった。深い淵が無くなると、巨大なイトウが姿を消した。また、イトウの産卵場である支流は、河川改修で次々と直線化され、流れを弱めるため落差工（急勾配の河川では、階段状の段差を付けて急な流れを緩やか調整している。これが落差工。この落差のために魚類の遡上の妨げになる）を設置する。落差工は産卵のための遡上障害となり、イトウ・アメマスなどが減少した原因となった。

水量が少なく、浅く変化の少なくなった流れは、夏季水温が上がり水中の酸素欠乏を招く。すると水生昆虫が減少し、魚類の種類と数を減少させてしまった。また、流路の障害物として河畔林の過剰な伐採は、川に日陰を無くし水温上昇や酸欠を助長し、さらに水生昆虫や魚類への餌の供給を極端に減少させた。

　これらの原因で移動能力の少ないフクドジョウやハナカジカは極端に減少した。しかし、ハナカジカ減少の第一の要因は産卵環境の悪化であろう。人工的だが自然のしくみを壊さない蛇篭護岸は新鮮な湧き水を導き、石の隙間は産卵環境として最適だったのだ。これが無くなってしまったのは少し残念なことだ。

　近年まで護岸はコンクリートが主流であった。コンクリートの端は川の底まで埋め込まれ、湧水をあちこちで止めてしまっている。冬季河川の全面結氷が増えたのはこの原因が考えられ、この影響は水鳥の越冬場を奪った。さらに夏季には低温の湧水供給が断たれ、水温上昇は魚類など生き物たちの生息環境を悪化させた。最も重要なのは、サケ・マス類の貴重な産卵環境を奪ったことだ。コンクリート護岸の滑る斜面は危険で、より住民を川から遠ざけたと考える。

川を次世代の子どもたちへ

私たち太平洋戦争後生まれの団塊世代の子ども時代は「物」「金」が豊かではない半面、仲間との十分すぎる遊びの時間があった。しかし、遊びを通じた多くの体験とその継承による循環は、私たちの世代で急激に途絶えてしまったのではないだろうか。

　気づけば、昆虫を追い、魚を釣り、川で泳ぎ、山野を腹が減るまで無我夢中で駆け巡ったことや、森や川に何一つゴミが無かった時代があったことを、私たちは今の子どもたちに十分伝えてもいない。

私たちが立ち向かったダム建設問題では、治水や利水など多くの疑問が浮き彫りになっている。治水効果はあまりにも少なく、利水の必要性はすでに無い。無駄なダム建設は直ちに止め、きめ細かな治水対策への切り替えが必要で、同時に良好な河川環境の保全や再生に取り組む必要がある。「子どもたちが群れ遊ぶ川の風景」、そんな時を取り戻しつつ、治水のあり方を新たな視点で考え直す時だ。それが私たちの責務ではないだろうか。

第二節　最北の大河　天塩川の象徴、サンル川

1　サンル川とは？

北海道では石狩川に次ぐ国内第四位の長流である天塩川《てしおがわ》（二五六km）（図2、詳細は三章図1参照）の水系の中流域にある名寄《なよろ》市で、天塩川本流に合流する最も長い支流が名寄川（六四km）になる。サンルダム建設で揺れるサンル川は、この名寄川の最も長い支川で下川町に位置し、長さが三三kmある。

このサンル川はヤマメが豊富で、釣り人から「ヤマメ湧く川」「雨が降っても濁らない川」として知られる。道内外から訪れる釣り人は、美しい清流とヤマメに出会いに、何度も足を運ぶ。地元にはシーズン一〇〇〇から五〇〇〇尾を釣り上げる釣り人がいるが、納得できる。サンル川の

図２　天塩川の流域図

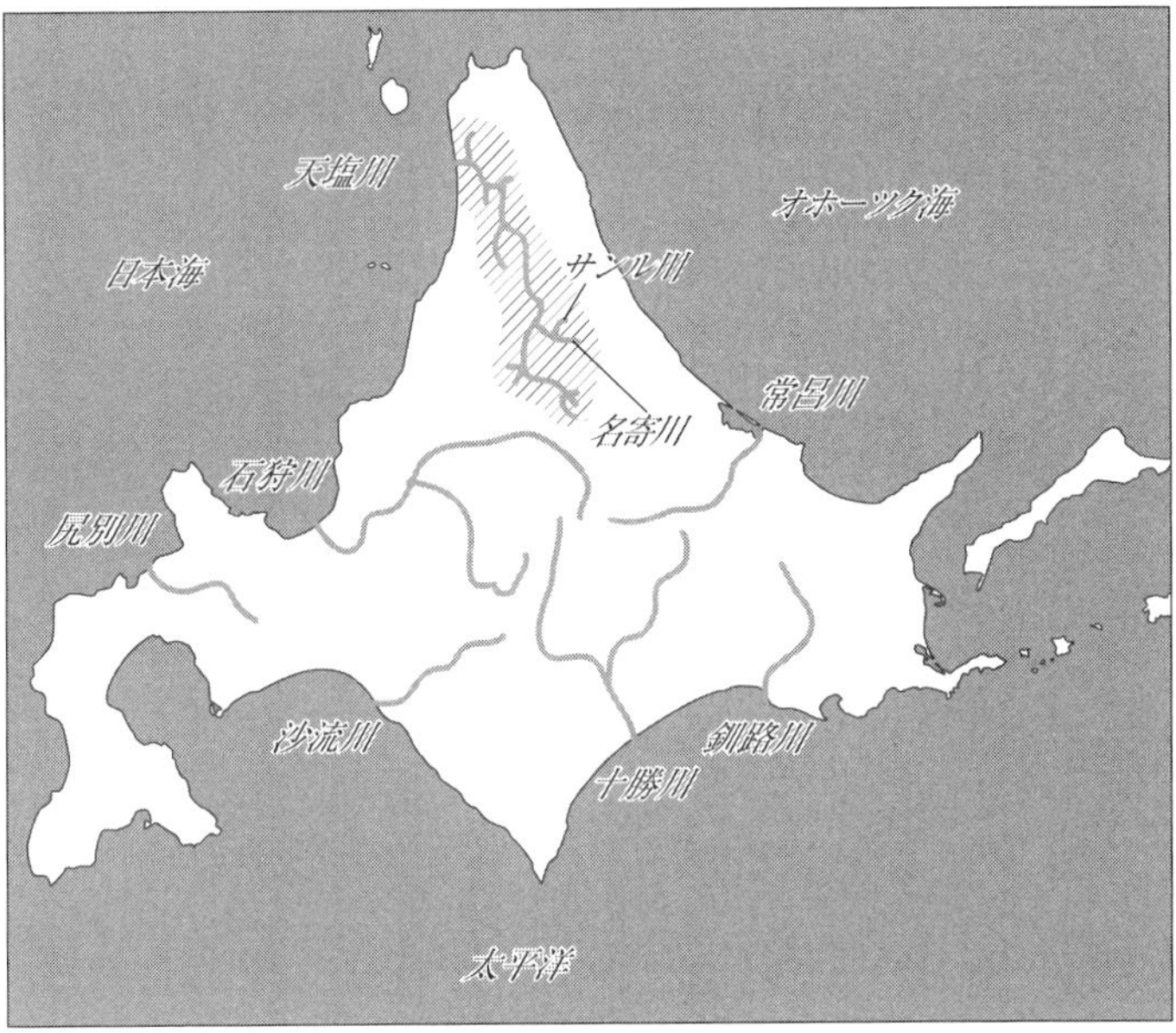

天塩川水系河川整備計画（北海道開発局）より引用

サクラマス生産力は近年特に増加維持しているという、全国稀な河川ではないだろうか。

サクラマスの現状

北海道のサクラマスはサケと共に放流事業を行なってきた経緯がある。しかし、人工繁殖による稚魚の放流で、サケのようには資源増加をもたらさなかった。サクラマスはサケよりも自然河川での産卵が必要で、低水温環境を好み、より上流部に遡上することが知られている。ところが一九六〇年以後に急ピッチで造られ続けた治山・砂防ダム及び貯水式ダム建設は上流部ほど多く、遡上障害となり産卵環境が奪われ続けてしまった。また、河川改修の影響もあり減少し続けている。

孵化した降海型サクラマス幼魚はサケより一年多く川で暮らした後、スモルト（海に下る用意のできた幼魚、体色が銀色となる）となり海に下る。雄の一部（時には雄全体の三分の二を超える）は生涯川に留まり、成熟して産卵に参加する（前川編『サケ・マスの生態と進化』文一総合出版〔二〇〇四〕）。また陸封型《りくふうがた》サクラマス（ヤマメ）は一生を生まれた川で終える。このように川で長く暮らす特徴から、サクラマスの保全には自然河川が何より必要なことが分かる。

素晴らしきサンル川

サンル川には多くの支川があり、どの川にもサクラマスの子どもであるヤマメが豊富に生息している。その生息密度は北海道内のサクラマス保護河川も含めても、トップクラスと研究者は語る。その理由として、遡上障害となる河川横断工作物（砂防ダム）がわずか一箇所のみである。しかも河川改修がほとんど無く、蛇行と瀬・淵・平瀬が続き、河畔林が豊富にある。

河床は古い時代の火山活動による岩盤の露出がところどころに見られ、複雑な火山活動が多種の火山礫を堆積している。この礫により透水性と保水性が良く、地下水の流入が夏季の水温を低く維持する。すなわち産卵床としての適地が非常に多く、雨が降っても濁り難いのだ（佐々木〔二〇〇八〕）。

サクラマス（ヤマメ）が増えた奇跡の川

サンル川周辺の多くは国有林であり、過去には大規模な山林火災や戦後復興のための木材搬出、近年までの過度な伐採で多くの森林が失われてきた。森林の荒廃は単に木が無くなることだけではない。重機による木材の搬出は急な斜面でもブルドーザーによって行なわれ、集材道が森を壊し、降雨により川の生態系を破壊する。川が暴れ、集材道からの濁流は、はるか下流まで影響を与え、サクラマスの減少は顕著になっていった。

これまでカラマツ・トドマツ・エゾマツなどの針葉樹主体に植林も行なわれてはきたが、営林署の統廃合・合理化で十分な植林など施行が出来なくなってきていた。森林に対する人的関与が少なくなったのだ。このことが功を奏し、山林火災跡地は見事に天然再生している。また、ほぼ皆伐され放置された森林も徐々に復活してきた。川の流れは甦り、河畔林を安定して成長させサクラマスの遡上産卵が増えてきた。

サンルダム建設が決まり、この地区の農地が国によって買収された。ダム堤体予定地はサンル川下流域になるが、それより上流の農地は全て無くなった。農薬も化学肥料、家畜のし尿も川に流入しなくなった。そして農地が放置されたままとなり、農地周辺の「森の力」は農地を森へと変化させている。このように「環境への人の関与」の減少がサクラマスの増加をもたらしていると考えられる。

サンル川には多くの支川があるにもかかわらず、砂防ダムは御車沢左股に一箇所のみである。天塩川河口から遡上するサクラマスがサンル川最上流部で産卵のため到達する距離は何と約二〇〇kmにもなり、その距離は国内最長と言われている。

世界では北東アジアだけに分布するサクラマス資源は減少し続けている。そのサクラマス資源の集中する日本海のサクラマス、とりわけ「最北の大河　天塩川」の役割は大きい。その天塩川へのサクラマス供給の要がサンル川と言われている。

カワシンジュガイ（絶滅危惧種）を育むヤマメ

サンル川では下流部から上流部にまでカワシンジュガイ・コガタカワシンジュガイが生息している。このカワシンジュガイの繁殖にはヤマメが関与している。この貝は子孫の維持・増殖のため、水中で微細な幼生を噴出する。そのままだと流され貝として成長できない。カワシンジュガイが川底に定着生息している所にはヤマメがいる。この貝が噴出した幼生が、エラ呼吸するヤマメのエラに多数付着し成長する。ヤマメは移動するので、増水により流されるだけの移動能力しかないこの貝が、上流部にも運ばれ微細な貝となりエラから河床に落とされる。新たな繁殖はヤマメに頼るのだ。

不思議なことにカワシンジュガイはヤマメのエラに、コガタカワシンジュガイはイワナやアメマスのエラだけに付着成長することが分かっている。

ダムなど河川横断工作物で、サクラマスやイワナ・アメマスが移動や遡上困難となれば、その上流部の貝は老いて（八〇～一〇〇歳）死ぬ。世代交代できずにやがて絶滅するのだ。

全国の河川でカワシンジュガイの絶滅や老化貝だけの報告があり、サクラマスなどの遡上障害が問題化されている。そんな中で、サンル川は貴重であり健全な川だ。

この貴重で稀な環境は「健全な森と周辺環境」に支えられている。効果が少なく、無駄なダム建設で失えば復活は困難になる。

2　サンルダム建設へ向けての経過

流域自治体首長による天塩川水系へのダム建設要望は、一九五五年（昭和三十年）七月に流域で起こった洪水被害が発端になっている。当時の治水対策は不十分であり、天塩川本流上流部（後に一九七一年完成の岩尾内ダム）と名寄川上流ダム（現在のサンルダム建設事業など）のダム建設が要望された。

しかし、一九七〇年代初めには天塩川本流の改修・築堤が進み、岩尾内ダムが完成。また、名寄川の築堤など整備が進み、次第に洪水被害は少なくなっていた。

一九七三年（昭和四十八年、名寄川真勲別《まくんべつ》観測所で戦後最大の流量を記録）・七五年・八一年（天塩川下流誉平《ぽんぴら》観測所で戦後最大の流量を記録）での被害軽減は、それまでの治水対策の成果となった。これらの洪水では、サンルダムより下流名寄川堤防の越水・破堤はなかったと、開発局が答えている。

しかし、「巨大公共事業は一度歩き出したら止まらない」。一九六〇年代に取り上げられたものの一度は鳴りを潜めた名寄川上流ダムだが、一九八〇年代に入り建設地元下川町が猛烈にアタック、過去陳情した天塩川治水促進期成会（流域自治体の長）を巻き込み行動を開始し、改めて「サンルダム建設」が浮上した。

下川町は旧国鉄名寄本線の廃止、町内二カ所あった営林署の統廃合、旧三菱銅山の休山、後にサンル金山の休山などで人口が流出し、急激な過疎化による衰退が課題であった。

したがって、地域振興のため、過去に計画されたダム建設を確かなものにすることが議会から求められていた。「下川町や下流地域の治水のため」は、本音ではなく、工事期間中だけでもまちの活性化になることが目的なのだ。そして町民へは、ダムで観光の夢をも描き与えた（第三章第一節参照）。この巨大治水事業には、事業者の開発局と下川町の生き残りがかかっていたとしか考えようが無い。

第三節　アイヌ民族の聖地を流れる沙流川

沙流川は、北海道日高地方を流れる川で、長さが一〇四km、流域面積は一三五〇km²ある（図3）。故萱野茂博士の『アイヌ語辞典』によると、沙流川は、シ・シリ・ム・カ（シ＝本当に、シリ＝あたり、ム＝つまる、カ＝させる）、すなわち、土砂が流出し、あたりが詰まる川と呼ばれてきた。

実際に沙流川河口では砂が河口を塞ぐように連なっている。沙流川のすぐ西側の鵡川《むがわ》もアイヌ語でムカ・ペッまたはムッカ・ペであり、「ふさがる川」という意味だといわれている。これらの川で砂が多くでるのは、上流部の日高山脈の地質学的特徴によるものである（在田〔二〇〇九〕）。

沙流川流域の平取町に二風谷《にぶたに》ダムが建設されたのは一九九七年であるが、それまでの沙流川について紹介する。

1　二風谷ダム建設までの沙流川

戦前から一九五五年頃までの沙流川では、アイヌが食料として最も重視していたサケ（アイヌ語でシペ）やサクラマス（サキペ）とその幼魚のヤマメ（キクレッポ）が豊富で、ヤマメは川にあふれるばかりに生息していたことが、「アイヌ文化環境保全調査総括報告書」（二〇〇六）に述べられている。また、シシャモ（スサム）は河口から十数キロまで遡上して産卵していた。しかし、一九六〇年代に入ってこれらの魚類は減少傾向となった。

一九六九年に国は新全国総合開発計画を策定し、その具体化の一つとして一九七一年に苫小牧東部大規模工業基地開発基本計画を策定した。いわゆる苫東《とまとう》開発である。この開発計画の一環として、工業用水（当初計画では一五〇万㎥／日）確保のために、平取町にダムを建設する計画が持ち上がった。平取町にとっては青天の霹靂ともいうべきもので、平取町はその対処のために北大、北海学園大学やその他の研究機関の先生などに調査を依頼して、一九七六年十一月に「沙流川水資源問題に関する調査報告書」（沙流川水資源対策調査団）が刊行された。以下では、「調査報告書」とするが、この報告書の内容や、平取町在住の町民からの聞き取りを記述する。

苫小牧東部開発計画

「調査報告書」によれば、一九七一年に開発局が発表した基本計画（年生産規模）は、鉄鋼二〇〇〇万トン、石油化学一六〇万トンなどであった。当時日本で最大規模生産は、鉄鋼では一二〇〇万トン、石油化学では四〇〜五〇万トンであったので、苫東開発計画が極めて大規模なものであり、それに必要な工業用水も二〇〇万トン／日を想定した。しかし、その後苫東開発は破たん、その借金は一九九八年当時で一八六〇億円、周辺整備まで含めると三六〇〇億円とも言われていて、その借金は他の公共事業と同様、国民の税金でまかなわれることになる。「調査報告書」では、一九七一年にはニクソンショックもあり、巨大な工業による外貨獲得が見通せたのかと疑問を呈している。とくに、工業用水の見通しでは、多くの不確定要素の積算に基づいたもので、単なる絵に描いたものが前提となっていると、厳しく批判している。具体的に、例えば鉄鋼が参画しなければ、工業用水の必要量は三分の一に減少することをあげ、当局はできるだけ多くの工業用水を確保しておこうという、無責任な対応であっただろうと述べている。

このような思いつきに近い計画が、平取町の将来に大きな影響を与えたことを考えると、政治家と北海道開発局は真摯に反省すべきであるが、残念ながらその後も千歳川放水路など過大な計

図３　沙流川流域と二風谷ダムおよび平取ダム位置

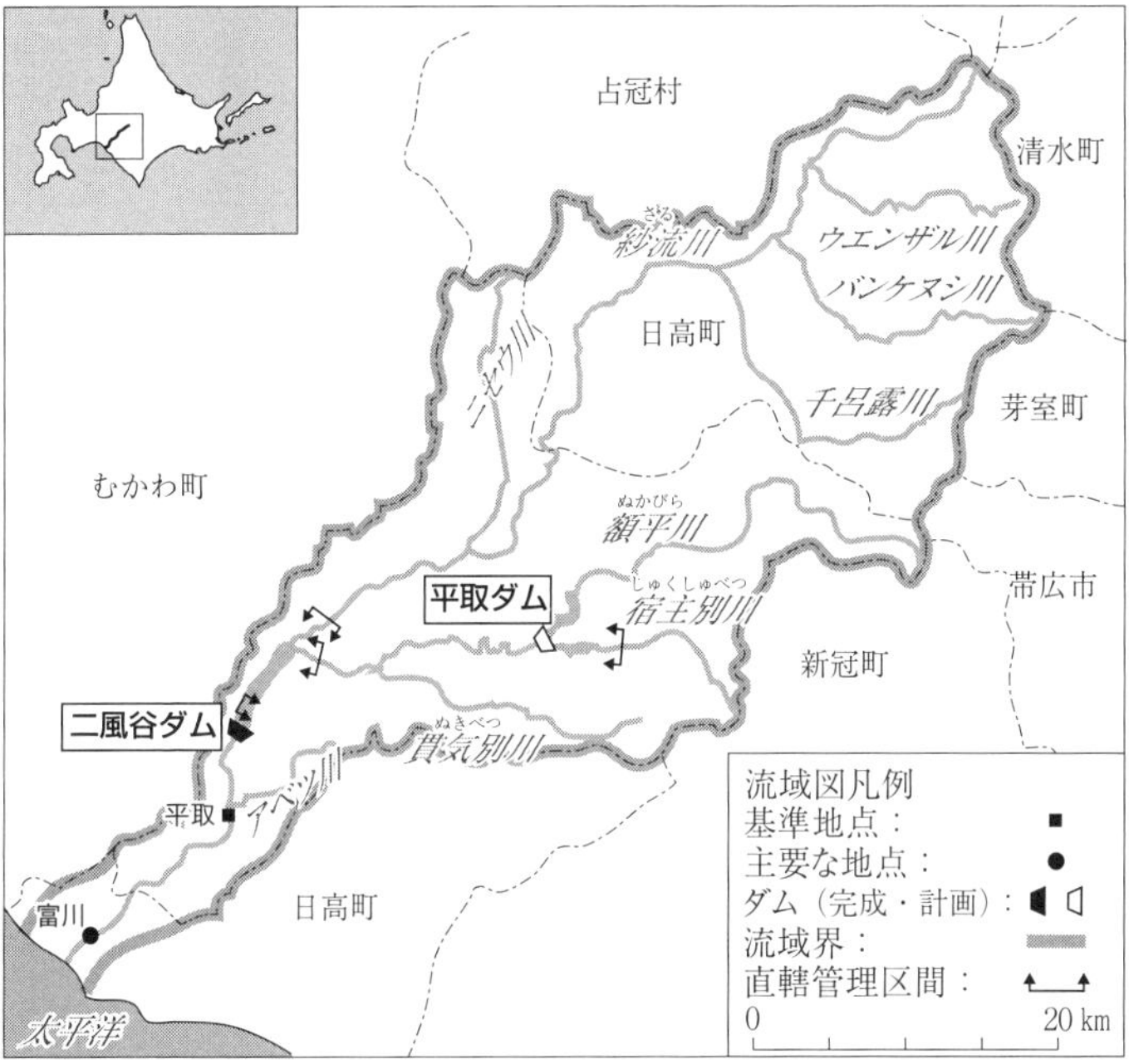

室蘭開発建設部 HP よる

画を立て続けた。

二風谷ダム・平取ダム計画の推移

「調査報告書」によれば、ダム計画が発表されても、北海道開発局はその資料を一切提出しなかった。つまり「調査報告書」は、調査団メンバーが独自に得た資料を基に検討した結果である。

ここでダムの貯水容量について説明する。図４は現在の二風谷ダムの貯水容量を示したものである。ダム全体の容量が総貯水容量で、二風谷ダムでは三一五〇万㎥である。このうち、上流から流れてきた土砂が約百年間で堆積すると想定した量を堆砂容量とよび、二風谷ダムの場合は一四三〇万㎥で（ダム建設当時は五五〇万㎥）、残りを有効貯水容量とよび、二風谷ダムの場合は一七二〇万㎥となっている。大雨が予想される場合は、ダムを空っぽにして上流からの流量をダムで貯めて、下流に大きな水量が流れないようにするのがダムの治水効果である。

「調査報告書」によれば、一九七一年の当初計画「沙流川総合開発」では、沙流川に三岩《みついわ》ダム、岩知志《いわちし》ダム、額平《ぬかびら》ダムおよび二風谷ダムを計画し、それぞれ一四五〇、一四〇〇および二五〇㎥／秒の洪水調節をすることにしていた。これらのダム群の有効貯水容量は、一億五四四〇万㎥、このうち治水容量は二九八〇万㎥、残りの一億二四六〇万㎥は苫東開発の工業用水（一八〇万㎥／日）容量としていた。「調査報告書」の著者らは、資料を整理して二風谷ダムの当初計画は、総貯水容量を二八八〇万㎥、堆砂容量を七〇〇万㎥として、有効貯水容量を二一八〇万㎥で、二五

○m³／秒という少ない量の洪水調節を考えていたと推定した。これらの推定から、「調査報告書」では、二風谷ダム地点に治水ダムを設けなければならない必然性は乏しく、はじめに利水計画があったがゆえに、治水計画がこれにのったのが実態であろう、と述べている。
開発局の一九七六年版計画では、二風谷ダムの総貯水容量は二六五〇万m³、堆砂容量は五五〇万m³、有効貯水量は二一〇〇万m³となった。二風谷ダムの洪水調節容量は当初計画の二五〇m³／秒から六〇〇m³／秒へ増やしたが、それでも二風谷ダムの洪水調節容量は小さく、開発局は平取ダムとセットで治水効果があることを強調している。

二風谷ダムの堆砂問題

二風谷ダムでは、後に詳しく述べるが、堆砂が重要問題である。堆砂とは、ダム貯水池へ上流から流入した土砂が貯水池内に堆積することを言う。ダムの建設後、時間の経過とともに貯水池内に堆砂が進行する。このためダム計画上は、通常、利水や洪水調節のための有効貯水容量に影響が出ないように、別に貯水池の立地条件に応じた堆砂容量（一〇〇年間で貯水池に溜まると想定される量）を確保している。堆砂容量を超えて堆砂が進行すると、治水や利水の機能が計画通りには果たせなくなることになる。

「調査報告書」では、平取ダムと二風谷ダムの堆砂に関する開発局の検討が不十分であると指摘している。「調査報告書」の内容を開発局の推定値と比較して表1（四一頁）に示した。

図４　二風谷ダム貯水容量

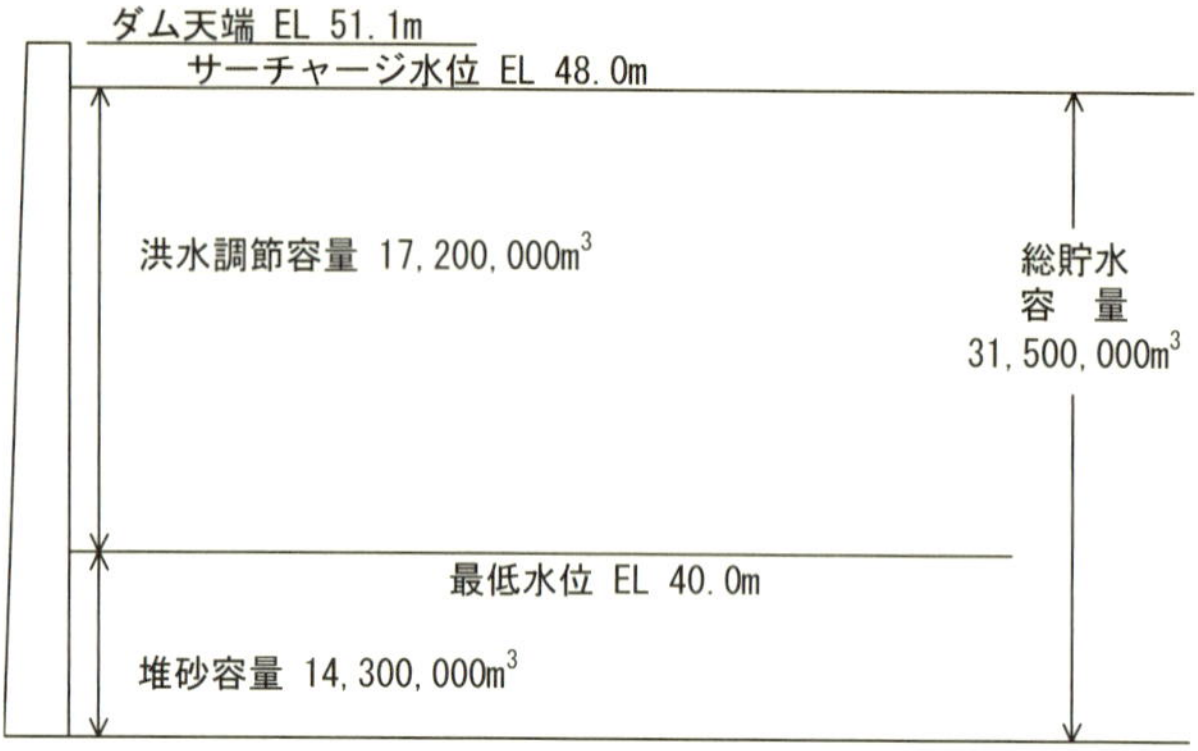

注）EL = Elevation Level（標高）　　室蘭開発建設部HPによる

ダムの堆砂量の予測は、ダム上流の流域面積に比堆砂量（表1に解説）を乗じて求める。「調査報告書」と開発局では、堆砂容量が異なった。「調査報告書」が出された時には、開発局の堆砂容量予測は、「調査報告書」のそれの約四分一であった。二風谷ダムが建設されて今年で一六年経ったので、どちらの予測が正しかったのかを検証することができる。

「調査報告書」は、二風谷ダムと平取ダムの両ダムができることを前提に、両ダムの上流の比堆砂量を求めて計算を行なった。実際には、二風谷ダムだけ完成したので、平取ダムがない状態での予測が必要となる。そこで、「調査報告書」のデータを用いて予測をしたところ、一年間に九二万m^{3}堆砂するという結果となった。二風谷ダムの堆砂量は二〇一一年までに一六二八・七万m^{3}堆砂しているので、年平均では約一〇八万m^{3}の堆砂となり、「調査報告書」から予測した値に極めて近かった（詳細な計算方法は表1参照)。開発局は、ダムができた一九九七年に堆砂容量を五五〇万㎥としていたが、たった六年間でこの値を越えた。開発局は想定外と説明して、新たに堆砂容量を一四三〇万㎥に変更せざるを得なかった。一九七六年に「調査報告書」においてすでに実際の堆砂に近い予測がなされているので、想定外という言い訳は通用しない。

川砂利採りと鑑賞石採り

川砂利……高度経済成長に伴い、全国的にコンクリートの需要が増加して、全国で川砂が大規模に採取されるようになった。しかし、川砂採取は川環境をひどく悪化させるため、規制され、多くの河川で中止となった。

沙流川の川砂は良質ということで昭和四十年代(一九六五年～)から盛んに採取されるようになり、とくに札幌オリンピック(一九七二年)へ向けて大量に採取された。「調査報告書」には、一九七一～七五年の間の川砂利採取量のデータが掲載されている。この間は毎年約一五万㎥採取され、五年間の合計は八四万㎥であった。データでは採取されたのは河口から上流二八㎞までの間である。後に二風谷ダムは河口から二一㎞付近に建設された。

「調査報告書」には、一九六六年から一九七四年の間の沙流川の河床低下の図が掲載されている。それをみると、河口から六㎞までを除くと、大幅に河床が低下している。「調査報告書」では、川幅を六〇mと仮定して、川砂利採取量から河床低下量を見積もっている。それによると、河口から八km（下流部）は〇・五一m、中流部（河口から八〜一七km）では〇・六〇m、上流部（河口から一七〜二八km）では〇・四一m河床が低下した。一方、一九七〇〜一九七四年の間の実際の河床低下は、中流部で〇・八八m、下流部で〇・六七mであった。したがって、中流部では〇・八八mのうち〇・六〇m（六八%）、下流部では〇・六七mのうち〇・四一m（六一%）が川砂利採取によるものではないかと推測している。

二〇一〇年二月にNHKテレビは「あるダムの履歴書―北海道沙流川流域の記録―」を放映した（以下、NHKテレビ）。このテレビで、元平取町長（一九八四〜一九九二年）の宮田泰郎さんは以下のように述べた。「ダムの水没地域の砂利を活用させようと考えた。当時沙流川は良質な砂利の産出地として全道的にも有名な地域だった。砂利企業も町内に五、六社あった。そこで働く人たちも相当な人数があった。そういう面では大きくプラスになるという考え方もあった。ダムの計画がなければそう簡単に川から砂利をとることは出来ない。ダムを造れば、どうせダムの中に沈んでしまうから砂利を採っていいということだ。何億円ではきかない、何十億円だ。ダムが完成して水没するまでには何年もかかる。その間フル稼働できるというのが大きかった」。

宮田泰郎元町長の話しから、ダム計画が決まって以降、川砂利採取規制がなくなり、川砂利はフル稼働で採取されたことがわかる。宮田元町長が町長職についた一九八四年に平取町は二風谷ダム建設に合意しているので、その前後に川砂は大量に採取されたと考えられる。「調査報告書」では一九七五年までの川砂利採取量を示しているが、それ以降も川砂利が採取されたことになる。

表１「調査報告書」と開発局の堆砂量推定値の比較

１　堆砂量の計算方法

堆砂量の予測は、該当流域の比堆砂量（1年間流域1k㎡当たりの堆砂量）を推定して、比堆砂量に流域面積を乗じて求める。

２　二風谷ダムの流域面積

流域面積は1230k㎡であるが、二風谷ダムのすぐ上流で沙流川本流に額平川が合流する。沙流川本流と額平川の比堆砂量は異なるので、沙流川本流と額平川に分けて考察する。額平川の流域面積は384k㎡である。

(1)沙流川本流の流域面積……二風谷ダムの流域綿製1230k㎡から額平川の流域面積384k㎡を除く。さらに、二風谷ダムの上流に岩知志ダム（流域面積567k㎡があるので、二風谷ダムの堆砂を考える場合には、岩知志ダム下流だけ考える。そうすると、沙流川本流の流域面積は、1230－384－567＝279k㎡

(2)額平川の流域面積……384k㎡

３　比堆砂量の比較

開発局の見積り……(1)沙流川本流：165㎥／年／k㎡、(2)額平川：500㎥／年／k㎡

「調査報告書」見積……(1)沙流川本流：541㎥／年／k㎡（岩知志ダム実績から推定)、(2)額平川：2,000㎥／年／k㎡（砂防堰堤資料から推定）

４　年間堆砂量予測の比較

二風谷ダムの年間堆砂量は、沙流川本流流域面積×比堆砂量＋額平川流域面積×比堆砂量で求めることができる。

開発局予測……279×165＋384×500＝24万㎥

「調査報告書」予測……279×541＋384×2000＝92万㎥

５　実際の堆砂量

二風谷ダムでは、1997年から2011年までの15年間に1,628.7万㎥堆砂したので、年平均堆砂量は108万㎥堆砂であった。

したがって、「調査報告書」の推定堆砂量92万㎥は、実測値の85%であったが、当時の開発局の推定堆砂量24万㎥は実測値の22%に過ぎなかった。

６　1997年竣工の二風谷ダムの平均年間堆砂量の見積り

開発局は、100年間の堆砂量を550万㎥としたので、年間にすると5.5万㎥と予測したことになる。これは、1976年頃の開発局の堆砂見積り24万㎥よりはるかに小さい値であり、実際の堆砂量108万㎥の5%程度であった。

また、北海道開発局は、この頃平取町に川砂採取権を与えたので、砂利企業だけでなく平取町も一定の利益を得たと推定される。

鑑賞石……沙流川流域、とくに額平《ぬかびら》川上流には、庭石などにもちいられる有名な石がある。有名なのは「アオトラ石」、最高級品は「幸太郎石」である。幸太郎石は、平取町の「びらとり温泉」の入り口や、とくに温泉の湯船に巨大なものがおいてあるので、関心のある方は見に行くことができる。この庭石はダム建設に邪魔ということで払い下げられたこともある。一九六五年頃からは庭石ブームとなり、額平川上流で多くの巨石が採られるようになった。平取町に住んでいる方は、魚釣りが好きで、巨石の近くでよく釣りをしていたが、あるとき釣りにいったら巨石がなくなり、その場での釣りが出来なくなったとの思い出を語っている。巨石が採られると山肌は崩れやすくなり、額平川の環境は濁るなど悪化した。

森の荒廃

鑑賞石が採られるようになるすこし前に、沙流川の上流の森林伐採が進められ、非常に多くの作業道がブルドーザーで造られるようになり、森の斜面が荒れ、木々が倒れやすくなった。「森が荒れると、川が壊れる」と言われるが、まさにそのようなことが沙流川上流で進行し、清流沙流川が濁った川となった。清流が濁流になったことを、先に紹介したＮＨＫテレビでは強調している。二〇〇三年に台風一〇号がきたとき、二風谷ダムに極めて多量の樹木が流入したが、ほとんどは古い樹木であった。おそらく、森林荒廃で生じた倒木であったと推定される。ある人は、沙流川を壊したのは、ダムを造った北海道開発局と国有林を乱伐した林野庁だ、と言った。

シシャモ漁業

シシャモは北海道の太平洋側でのみ漁獲される。沙流川を含む門別町《もんべつ》（現在は日高町）はシシャモがたくさん獲れる町であった。二〇〇七年のシシャモ漁獲量は、釧路管内において五〇〇トン、十勝管内が五二八トン、日高管内が一四〇トン、胆振《いぶり》管内が八八トンであった。最近は襟裳岬より東側でより多くのシシャモが漁獲されている。一九六二年以降の旧門別町漁協のシシャモ漁獲量（図5）を見ると、一九七〇年（昭和四十五年）前後から急激に減少している。

旧門別町の中の沙流川における漁獲量を図6に示す。一九六六年までは両者は連動して変化しているが、一九六七年以降に沙流川における漁獲量が著しく減少している。旧門別町の中の沙流川のシシャモ漁獲量の割合を見ると、一九六二年には六六％であったが、徐々に割合が減少して一九六四年には五〇％を切り、一九六七年には一一％に減少した。(3)と(4)で述べたように、川砂利・鑑賞石採りと林業の荒廃によって、沙流川は濁り、産卵場の環境が悪化したものと推定される。

2　アイヌ民族と沙流川

二〇〇八年の国会は、「アイヌ民族が差別されてきたことを歴史的事実として厳粛に受けとめ、

図5　旧門別町漁協シシャモ漁獲量の推移

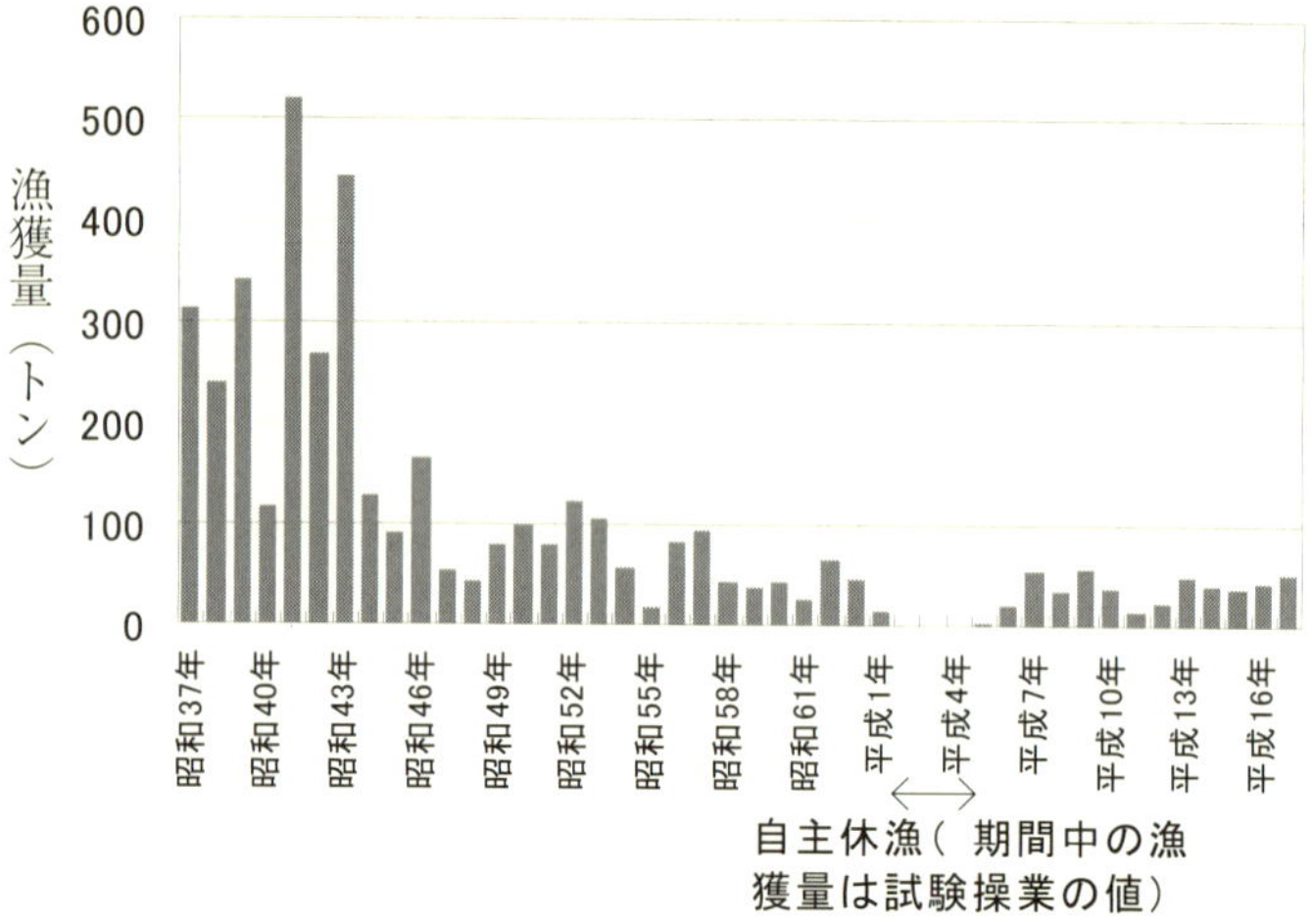

北海道開発局

アイヌ民族を先住民族として認め、その名誉と尊厳を保持し、その文化と誇りを次世代に継承していくこと、また、こうした国際的な価値観を共有することは、我が国が二十一世紀の国際社会をリードしていくためにも不可欠である」という内容の決議をした。

現在二風谷ダムが存在する平取町は、アイヌ民族の聖地とよばれて、アイヌ民族が多く住んでいる。平取町の由来は、アイヌ語のピラウトゥル（ガケの間の意味）である。

アイヌ初の国会議員となった故萱野茂博士は、「沙流川流域・額平川の源流には日高山脈最高峰のポロシリ岳があり、沙流川流域に暮らすアイヌ民族の守り神として特別な存在で、その川岸に連なる岩群はチノミシリとしてその守り神がおりるところで

図6　門別町とその中の沙流川におけるシシャモ漁獲量

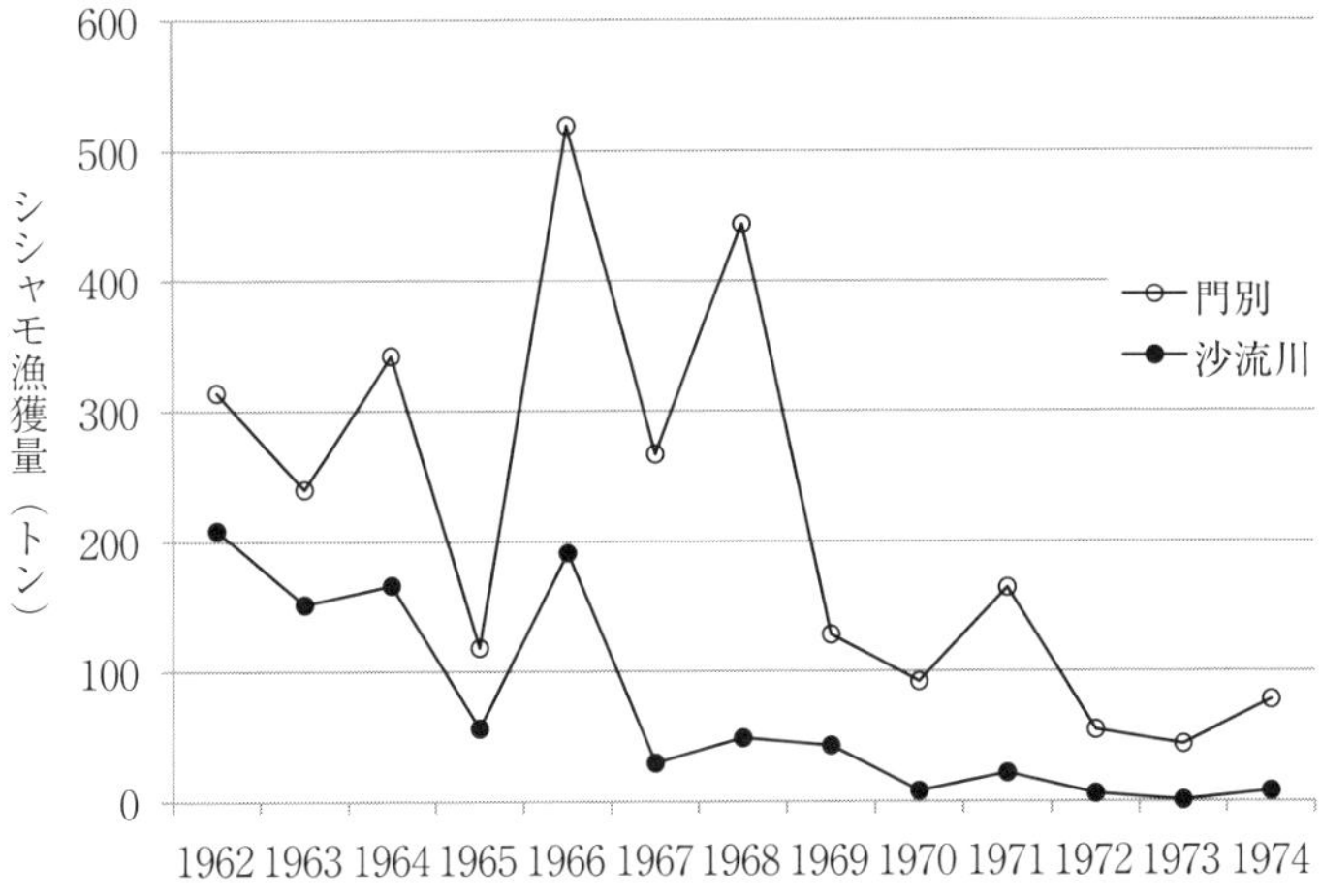

漁獲統計資料

ある。額平川支流の宿主別川《しゅくしゅべつがわ》は一日中日が当たり昔から豊かな川の恵みを得ることができるイオルとして生活に欠かせない重要な川である。」と説明している。（チノミシリ・アイヌ語で「われらの祈る場所」＝「聖地」、イオル・アイヌ民族の「生活の場」を意味する）

　沙流川とその支流額平川の流域は、アイヌ文化にとって流域全体が重要とされている。その理由として、第一に、アイヌ民族にとって、ポロシリ岳（日高山脈の最高峰、幌尻岳）がポロシリカムイの座すところ、最も聖なる山として信仰の対象とされてきた。そのため、この流域は、アイヌ民族の世界観にとって重要な意味を持っている。第二に、この流域は、アイヌ民族の伝統生活と密着したアイヌ語地名が多く残され、アイヌ民族の説話伝承に裏打ちされた流域の景観環境が道内では抜きんでているため、アイヌ文化の存在を際立たせる土地となっている。この流域では、アイヌ民族の伝統生活や説話と、地名ならびに地名を意味する環境が一致する文化的景観が残されている。第三に、この流域には、通称「アオトラ石」の原石（緑色片岩）が河川の運搬によって散布され、はるか縄文時代より東北地方まで運ばれ、石斧の材料として使われてきたものである。第四に、この流域の人口は、現在でもアイヌ民族の占める割合が北海道内で群を抜いて高く、このことは、歴史的にみて、この流域が多くの人口を支える各種の資源（アオトラ石、毛皮、木材、動植物、その他）を産していた証拠と捉えることができる。第五に、アイヌ人口の割合が高いことによって、この流域では豊かなアイヌ文化が育まれ、一〇〇年を超える同化政策の下においてもアイヌ語をはじめとする文化を継承してきた。それゆえに、明治以来、国内はもとより外国からも多くのアイヌ文化研究者がこの流域を訪れ、多くの情報を提供してきた。さらに、故萱野茂博士に代表される、みずからがアイヌ文化の継承者であるとともに他に向けて情報発信するたくさんのアイヌ民族がこの流域で活動している。

このように、現在までアイヌ文化が途切れず継承されてきたことは、この流域の、自然環境ならびに文化環境の特色によるといえる。したがって、沙流川およびその支流額平川の流域は、アイヌ文化を次代に受け継いでいく重要な地域であることは明白である。

このようなアイヌ民族の聖地である沙流川に二風谷ダムが建設され、額平川と宿主別川の合流点に平取ダム建設計画が立てられている。

第四節　当別町のみを流れる当別川

1　当別川と青山ダム

当別川は、石狩川の河口から約一五km上流の右岸に合流する長さ七二・五km、流域面積三〇九・五km²の当別町のみを流れている一級河川である。当別川が石狩川に流入する対岸には札幌市を流れる豊平川《とよひら》が石狩川に流入している（第五章図3参照）。当別川はアイヌ語で沼からくる川という意味で、昔は沼や湿地が大変多い町であった。当別川は蛇行が著しく流下能力の小さい自然河川であったため、大雨の度に洪水被害が発生した。北海道は一九二八年～三七年にかけて、石狩川合流地点から上流九kmの区間の左右両岸の築堤工事を実施した。さらに、一九六三年から上流の中小河川改修工事が行なわれ蛇行していた川が、ショートカットされ直線化された。その結果、当別川流域の沼や湿地がどんどん減少していった。

一九六二年に農業用の青山ダムが竣工されてからは、河川環境が一変した。青山ダムの下流域で子ども時代を過ごしたという住民は、かつての当別川はサケやマスが溯上し、子どもたちが川遊びもしていた、しかし、青山ダムが出来てからは、川の深さも変わって遊ぶことが出来なくなり魚も少なくなったと話している。私たちが何度も当別川の調査で現地を訪ねても、魚影を見ることはほとんどない。毎年九月上旬には水田に使われる農業用水が必要でなくなるため、青山ダムから水と一緒に多量の泥が流されることも大きく影響している。

北海道の当別川河川整備計画の資料によると、当別川流域にカワヤツメ、イバラトミオなどが生息していることになっているが、主に生息しているのはウグイである。しかし、それもなかなか見ることができない。また、当別ダムの本体着工に伴いダム湖に水没してしまう地域の木も根こそぎ伐採され川の汚濁は益々進んでいる。

2　当別川実地調査と聴き取り

青山ダム（一九六二年竣工）建設以前の当別川

当別ダム上流部で子ども時代を過ごしたという住民から、当時の当別川について、「夏になると子どもたちが楽しそうに川で泳ぎ、ウグイやカジカなどの魚もたくさんいた。父親が馬を洗いに川に入るとヤツメウナギなどが蹄についたりした。さらに、昔はサケも溯上していた。青山ダム完成後は、季節ごとにダムの放水が行なわれ、きれいだった川が茶色く濁った川に一変した」という報告を受けた。また、当別町の住民からは、「一九五二年頃はサケがたくさん溯上し、またヤツメウナギもいた。サケは毎年溯上していたが、当別川を直線にしてからサケの魚影は見えなくなった」という話を聞くことができた。

現在の当別川は、濁りが大きくサケやサクラマスの遡上は見られないが、少なくとも青山ダム完成以前は北海道の他の河川と同様にサケが遡上する川であった。

青山ダム

青山ダムは、一九六二年に農業用のダムとして建設された。毎年、九月上旬にダム水が放流されると、泥が溜まっている様子がよく分かる。当別ダム周辺の環境を考える市民連絡会（以下市民連絡会）が、二〇〇五年にカメラマンの稗田一俊氏を講師に当別川と一番川、二番川の調査を実施した。稗田氏は、川というのは上流から下流へ常に砂礫が流れていて、その砂礫の流れを止めてしまうのがダムだ。そして、青山ダム下流の当別川がいつも茶褐色に濁っているのは、青山ダムが砂礫をとめて、泥だけを下流に流すことによる、と説明した。

四六一基の治山ダム

市民連絡会が知事へ提出した公開質問書に対して、当別ダムを継続する理由として「長年にわたり洪水により、生命財産を脅かされてきた地域の方々の不安と抜本的な治水対策への願いを重く受け止めたところです」という回答があった。しかし、災害が起きる原因を調査せず、なぜ抜本的な治水対策がダムとなるのか疑問であった。また、当別川に砂防ダム（山地や渓流からの土砂流出を止めるためにつくる、高さ七m以下の小ダム。最近は砂防堰堤《えんてい》と言う言葉が使われる。国交省の管轄）がいくつあるのか質問したところ、「当別川には治山ダム（森林保護のために川岸や山腹からの土砂流出を防ぐ小ダム。林野庁の管轄）はいくつかありますが、砂防ダムは当別川の支流である

図7　当別川19線橋におけるSSの推移

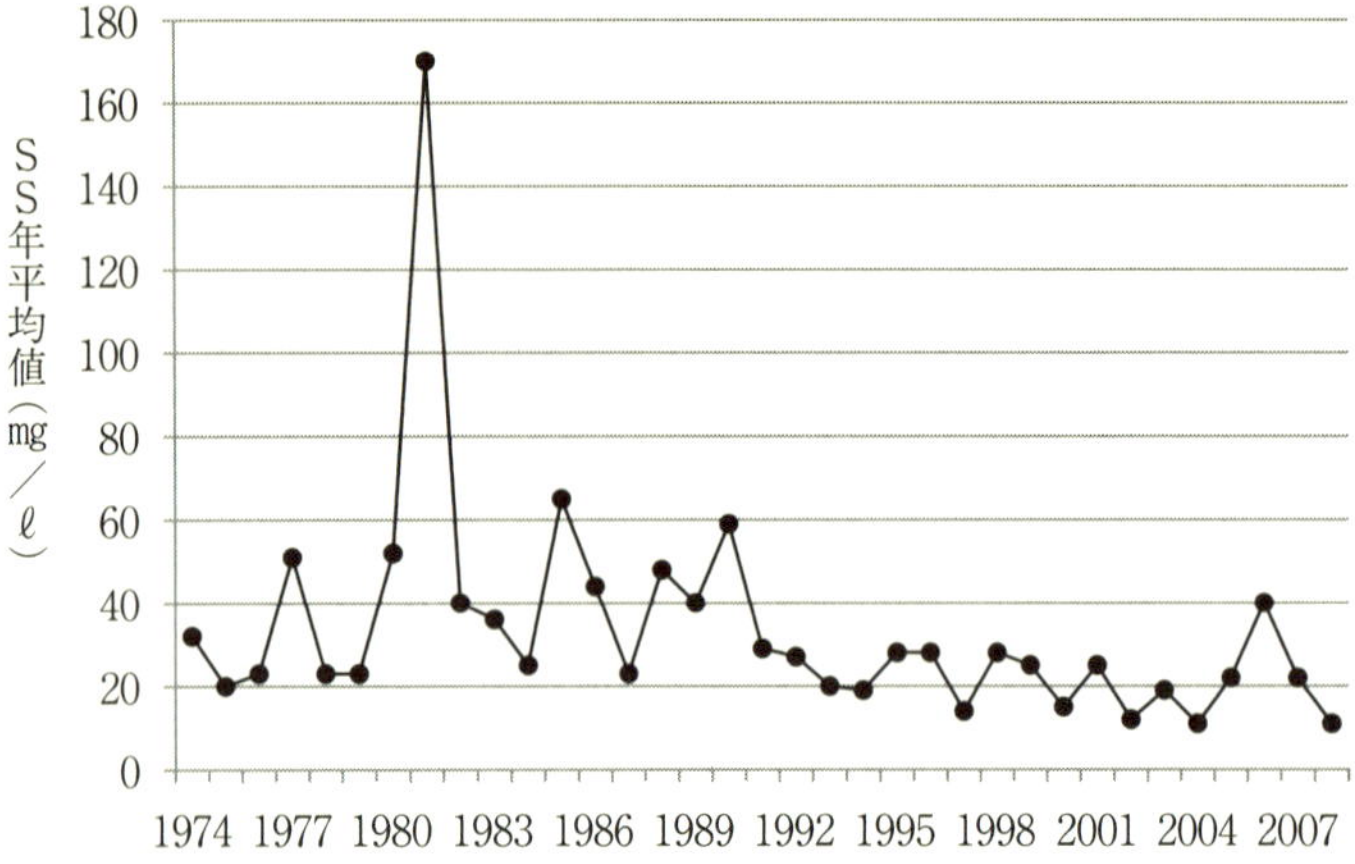

北海道の水環境データから作図

二番川に一箇所設置されているだけです」という回答であった。たしかに砂防ダムは一箇所であるが、なんと治山ダムは四六一基もあると聞き驚いた。多数の治山ダムは、当別川の河川生態系を悪化させている大きな要因となっている。

青山ダムの下流の川沿いには、寸断された道路がある。このあたりは河床が低下し、河岸が数メートルにわたって崩落し、その影響から道路が削られてなくなっていた。これには、青山ダムにより砂礫の供給が妨げられていることが関係している。

つまり、当別川上流の青山ダム、一番川、二番川の多数の治山ダムの影響が強く現れているということである。道は、専門家を入れた調査が必要であるにもかかわらず、既存のダムの検証をすることもなく下流に当別ダム

図８　創成川、当別川および豊平川のＳＳ最大値の推移

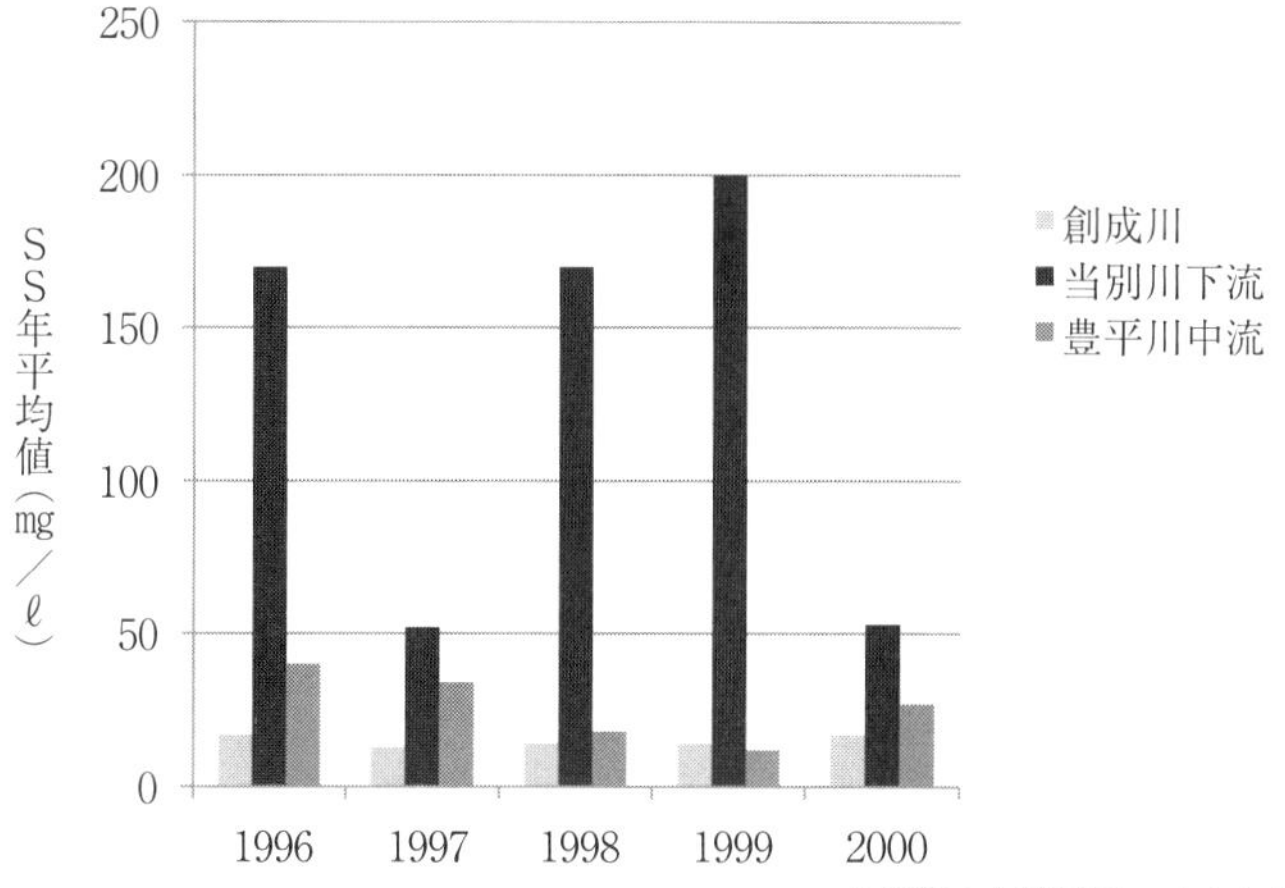

北海道の水環境データから作図

を建設している。

当別川の水質と底質

青山ダム建設後、地元の人は当別川が濁り、魚も少なくなったと述べている。当別川の一九線橋におけるＳＳの経年変化（図７）を見ると、一九八〇年代は四〇mg／ℓ程度であったが、一九九〇年代になると二〇mg／ℓに減少している。しかし、二〇mg／ℓというのはかなり濁っていることを示している（ＳＳは濁りの指標で、河川水を濾過して、ろ紙の上に残った物質の重さで表す）。

比較のために、ＳＳについて一九九六～二〇〇〇年の当別川、札幌市を流れている創成《そうせい》川と豊平川を比較した（図８）。ここで示した値は年間で最も高い濃度を示した値である。明らかに当別川のＳＳが高濃度で、この川が

図9　厚真川、沙流川および尻別川のSS最大値の推移

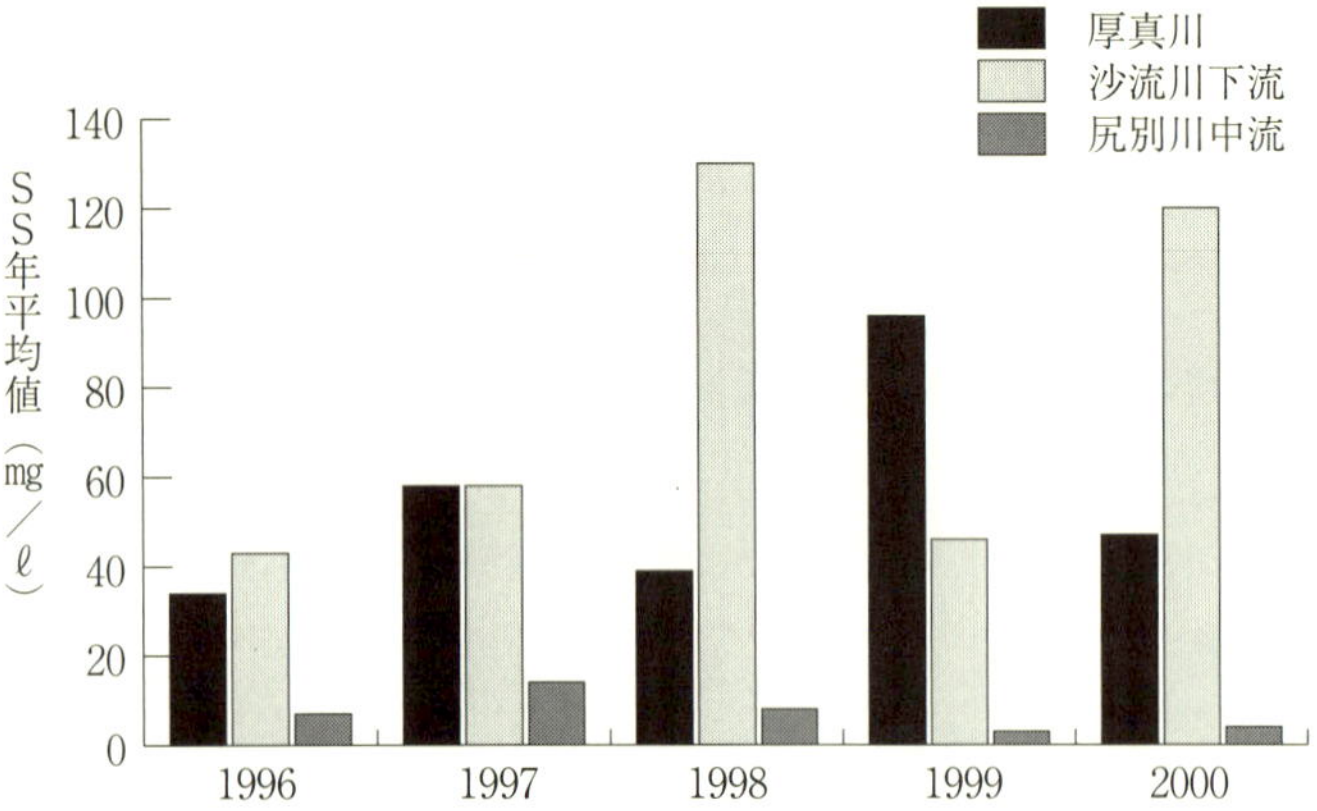

北海道の水環境データから作図

濁っていることがわかる。五年間の平均最大値SS濃度（mg／ℓ）は、創成川、当別川、豊平川で、一五、一二九、一二六であった。

もう一つ参考に、濁っていることで知られている沙流川と厚真《あつま》川（両方とも上流にダムがある）と、多くの魚類がいるので有名な尻別《しりべつ》川の平均最大値SSを比較した（図9）。沙流川のSSがもっとも高濃度であった。五年間の平均SS濃度（mg／ℓ）は、厚真川、沙流川、尻別川で、五五、七九、七であった。当別川のSS濃度は、沙流川よりはるかに大きな値である。

当別川の底質の資料は見いだせなかった。当別川を視察すると、川底の小石にうっすらと泥が堆積していて、当別川は泥化していることは明らかである。当別川の環境調査で示される魚類の中には、海と川を行き来するサクラマスやサケは見いだされない。底質が泥化していて、

産卵場も失われていると推測される。

引用文献

佐々木克之（二〇〇八）「サクラマスを豊かにしているサンル川の環境」、『北海道の自然』、第四六号（北海道自然保護協会）、五三―六〇頁。

在田一則（二〇〇九）「沙流川流域周辺はなぜ土砂流出が多いか？―地質学的検討」、『北海道の自然』、第四七号（北海道自然保護協会）、一三―二〇頁。

第二章　ダムをめぐる状況

要約

(1) 一九六〇年頃までは、洪水被害の軽減を望む地域住民の要望を当時の建設省が汲み上げて、河川改修を中心に治水事業が進んだ。しかし、高度経済成長期の資本蓄積に伴い、住民が要望しないダム建設が進められるようになった。

(2) ダム建設を進めるために、ダム事業者（国交省と地方自治体）は、基本高水という想定の洪水を作り出した。同時に、根拠が薄弱で必要性に乏しい流水の正常な機能の維持という名目により、ダム建設は巨大化した。

(3) 基本高水による治水は、「想定の場所で、想定の規模の雨量があったときだけ機能する」が、想定の場所に降らなければもちろん役に立たない。想定の場所であっても想定以下ではダムは役立たないし、想定以上であれば堤防決壊による大規模な人命被害が生じる。

(4) ダム建設が続く背景には、ダムを造りたい北海道開発局と、地域活性化のため開発局の補助金に依存しようとする関係自治体とのもたれあいに公共事業の業者が加わり、ダム建設の強い力が働き続けている。

(5) いつ、どのような規模で起こるかわからない洪水に対して住民の生命を守るのが治水の目的であり、そのことを基本に対策を講じる。そのためには、ダムに頼らず、流水の分散、河川改修、決壊しない堤防やいざという時の避難などハードとソフトを工夫して対応することである。

(6) 人口減、節水技術の開発、淡水再利用、水田の減少などにより、水道水、工業用水および農業用水の必要性は減少する一方であり、利水のためのダム建設の必要性は極めて少ない。

(7) ダムによる河川環境と生態系の破壊は著しいが、その視点からダム建設を真剣に考えてこなかった結果、多くの魚類が大きく減少した。日本でもアメリカでも、ダム撤去により環境回復が図られる時代を迎えようとしている。

国の財政状況をみると、新設ダムを造る余裕はほとんどないと見られる。国土交通省が、借金が多いので今後、社会資本費を毎年前年のマイナス三%にするという前提で、二〇〇五年以降の社会資本の今後を試算した。維持管理費の実績は増加の一途であり、更新費(例えば橋を新しいものに付け替える)も増加傾向にある。その結果、ダム建設などの新設充当可能費は、一九九〇年代には約一四兆円あったが、二〇二〇年頃にはゼロになることを示している。実際にはゼロということはないかもしれないが、今後は維持管理と更新費が重点になるのは間違いない。二〇〇二年〜〇七年のダム以外の河川改修費などの治水関係費用は約一兆五〇〇〇億円から約一兆円に減少している。一方同じ時期に多目的ダムは二五〇〇億円から二〇〇〇億円に減少しているが、国の財政状況を考えても、新たな多目的ダムの必要性を吟味しなければならない。私たちは、ダム建設費を削減し、河川改修費など維持管理費を優先すべきであると考えている。

二〇〇九年に国民の熱い期待を担って政権交代した民主党は、二〇一二年現在「コンクリートから人へ」のマニフェストを投げ捨てているが、私たちの引き続きの運動でムダなダムをなくせるよう努めたい。この章ではダム問題を総合的に考えるために、日本のダムをめぐる状況とダム撤去の動きについて述べる。

第一節　治水事業を捻じ曲げたダム事業

日本列島は急峻な山岳地帯が多く、人々の生活は扇状地や河口部に集中する傾向となった。そのため治水事業の歴史は古く、豊かな水を利用しながらも水害の脅威から暮らしを守ってきた。しかし、暮らしのための治水・利水事業は大きく変貌し、公共事業とそのあり方について、住民が行政に対し大きな疑念を持つようになった。

国や北海道が行なう社会資本整備としての公共事業の本質を、私たちは三つのダム建設から今も問い続けている。

治水事業の推進

これまで災害復旧など社会資本整備としての公共事業には、どのような変化があったのだろう。河川の氾濫に対する治水事業では、北海道開拓初期の明治三十年代から大正・昭和三十年代まで、河川の拡張・直線化・堤防の完成など、被害に応じた現実的対応が重視された。したがって住民が切望する治水事業は、被害状況などから着実に進められたと考えられる。

このように治水事業では、住民の具体的被害や強い要望のため、事業者（河川管理者である国や北海道）により計画的に、住民と協同して進められたと考えられる。事業者は住民に対して十分なインフォームドコンセント（説明と同意）の機会を設けていたに違いない。なぜなら、住民が切に望む多くの災害復旧工事に対して、事業者による十分な資金投入が難しく、効率的な事業が求められていたからだ。

この当時の状況では、行政主導による必要性の乏しい事業、無駄な事業の存在は考えにくい。住民も被害状況から、その原因や対策と効果など検証する力量があり、無駄が無かったとも考えられる。しかし、昭和四十年代から急激に進む経済成長は、公共事業のあり方をも大きく変貌させた。田中角栄首相による「列島改造論」が浮上、国民所得や税収が景気を上昇させた。国や北海道による治水事業は、昭和五十六年八月、北海道を襲った戦後最大の水害被害とその対策をほぼ境として、大きな変化が現れ始めた。すなわちこれまでの治水対策が功を奏しその後、被害額を激減させたので、ダムの必要性が薄れてきたにもかかわらずダム建設が進められたのである。

捻じ曲がる治水事業

昭和五十年代後半には治水事業がいきわたり、水害による被害は大きく軽減していた。天塩川流域委員会資料に、天塩川流域の誉平《ぽんぴら》地点における流量（横軸）と氾濫面積（縦軸）の関係を示した図がある。昭和の時代には、誉平の流量が増加するとほぼ比例して氾濫面積が増加している。しかし、平成にはいってからは少なくとも流量が三〇〇〇㎥／秒まではほとんど氾濫していない。堤防整備など治水事業の成果ということができる（第三章の図3・図4参照）。このことは、第三章図15の住民アンケートで、河川が安全・ある程度安全と回答した人は実に八九％に達していることによく表れている。残された事業は、過去に被害を受けた未対策地点で原因を細かに分析し、その原因に基づいた適切な対策であったと考えられる。

ところが私たちが立ち向かわざるをえなかった相手は、必要性や効果よりもダム建設という巨大事業をすること自体が目的化され、強引に進める事業者であった。現実にはダム建設の必要性が薄れたため、強引にダムの必要性をひねり出す必要があった。効果の少ないダム建設は、それでは解決できない下流の対策を後回しにし、ダム建設終了後に、下流の治水対策を行なうのである。これでは事業者の生き残り策としか言えない。

私たちは三つのダム建設（サンルダム・平取ダム・当別ダム）事業を細かに検証してきた。浮上した疑問を事業者に問い回答を求めたが、事業者は情報を出し渋り、故意に回答内容をそらした。ここには、国民主権を明らかにしている憲法のもとでの果たすべき役割をないがしろにしている公務員の姿があり、認められることではない。

その背景には、ダムを造りたい北海道開発局と、地域活性化のため開発局の補助金に依存しようとする関係自治体とのもたれあいがあり、これに公共事業の業者が加わり、ダム建設の強い力が働き続けたわけである。

的外れな地域活性化

治水事業の財源とメニューを握り、「地域の要求に応じる」「着実に進める」と言いながら、自らの仕事を確保し生き残りを図る事業者（開発局）と、その下に本来の事業効果より地域活性化のため、何としても大きな公共事業を確保し生き延びようとする関係市町村の構図がある。事業の獲得は、開発局と市町村が地元業者に対して「してやった」となる。

このような事業とその確保は、事業者と市町村の組織維持にも必要で、無駄の多い財源の支出となる。事業は地元業者の潤いを通じた地域活性化にはなるが、ダムはひとたび完成すれば雇用は生まない。一時的なものだ。地方自治体では次々と公共事業を狙う悪循環が絶え間なく続き「公共事業依存体質」と非難されるに至る。地方自治体における財政難と少子高齢化による人口減少は、市町村の存続そのものにも関わる実態があり、重要な課題である。しかし、その中で無駄な事業獲得は、地方自治体首長の安定政権へと連動するのだ。だからこの悪循環はさらに続きかねない。

だが、国家・地方財政が窮地に追い込まれた現状から、効果の乏しい事業に巨費を投入することはもはやできない。無駄のない、国民に理解される分かりやすい行政運営に徹する、そんな時である。このことを反映して、「コンクリートから人へ」という二〇〇九年の民主党のマニフェストは圧倒的支持を得た。

社会保障費としての消費税増税が行なわれようとしている。民主党の政権公約だった「無駄の徹底的な洗い出し」が優先され、少なくとも全国の無駄なダム建設が中止されることが必要である。

第二節　日本におけるダム建設をめぐる状況

図1に日本におけるダム建設の推移を示した。戦前の一九二六〜四五年の二〇年間に約三五〇基のダムが造られたが、戦後の一九五六〜七五年の二〇年間には七〇〇基を超えるダムが造られ、戦後の一九四五〜二〇〇五年までの六〇年間に約一七〇〇基（二八基／年）のダムが造られた。その後の二〇〇六〜〇九年の四年間では約六〇基（一五基／年）と推移していて、ダム建設は減少傾向にある。

北海道でも全国の傾向と同じく、一九四五〜二〇〇五年までの六〇年間に一三四基（年平均二・二基）、二〇〇六〜一〇年に六基（年平均一・二基）と推移して、最近は減少傾向にある。この原因は、ダムの適地がなくなったこと、住民の反対運動が高まったこと、そもそもダムの需要が減少したことなどがあげられる。

図1　日本におけるダム建設の推移

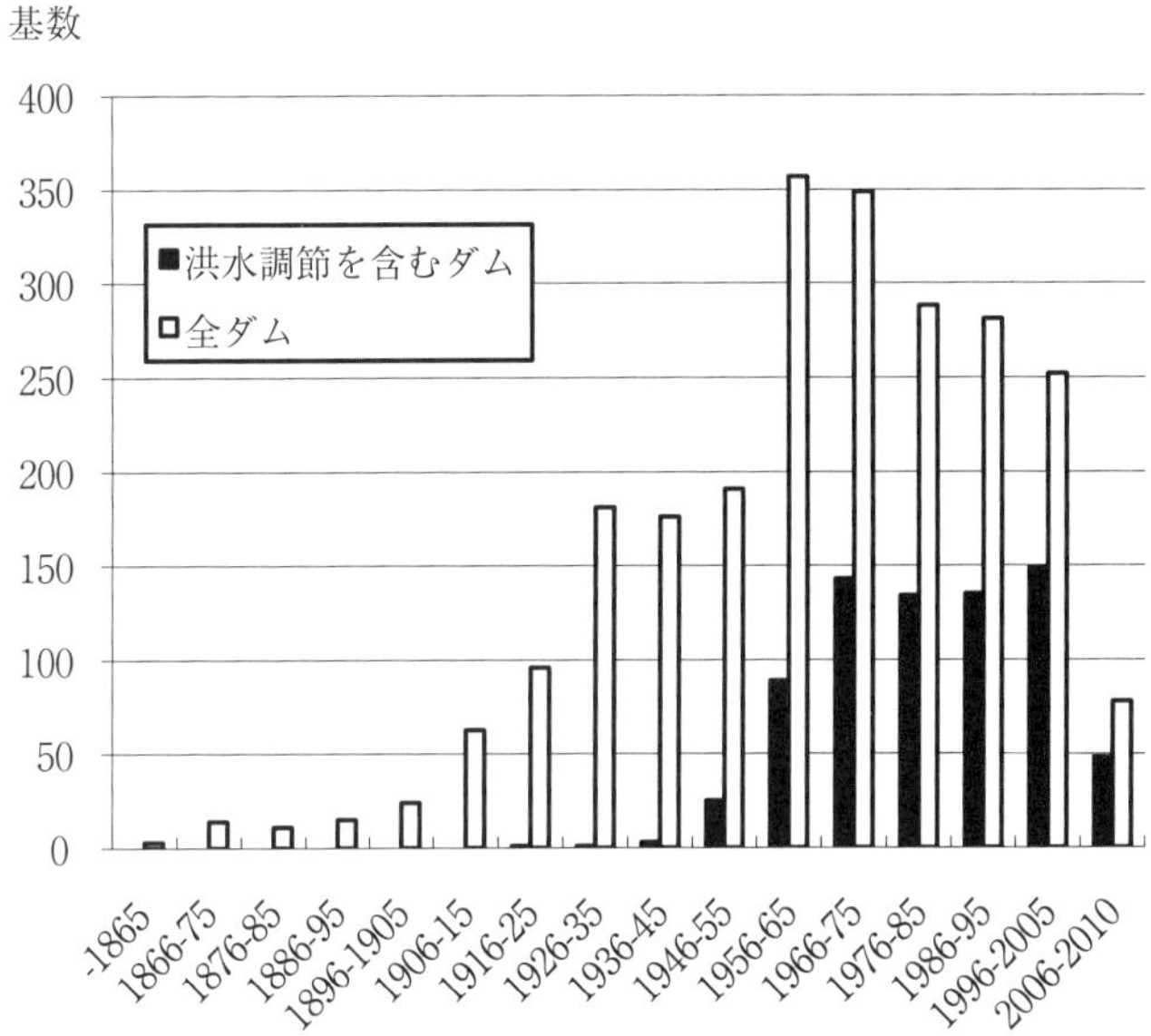

嶋津暉之氏作成：日本ダム協会『ダム便覧』より

1　ダム建設の必要性の減少

ダム建設の目的は、治水と利水である。一九九七年に河川法が改正され、そのとき河川環境の保全と整備が目的に入ったが、具体的な内容は伴わず、河川環境は悪化するばかりである。

2　治水

洪水から生命と財産を守るのが治水である。江戸時代までは、武田信玄の治水策が有名であるが、堤防をつくり、洪水の場合にはある場所で水を溢れさせて水量を減らすなど川の流れの特徴に沿って治水策がとられてきた。しかし、明治時代に入って、降った雨はできるだけ速く海に流すことが重視され、蛇行した川は直線化され、多くの堤防が造られるようになった。やがて、治水の切り札としてダム建設が進められるようになった。

しかし、現在日本には二〇〇〇弱のダムが建設されていて、ダム建設の適地はほとんどない。さらに、最近ではダムを中心とする治水策に対して疑問もだされるようになってきた。

宮本博司（元国交省官僚）さんのお話

二〇〇九年十月三日に催された旭川のシンポジウムで、京都の宮本博司さんが「川に生かされる—淀川からの発言—」と題して講演した。宮本さんは、旧建設省に入省し、辞職するまでの二

図2　利根川水系の河川改修

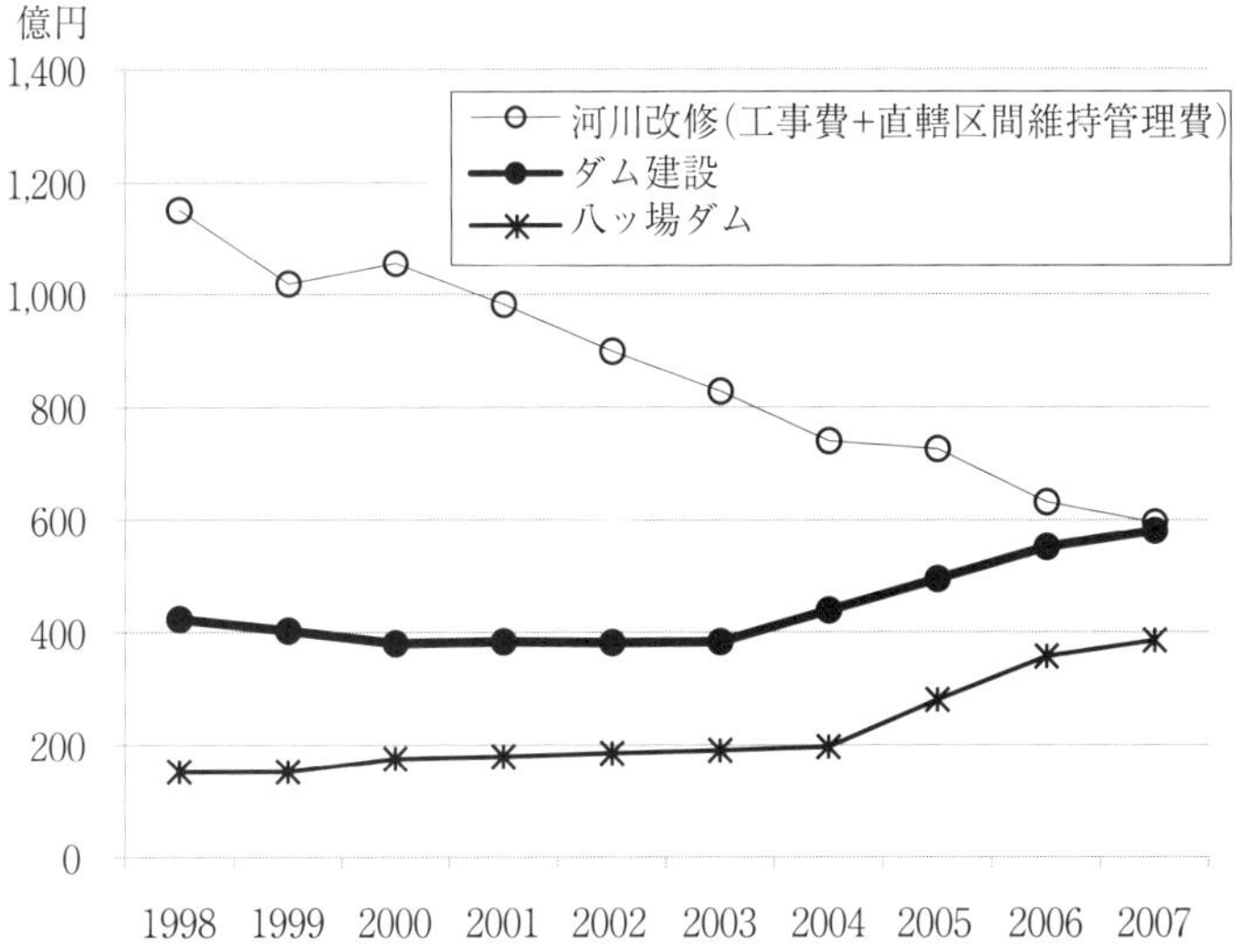

堤防の嵩上げ、河道の掘削、堤防の強化などの予算は減少する一方と対照的に八ツ場ダム予算は増額されている　嶋津氏提供

八年間のほとんどを、ダム事業にかかわってきたという経歴の持ち主で、ダムについて詳しい方である。この日の講演に、多くの参加者から「よく分かった！」という感想が寄せられた。要約を紹介する。

「どうしてもダムが必要だ」と言い張る国土交通省の主張をわかりやすく言い換えると、つまりは「万が一の大雨が降ったとき、洪水を防ぐにはどうしてもダムをつくるしかない」ということになる。淀川水系について、国交省は二百年に一度の大雨による洪水に対処するためにダムが必要と主張している。これに対して宮本さんは、「国交省が主張する洪水対策は、『国交省が想定した範囲内の大雨に対してなら、いつの日にか住民の生命を守りたい』ということであり、今生きている住民の命を守るという視点が欠落している。またたとえ計画した洪水対策が完成したとしても、想定以下の雨ではダムは不要であり、想定以上の雨の場合にはダムの効果もなくなり、堤防は決壊し、多数の人命が失われる」とする。

宮本さんによると、第一に堤防を強化しなければならない。住民の生命が失われる危険性がもっとも大きいのは堤防決壊であり、決壊を防ぐのが当面の緊急の課題である。堤防の強化を強調するのは、現在の日本の堤防は脆弱で、決壊すると大変な被害がでるからだ。しかし、宮本さんは、「国交省でその議論はタブーになっている。堤防強化を推し進めることは、それまで『必要だ』と言ってきたダムの必要性を否定しかねない、あるいは緊急性が説明できなくなるからだ。その結果、日本の川の堤防は脆弱《ぜいじゃく》な『砂山』『土饅頭』のまま、強化対策は本格的に実施されていない」、と指摘する。このことは、利根川河川改修費が年々削減されるのに対して、八ツ場ダムなどのダム建設費は現状維持か増加傾向にあることに示されている（図2）。全国的にはダム建設費は河川改修費の約二〇％なのに、利根川水系では、二〇〇七年に両者がほぼ同額となっている。

第二にハード、ソフト様々な工夫をして、洪水エネルギーを流域全体で分散して受け止めていくことが必要である。洪水エネルギーを流域全体で分散して受け止めるというのは、遊水地や氾濫してもよい場所をつくり、川のエネルギーを弱めることが重要との考えからである。

宮本さんによれば、「国交省もこのことを認識している」とのことである。一九九八年度の重点施策では、災害発生を前提として被害を最小限にする「減災」への方向転換を打ち出し、「想定を超える洪水が生じても被害を最小限に食い止めるため、たとえ越水しても急激に破堤しない」堤防の強化対策への推進を掲げた。さらに二〇〇〇年の河川審議会答申では、川の氾濫《はんらん》を前提とした土地の利用方法や、建物の建て方も含めた治水対策への転換が示された、と指摘している。「ところがその後、遊水地などの洪水を流域全体で受け止める具体的な施策は一向に進まない。依然としてダムと川だけで洪水を処理する発想で計画が作られているのが現状。理解していることをなぜできないのか、それは自分たちが実施すると決めたダムは何としても継続するという河川官僚の傲慢性とメンツによるところが大きいと考えられる。官僚のメンツで住民の命を守るために緊急的に実施すべき対策が後回しにされることは住民に対する背信行為であり、大きな罪である」と宮本さんは述べた。

宮本さんの考えを国交省の考えと比較して整理する

国交省の考え　自然現象は、想定した頃、想定した場所で、想定した範囲内で起こる。したがって、想定に基づいてダムを造れば洪水を防ぐことができる。

宮本さんの考え　自然現象は、いつ、どこで、どのような規模で起こるかわからない。いつ、どのような規模で起こるかわからない洪水に対して住民の生命を最優先で守る。そのためには、洪水を「防ぐ」のではなく、「凌《しの》ぐ」（減災の考え）施策が必要である。

３・11東日本大震災と大津波を経験した私たちには、国交省の考えが間違っていることがわかる

図3　ダム効果と雨量

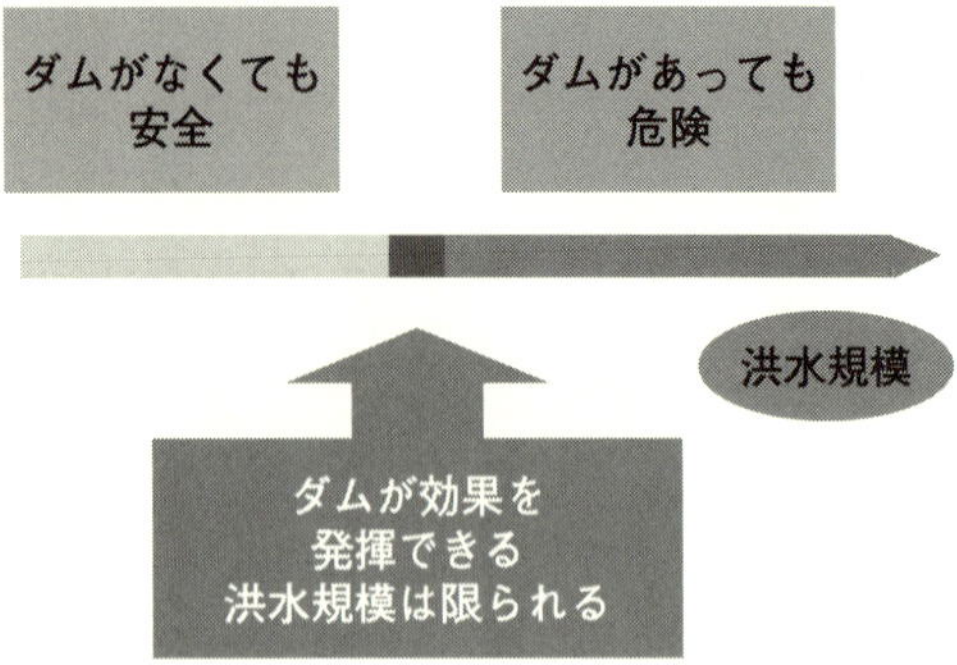

雨量にしたがって洪水規模は左から右に向かって大きくなる。
- ダムが効果を発揮：計画したとおりに雨が降った場合（極めて低い確率）
- ダムが効果を発揮できない：想定以下の雨量やダム上流以外の場所に雨が降った場合
- 大被害の発生：想定以上の雨量

が、八ツ場ダム建設を強行した国交省は、いまだに自然の変動は想定内と考えているようである。

宮本さんは、この「想定内」の考えを別な形でも批判している。そのことを図3に示した。ダムが役立つのは、想定の場所で、想定の規模の雨量があったときだけある。想定の場所に降らなければもちろん役に立たない。想定の場所であっても想定以下ではダムはたいして役立たないし、想定以上であれば堤防決壊による大規模な人命被害が生じる。嶋津暉之さん（水源連共同代表）は、ダムが予定通り機能するのは、ギャンブルで当てる確率ほど低いというたとえ話をしている。

宮本さんの話のまとめ

いつ、どのような規模で起こるかわからない洪水に対して住民の生命を守るのが治水の目的であり、そのことを基本に対策を講じる。そのためには、ダムに頼らず、洪水の分散、河川改修、決壊しにくい堤防やいざという時の避難などハードとソフトを工夫して対応することである。

今本博健さん（京都大学名誉教授）の考え

二〇一〇年五月二十二日に日高門別で、今本さんは、「なぜ『ダムによらない治水』でなければならないのか」と題して講演をした。内容は宮本博司さんとほぼ同じだが、違った角度からの説明があった。今本さんは、新たな治水を実現する方法を次のように述べている。

(1)　従来のような基本高水を想定した治水を行なわない（基本高水とは、一〇〇年に一度などの洪水時の最大流量を想定して、それに耐える治水を行なうという考えで、この最大流量を言う）。

(2)　溢れさせない対策を重視する。具体的には河川改修（拡幅、掘削など）によって流下能力（川が流すことのできる流量。これが小さいと氾濫しやすい）を増大させる。

(3)　破堤（洪水で堤防が破壊されること）しない堤防補強を最優先で行なう（破堤は大規模な氾濫と甚大な被害を生じる可能性が高い。破堤しなければ被害は小さい）。越水（洪水が堤防を越える）、浸食（洪水が堤防の土を削る）、浸透（洪水が堤防に浸み込む）の三つが破堤の主原因である。一九四七～六九年の間の一八三の破堤の原因は、越水が八二％、浸食が一一％、浸透が五％、その他が二％であった。

(4)　遊水池（洪水の氾濫水を一時的に貯める場所。このことによって下流の水位をさげて、氾濫を防ぐ）を用意する。遊水の方法はいくつかある。

(5) 流域の森林整備によって雨水の流出を抑制する。

(6) 溢れた場合の対策をとっておく（住居建設場所など土地利用や溢れやすい場所の建築方式の検討など）。

(7) これらの方法について優先順位をつけながら順次積み重ねる。

3 水道水、工業用水及び農業用水

水道水

表1に一九七五〜二〇〇七年の間の日本の上水道供給量の推移を示した。人口と給水人口は増加しているが、一日最大給水量のピークは一九九五年、一人一日最大給水量のピークは一九九〇年の四九三ℓ／日／人で、二〇〇七年には四一〇ℓ／日／人に減少（減少率一七％）した。人口が増加しているのに一日最大給水量および一人一日最大給水量が減少しているのは、節水技術が進歩したためである。

図4に、ある会社のトイレの使用水量を示したが、一九七〇年代初めにはトイレを一回流すごとに約一六ℓの水が流れていたのに、二〇〇九年には四〜五ℓで済み、大幅に使用水量が減少した。洗濯器などの他の製品でも節水型に改良され使用水量が大きく減少している。

日本の人口は二〇〇九年頃から減少に転じ、将来は急速に人口減となることが予測されている

表1　上水道供給量の推移

	1975	1980	1985	1990	1995	2000	2005	2007
総人口（千人）	112,279	116,860	121,005	123,557	125	424	127,709	127,896
給水人口（千人）	88,065	97,620	104,135	104,885	112,496	115,533	117,788	118,589
1日平均給水量（千㎥）	32871	35623	39498	43348	44423	44350	42932	42281
1人1日平均給水量（ℓ）	372	361	376	394	391	381	363	355
1日最大給水量（千㎥）	42,211	45,500	50,193	54,149	54,635	53,103	50,054	48,843
1人1日最大給水量（ℓ）	480	461	477	493	482	457	423	410

資料：平成19年度水道統計（日本水道協会）

図4　A社のトイレ使用水量の推移

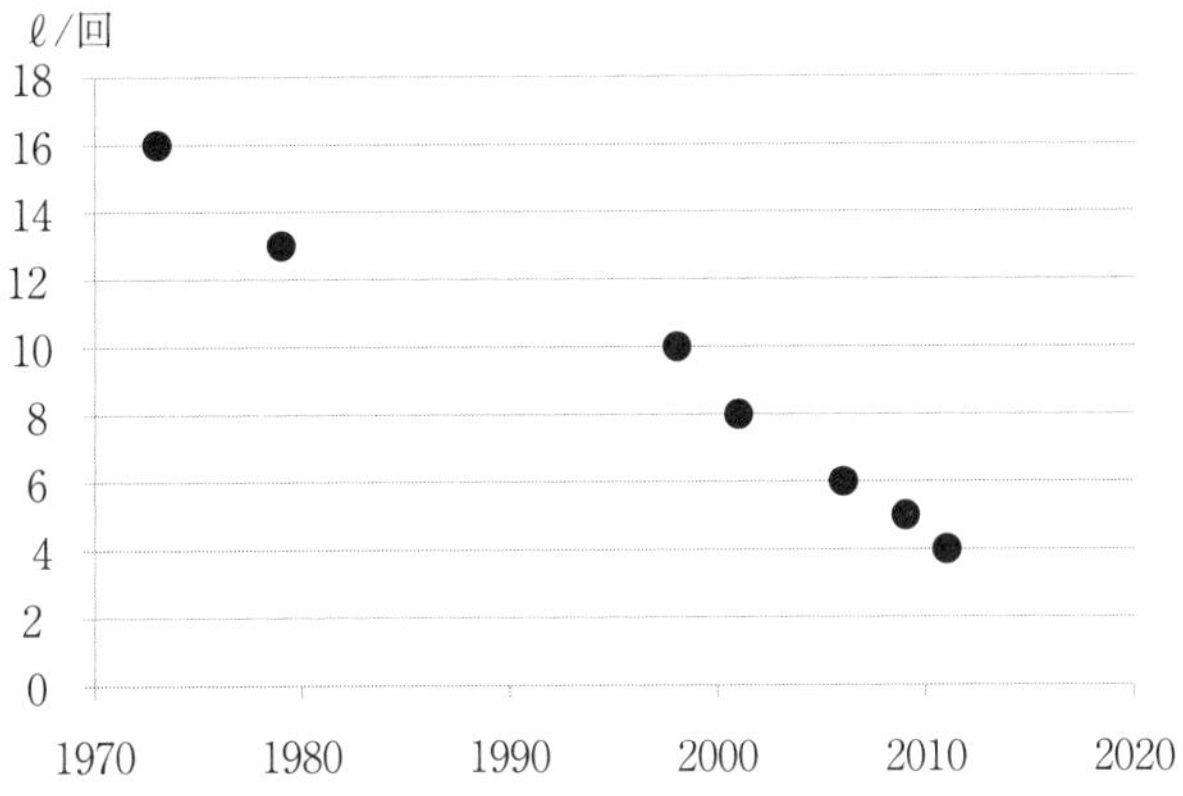

第1回検証会、嶋津暉之氏から引用

図5　日本の人口の推移と将来予測

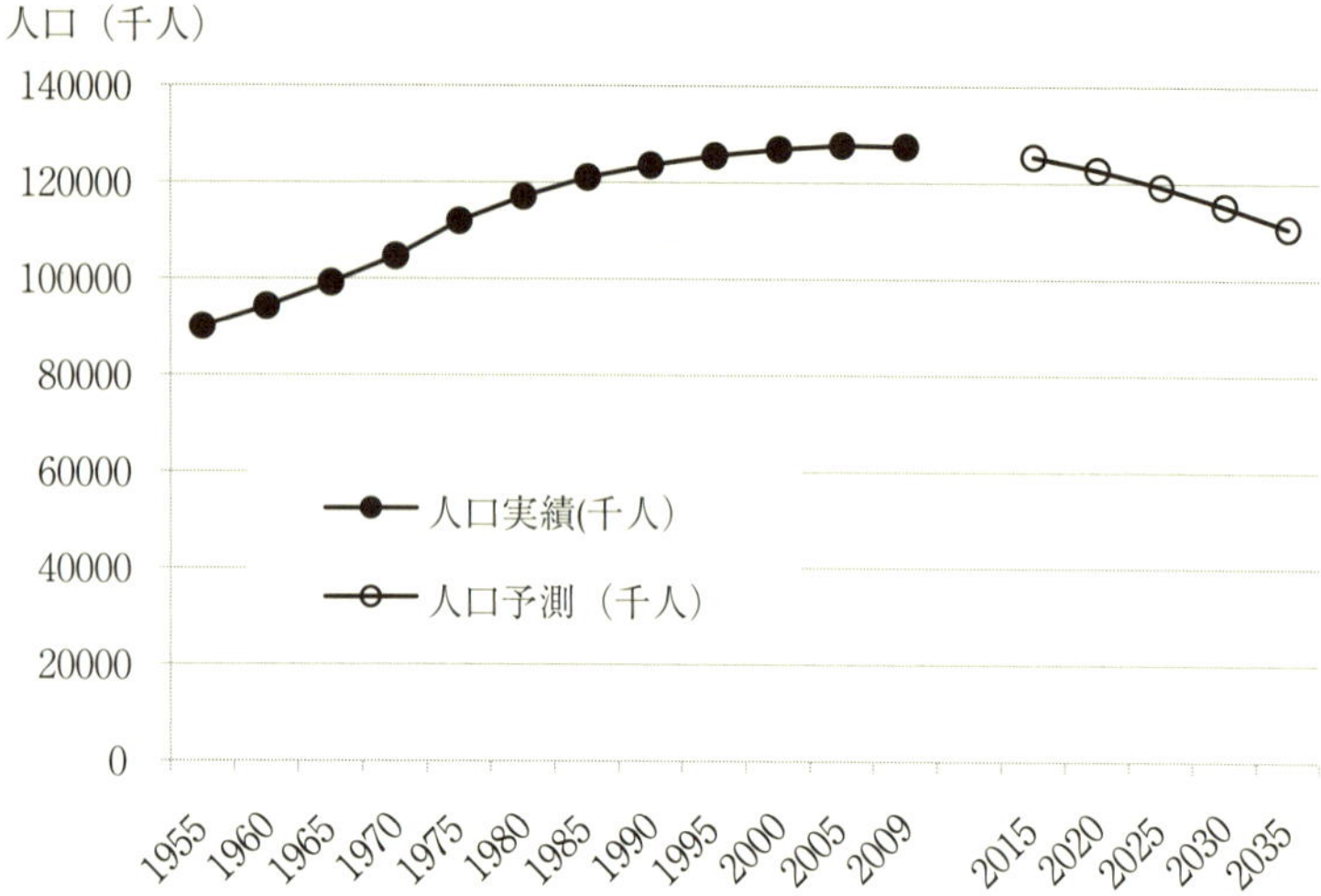

総務省統計局ＨＰデータより作図

(図5)。したがって、水道水が今後余剰になることはあっても不足することは考えられない。そのため、水道水のためにはこれ以上のダム建設は不要になると考えられる。

工業用水

工業用水は主に、使用した淡水を回収して利用している。図6に日本の工業用水の使用量のうち河川などからの淡水供給量を示したものである。例えば二〇〇七年の工業用水使用量は五二三億㎥／年であったが、そのうち回収して使用している量が四一三億㎥／年あり、これに河川などから一一〇億㎥／年が新たに供給された。淡水供給量は一九七〇年には一五四億㎥／年であったが、徐々に減少し

図6　工業用水淡水供給量の推移

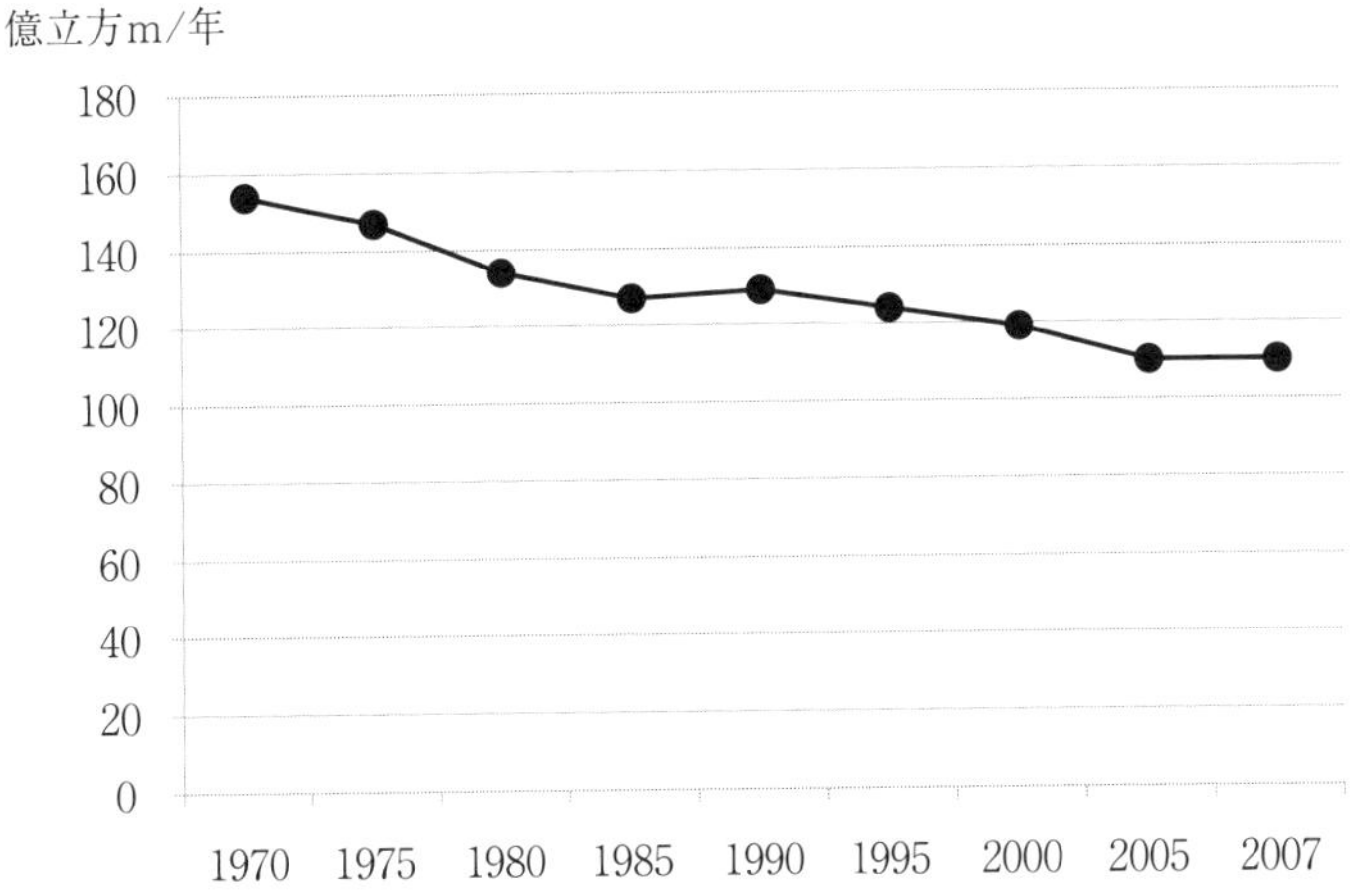

回収淡水を除いた、河川などからの実質的な淡水供給量を示す。
経済産業省「工業統計表」のデータから作図

て二〇〇七年には一一〇億㎥／年となった。したがって、現状をみると工業用水のための新たなダム建設は基本的には必要がないことになる。

農業用水

農業用水の大部分は水田灌漑用水である。二〇〇七年の農業用水は、水田灌漑用水が約五二〇億㎥／年、畑作灌漑用水が約二〇億㎥／年、畜産用水は四億㎥／年程度である。農業用水は一九九五年までは年間合計が約五八五億㎥／年であったが、その後減少傾向にある（図7）。全体に水田を含む耕地が減少しているからである。ちなみに、一九八〇年の耕地面積は約五五〇万haであったが、二〇〇七年には約四七〇万haに減少している。

図7　農業用水の推移

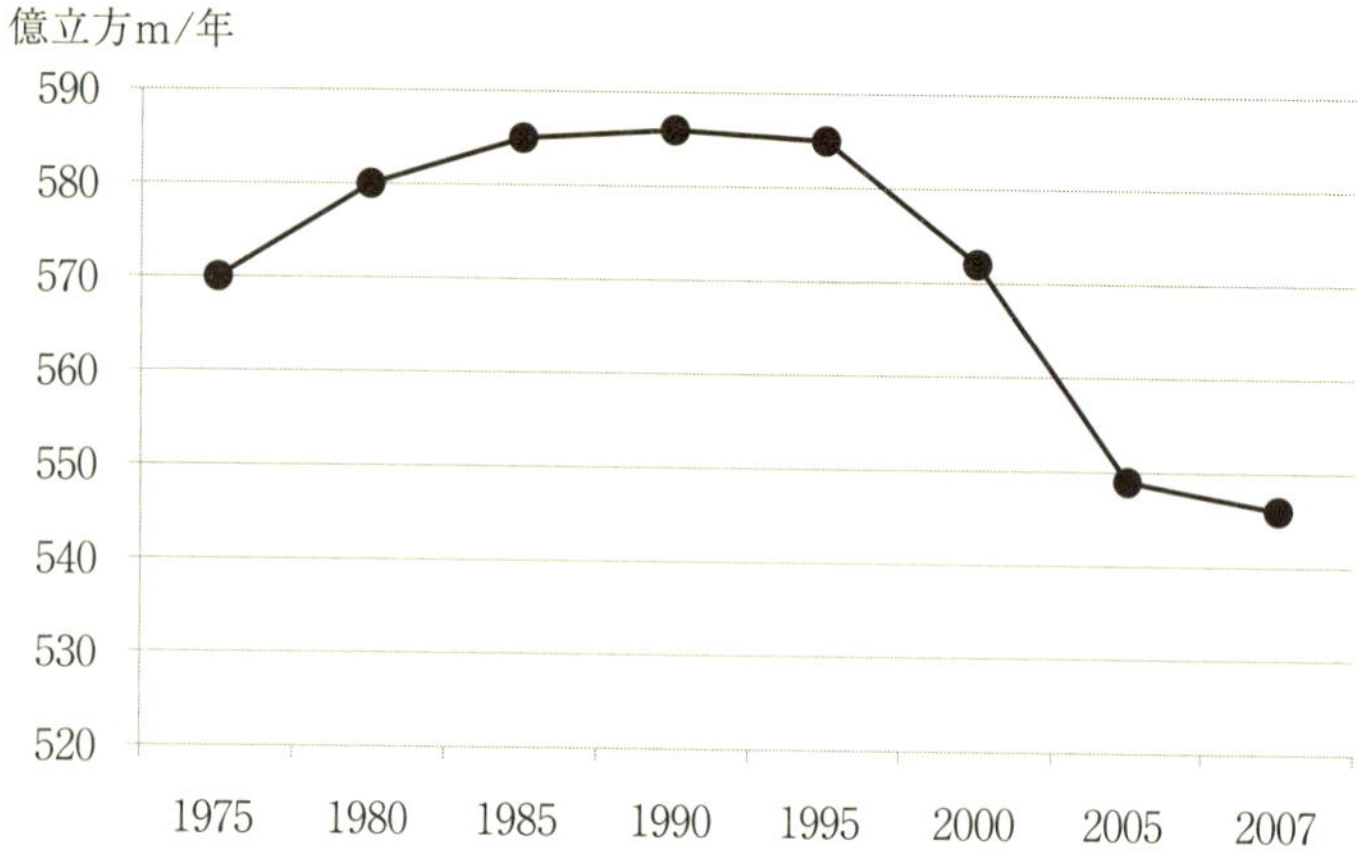

国土交通省水資源部作成の図の値から作図

このような傾向を見ると、今後は農業用水のためのダム建設は必要性が少ないと考えられる。

4　流水の正常な機能の維持

正常流量の大半は魚類用

ダムの利水目的には、以上に加えて、「流水の正常な機能の維持」があげられている。川には一定の流れ（正常流量）が必要で、渇水時にも正常流量を維持するためにダムに一定量の水を貯水し、放流する必要がある、という考え方に基づくものである。第三章図2に、サンルダムの貯水容量を示している。有効貯水容量は五〇二〇万㎥であるが、そのうち一五〇〇万㎥（約三〇％）が流水の正常な機能の維持として必要とされている。北海道が厚真町《あつま》に計画されている厚幌《あっぽろ》ダムの「流水の正常な機能の維持」のための貯水量は二一三〇万㎥であり、有効貯水容量四三一〇万m³の四九％も占めている。私たちは以下に述べるように、流水の正常な機能の維持のためにダム建設する根拠はなく、ダム建設の増量剤として用いられているとして批判している。

現在、河川法第一条には、「この法律は、河川について、洪水、高潮等による災害の発生が防止され、河川が適正に利用され、流水の正常な機能が維持され、及び河川環境の整備と保全がされるようにこれを総合的に管理することにより、国土の保全と開発に寄与し、もつて公共の安全を保持し、かつ、公共の福祉を増進することを目的とする」と述べられている。この中の「流水の正常な機能が維持され」と「河川環境の整備と保全」が、ダムに「流水の正常な機能の維持」のために貯水する根拠となっている。

正常流量を理解するために、国土交通省河川局河川環境課（二〇〇五）が出した正常流量検討の手引き案を図８に紹介する。これを見ると正常流量は、漁業、観光、流水の清潔の保持、景観、動植物の生息地又は生育地の状況などから必要な水量の最大値を維持流量として、これに該当河川への支流の流入や逆に取水などを勘案して正常流量を決定するとしている。具体的に考えてみる。

景観

たしかに、ある程度の流量がある方が川らしく、景観上もよい。しかし、そのために多額の予算を使ってダムを造るのは無駄ではないか。さらに、ダムを造ると、その下流の環境が悪化するので、景観のためにダムを造るというのは本末転倒である。

流水の清潔の保持……河川へのＢＯＤ（生物化学的酸素要求量　有機物の指標）負荷量を計算して、これを環境基準以下に下げるために（いわゆる水でうすめる）必要な流量を計算して求めるものである。家庭、工場、農地や牧場などから、ＢＯＤだけでなく、すべての汚濁物質を基準以下で排出するのが基本である。汚濁物質をうすめてきれいにするために多額の費用を要するダムを造るというのも本末転倒である。

魚類の生息に必要な流量

魚類の産卵などに支障がないようにするという考えで、一定以上の水量が必要という考えである。ダム建設によって魚類は多大な悪影響を被る。それなのに、ダムによって魚類を救うというのは、マッチポンプ（自分で問題やもめごとを起こしておいてから収拾を持ちかけ、何らかの報酬を受け取ろうとすること）と言うべきである。

正常流量を維持するためにダムが必要という根拠の批判は、各ダムの検証（三～五章）で述べるが、正常流量は、渇水になれば魚類資源が減少するという具体的な根拠により求められたものではなく、本当に必要かどうかも吟味されていないものである。渇水によりサケ類の遡上に障害がおきて、サケ漁業に悪影響を及ぼしたなどの資料はなく、きっとサケ類は渇水で減少するだろうという考えに基づいたものである。私たちは、このような机上の想定に基づく税金の支出は許されないものであり、正常流量が必要とするならば、その根拠を示すべきであり、根拠を示すこ

図８　正常流量の設定方法

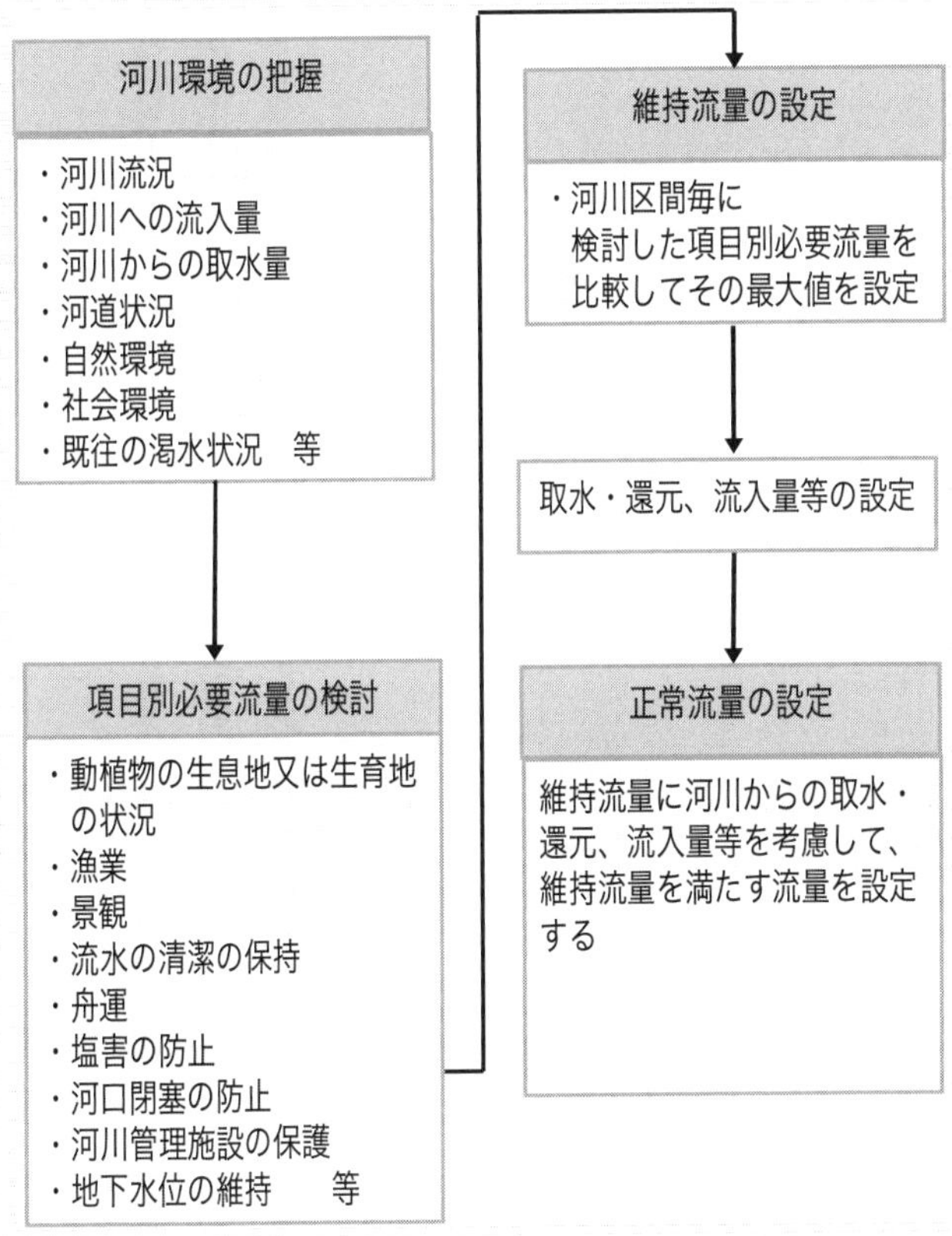
河川環境の把握
・河川流況
・河川への流入量
・河川からの取水量
・河道状況
・自然環境
・社会環境
・既往の渇水状況　等
項目別必要流量の検討
・動植物の生息地又は生育地の状況
・漁業
・景観
・流水の清潔の保持
・舟運
・塩害の防止
・河口閉塞の防止
・河川管理施設の保護
・地下水位の維持　等
維持流量の設定
・河川区間毎に検討した項目別必要流量を比較してその最大値を設定
取水・還元、流入量等の設定
正常流量の設定
維持流量に河川からの取水・還元、流入量等を考慮して、維持流量を満たす流量を設定する

国土交通省河川局（2005）

とができないときにはダム建設はやめるべきだと考えている。

新沢嘉芽統の維持流量批判

農業水利を専門とする新沢嘉芽統《あらさわかずとう》は、その著書『河川水利調整論』（一九六二）の中で「普通の利水の外に河川維持水を必要としている」という主張があることについて、灌漑用水などの利水に加えて河川維持水が必要となれば、灌漑用水が不足するか、それを補おうとするとより大きなダムが必要になると述べて批判している。また、いくつかの例をひき、その批判を行なっている。例えば北陸河川は常時水量がすくないため河床が荒廃するので維持水が必要という文献をとりあげ、瀬戸内海沿岸の諸河川では灌漑期にはほとんど水が流れていないのに河床が荒廃していないとして、維持水の必要性には根拠がないと批判している。さらに、新沢は、「著者の手許にある数種の河川工学の一般著書には河川維持水を説明しているものは一つもなかった。河川維持水が河川維持にとって必要欠くべからざるものだったらなぜ河川工学の一般的著書では取り上げるほどの価値がないのか」と疑問を投げかけ、「本書（河川水利調整論）では、このような不明瞭なものを基礎として水の需給を考えるわけにはいかないから、一応河川維持水を捨象せざるをえない」と結論づけている。「流量の正常な機能の維持」が河川法に採りいれられたのは一九六四年の河川法改正時であるので、それより前から河川維持水の必要性を述べる論文があり、これをあいまいであるとして、新沢は批判したものと考えられる。

図9　神通川における1908～1996年のサクラマス漁獲量の推移

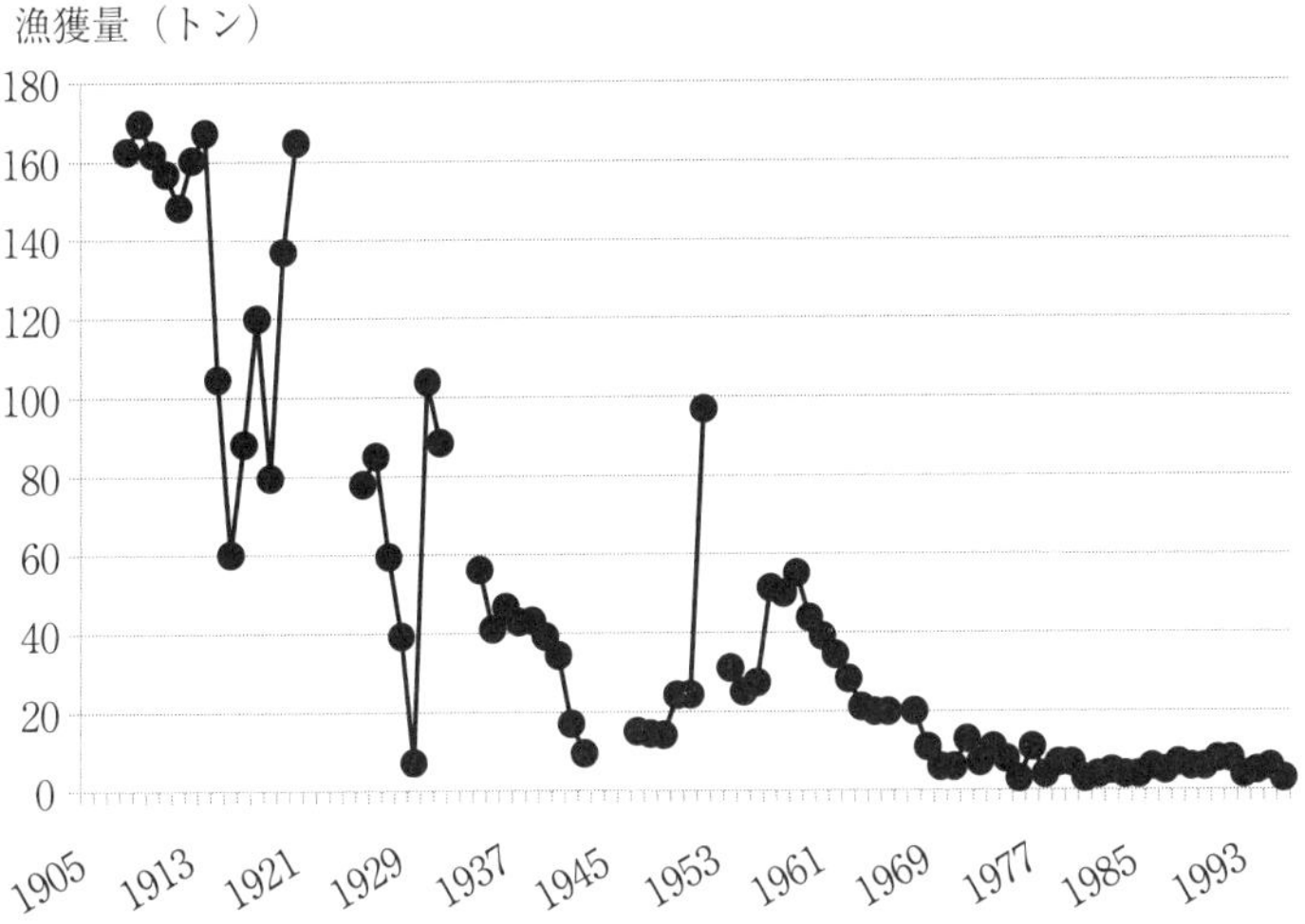

田子（1999）より引用

図10　神通川におけるダム下流の総延長距離の推移

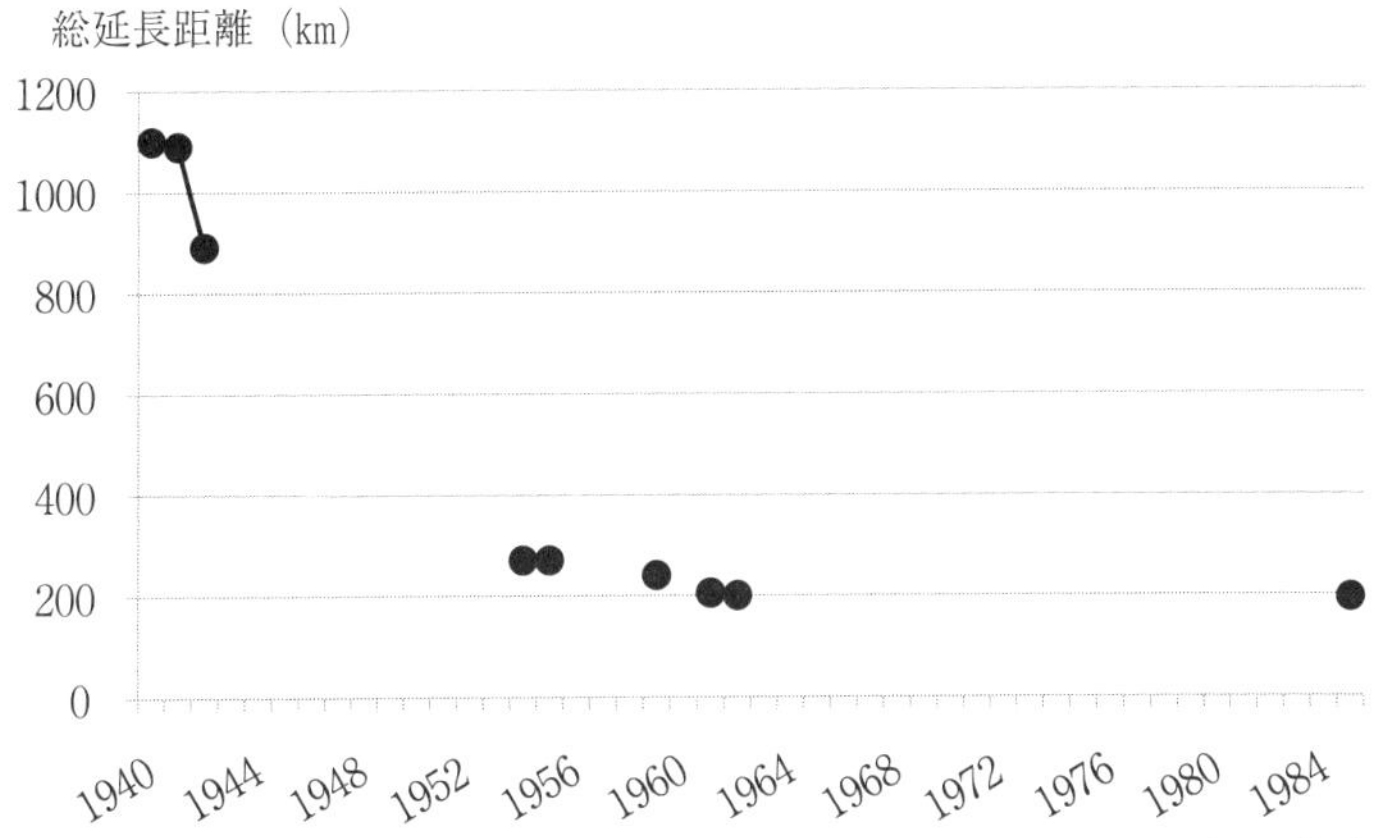

田子（1999）の表より作成

第三節　ダムによる環境破壊

1　ダムによるサクラマス漁獲量の減少

富山名物の押し寿司の材料はサクラマスで、昔は神通川など富山の川で漁獲されたが、ダム建設とともに減少した。図9は、神通川におけるサクラマス漁獲量の推移を示したものである。一九一〇年代初めには約一六〇トンの漁獲があったが、年々減少して近年は数トンしか漁獲されなくなった。図10は、河口から河口に一番近いダムまでの距離の推移を示したものである。田子（一九九九）は、図10で示したダム下流の総延長距離（d）とサクラマスの漁獲量（Y）の間に、

Y（トン／年）＝〇・〇九二七ｘｄ―三九七

の関係があることを示した。この式は、サクラマス漁獲量はダム下流の総延長距離（d）に比例することを表している。ダムができると、(d)が減少するので、サクラマス漁獲量が減少することをわかりやすく説明している。

2　砂防ダム―治山ダムによるサクラマスの減少

一般にダムと呼ばれるものは高さが一五ｍ以上のものを言う。この本で取り上げるのも一五ｍ以上のダムであるが、これより低いダムによるサクラマスへの影響を紹介する。

図11　二風谷ダムの堆砂状況

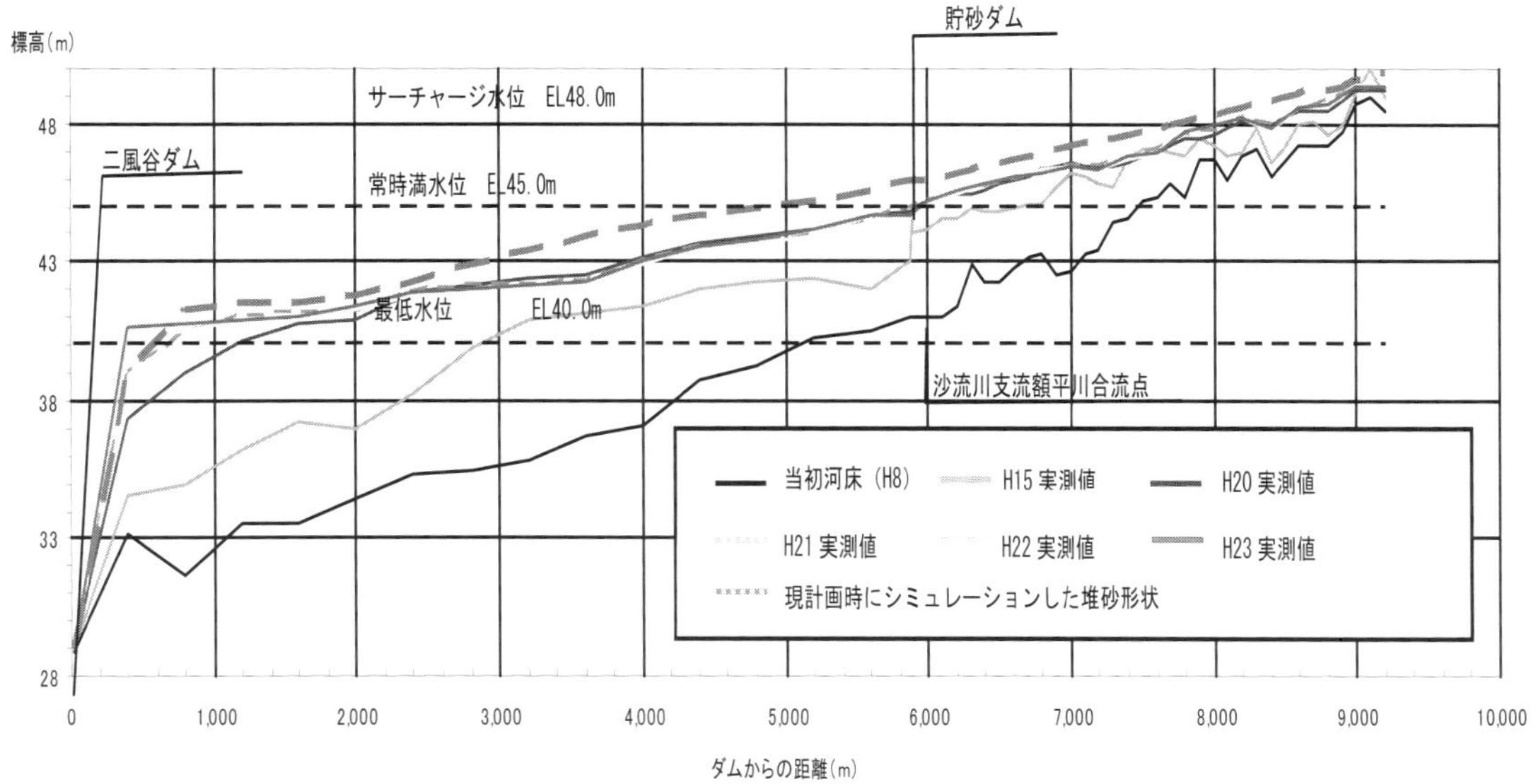

河床高は下から当初河床、H15実測値、H20実測値、H23実測値、シミュレーション堆砂形状

「沙流川総合開発事業平取ダムの関係地方公共団体からなる検討の場」第五回配布資料（北海道開発局室蘭建設部）

砂防ダムは国土交通省管理で、一般の大型ダムとは異なり土砂災害の防止に特化したもので、最近は砂防堰堤と呼ばれることが多い。治山ダムは、林野庁の森林治山事業に基づき設置される砂防ダム様構造をもっている。いずれも、大きなダムではないが魚の遡上の障害となる。玉手・早尻（二〇〇八）は、北海道内に国や北海道が造った小規模な砂防ダム・治山ダムが一九六〇年頃から二〇〇〇年にかけて直線的に増加し、二〇〇〇年頃には約三万五〇〇〇基が設置されたことを紹介している。玉手・早尻（二〇〇八）は、同時に北海道沿岸の年間のサクラマス漁獲量が一九七〇年頃に二五〇〇〜三〇〇〇トンから約一〇〇〇トンに急激に減少して、その後ゆるやかに減少して、二〇〇〇年頃には約五〇〇トンになっていることを示し、一九七〇年頃のサクラマス漁獲量の減少要因として砂防ダム・治山ダムの建設を上げている。サクラマスはサケ科の魚類の中で上流や源流域まで遡上する魚なので、上流にとくに多い砂防ダム、治山ダムの影響をもっとも大きく受けると推定される。

3　ダムの堆砂に伴う下流域の濁り、底質の泥化、河床低下および海岸線の後退

ダムには上流からの土砂が堆積する。図11に、一九九六年（ダム建設前年）、二〇〇三年、二〇〇八年、二〇一一年およびシミュレーションで予測した二〇九六年の堆砂形状を示した。一般に、ダムの堆砂は、上流部は頂部堆積層、急な傾斜がある中流部を前部堆積層、下流部を底部堆積層とよぶ。二風谷ダムでは二〇〇三年には前部堆積層が明瞭ではないが、二〇〇八年になると堤体

からすぐの四〇〇m付近が急傾斜となり前部堆積層となっている。

ダムにおいて頂部堆積層には主に礫や砂などの粒径の大きなものが堆積し、シルト（粒径が一／一六～一／二五六㎜：〇・〇六～〇・〇〇四㎜）や粘土（粒径が一／二五六㎜以下）と呼ばれる細かいものが少ない（二九％）。一方ダム堤体に近い底部堆積層はほとんどシルトや粘土であり（八七％）、前部堆積層はその中間（シルト・粘土は四七％）である（シルト・粘土の割合は、池淵周一編著〔二〇〇九〕より引用）。

大雨などにより河川流量が急激に増加すると、ダムの堤体に近い底部に堆積していた細かいシルト・粘土が、流速が速いため巻き上げられて、ダム堤体から下流に流出する。ダムによっては堤体の中層もしくは下層にゲートがあり、その場合にはそこからシルト・粘土が流出する。そのため、ダムができるとダム下流はしばしば、もしくは常時濁るようになって、細かい粒子が川底に堆積するようになる。サケ、サクラマス、アユなどの産卵には砂と適度な粒径の礫（小石）が必要で、その隙間に産卵するが、河川水が泥化すると卵は泥に覆われて呼吸ができなくなり、死亡してしまう。このように、ダムによる下流の泥化は河川生態系に重大な悪影響を及ぼす。

ダムは、泥だけでなく砂や礫を止めてしまうので、ダム下流では砂や石が流れ去った後の補給がなくなるため、川底（河床）が下がる。このことを河床低下と言う。河床低下が起きると、水位が下がるため地下水に影響を与えて周辺地域で井戸水が出なくなることがある。河床が低下すると、河道の両側にある土手の下がえぐられて、その結果土手の上側が崩れることになり、川岸に生えている木々が川側に倒れることになる。そのため、川に土砂や流木が流れて、底質が変化して魚類の産卵に悪影響を与える。川底が岩盤の場合には、ダムにより上流からの土砂供給がなくなるため、岩盤の上の土砂が下流に流出して、岩盤が露出して水生の昆虫などが住めなくなる。天塩川水系の本流の上流にある岩尾内ダムでは、渇水期にしばしば川底で岩盤が露出している。大型のダムや砂防ダムの堆砂による、ダム下流域における河川水の濁りと河床低下がサケに及ぼす影響については、稗田（二〇〇五）に詳しく述べられている。

ダムで土砂が貯められると、砂は河口に届かなくなる。多くの海岸線は、河口からの土砂供給と海岸線に平行な流れによる土砂の持ち去りの平衡で成り立っているので、土砂供給がなくなると海岸線は後退（より陸地側へ移動）することになる。もっとも有名なのは東海地方の天竜川にたくさんのダムが建設されたため、天竜川河口の海岸線は数百メートル後退する（宇多〔二〇〇八〕）。また、海岸線の後退だけでなく、河口域の土砂の性質にも影響を与えて、貝類の生産に影響がある可能性もある。天塩川河口の海岸線は近年後退しており、地元の漁師は、天塩川流域に多数存在する砂防ダム・治山ダムの影響ではないかと考え、同時に河口から近い海底で漁獲されるホッキガイ（北寄貝）の生産に悪影響が生じるのではないかと懸念している。

4　ダム建設の問題点

ダム建設の問題点を列記すると、次の一二点があげられる。

①これまでの治水対策で大きな被害が出なくなっている場所にダムを造ろうとしている。②ダムを建設しても解決できない住民の命を守るために優先的に実施するべき水害対策が後回しになる。③水道水の新たな確保に、ダムの必要性・緊急性が無い。④ダム建設は地元地方自治体が、工事による地域活性化を図るため建設陳情したものと考えられる。⑤ダム建設が前提の治水対策は、辻褄合わせの河川整備計画を強行し、住民への説明不能になる。⑥無駄なダムに莫大な国や北海道の事業費が投じられる。⑦ダム水没のため、建設地元の一次産業（農林業）や住民の生活の場が奪われる。⑧ダムが存在する限り、河川環境や沿岸生態系を悪化させる。⑨河川整備計画や事業の再検討においては、ダム建設を容認する委員が圧倒的多数になるよう事業者が選任する。⑩ダムによる治水効果は万能ではなく限定的で、ダムによらない効果的な治水対策の組み合わせを考えるべきである。⑪ダムにより水没する道路は、事業者が保障し付け替えなければならない。⑫国・北海道の無駄な財政支出は、社会保障など住民要望の高い事業を後回しにする。

第四節　ダム撤去の時代

1　アメリカのエルワダムとクラインズキャニオンダムの撤去

この二つのダムについて、国交省の「アメリカのダム事情」には次のように記載している。

「エルワダムは、ワシントン州オリンピック半島のエルワ川に位置し、一九一三年に完成した発電目的の重力式コンクリートダム（堤高三二・九m）です。

グラインズキャニオンダムは、その上流に一九二七年に完成した発電目的のアーチダム（堤高六四m）です。エルワ川河口部に居住している先住民族のクララム族が、経済的、精神的に重要なサケを回復し、また、同族の聖地を回復するため、エルワダム、グラインズキャニオンダムの撤去を主張してきました。このため、連邦政府は二〇〇〇年に両ダムを買収し、二〇〇五年ごろからの撤去を予定しています」

本節2の「荒瀬ダム撤去」に登場していただく、つる詳子さん（環境カウンセラー）のブログ（http://kumagawa—yatusirokai.cocolog—nifty.com/blog/cat45850872/index.html）から、エルワダムとグラインズキャニオンダムの撤去に関する情報を以下に引用する。

ダム撤去開始

ダムが建設されて以来、そこに生息していたサケやマスの九〇％以上が減少し、地元で生活してきたクララム族と国立公園局が、自然と魚の回復のために運動してきた結果撤去が実現に至りました。二〇一一年九月十九日に撤去が開始し、二〇一一年末までにダム湖は川に変化しました。この二つのダム撤去が荒瀬ダム撤去と大きく違うのは、荒瀬ダムは撤去することそのものが目的になっていますが、この二つのダム撤去は「エルワ川再生のために」ということを目的としたダム撤去であることです。二つのダムの撤去費用は四〇〇〇万ドル（約三七億）から六〇〇〇万ドル（約五六億円）、再生費用も含むと、総額では三億五〇〇〇万ドル（一ドル八〇円とすると、二八〇億円）と見積もられています。

ダム撤去により期待される効果

国立公園保全局は、この二つのダムの撤去がもたらすと考えられる効果について、次のように述べています。

(1) サーモン（サケ・マス）が河口から七〇kmまで遡上できるようになり、その数が三〇〇〇から四〇〇万に増える。
(2) エルワ川と共に生きてきた先住民族の伝統・文化が復活する。
(3) エルワ川流域の生態系が再生する
(4) サーモンが川に戻り、川が再生することによって、釣りやカヤックなどレクリエーションの場をもたらし、地域が活性化することによって経済的効果をもたらす。
(5) 山からの土砂が海まで供給され始めることによって、元の海岸や河口干潟がよみがえる。

2　荒瀬ダム撤去

二〇一一年「高尾山の自然を守る市民の会」（No.二七一、No.二七二、No.二七四）に掲載されている、つる詳子氏の「日本初のダム撤去の現場から　荒瀬ダム、その過去と現在に何を学ぶか」を参考に、荒瀬ダム撤去へいたる経過と、撤去による環境変化について述べる。

熊本県の球磨川には、上流から市房ダム、瀬戸石ダムそして荒瀬ダムがある（図12）。荒瀬ダムは球磨川河口から約二〇km上流にあり、河口への影響が強くでる可能性の高いダムである。このダムは、一九五四年に竣工した発電専用の県営ダムである。

3　荒瀬ダムの影響

ダムのノリ養殖や生き物への影響

ダム建設工事が始まると河口のアサクサノリ養殖場は被害がでるようになった。建設が完了した二年後には九〇〇軒近くあったノリ業者は三〇〇軒ほどに減少し、現在は二軒にまで減少した。また、河口にある広大な干潟に生息しているアサリやハマグリをはじめとする多くの生き物が大きく減少した。アユはすぐには減らなかったものの、ダム建設後一〇年を経ると激減した。

水害の増加

荒瀬ダムがある坂本村では、ダムが建設されるまでは時々床上浸水があったものの、水害と呼ばれるような洪水はなかった。しかし、一九六三年から三年間続けて水害に見舞われた。それまでの水害と異なる内容は急激な水位の上昇と水害後にへドロが残されることだった。とくに一九六五年七月三日の水害はでは五〇～一〇〇cmものへドロが堆積して、住民は「ダムのせいだ」と

図12　八代海と球磨川

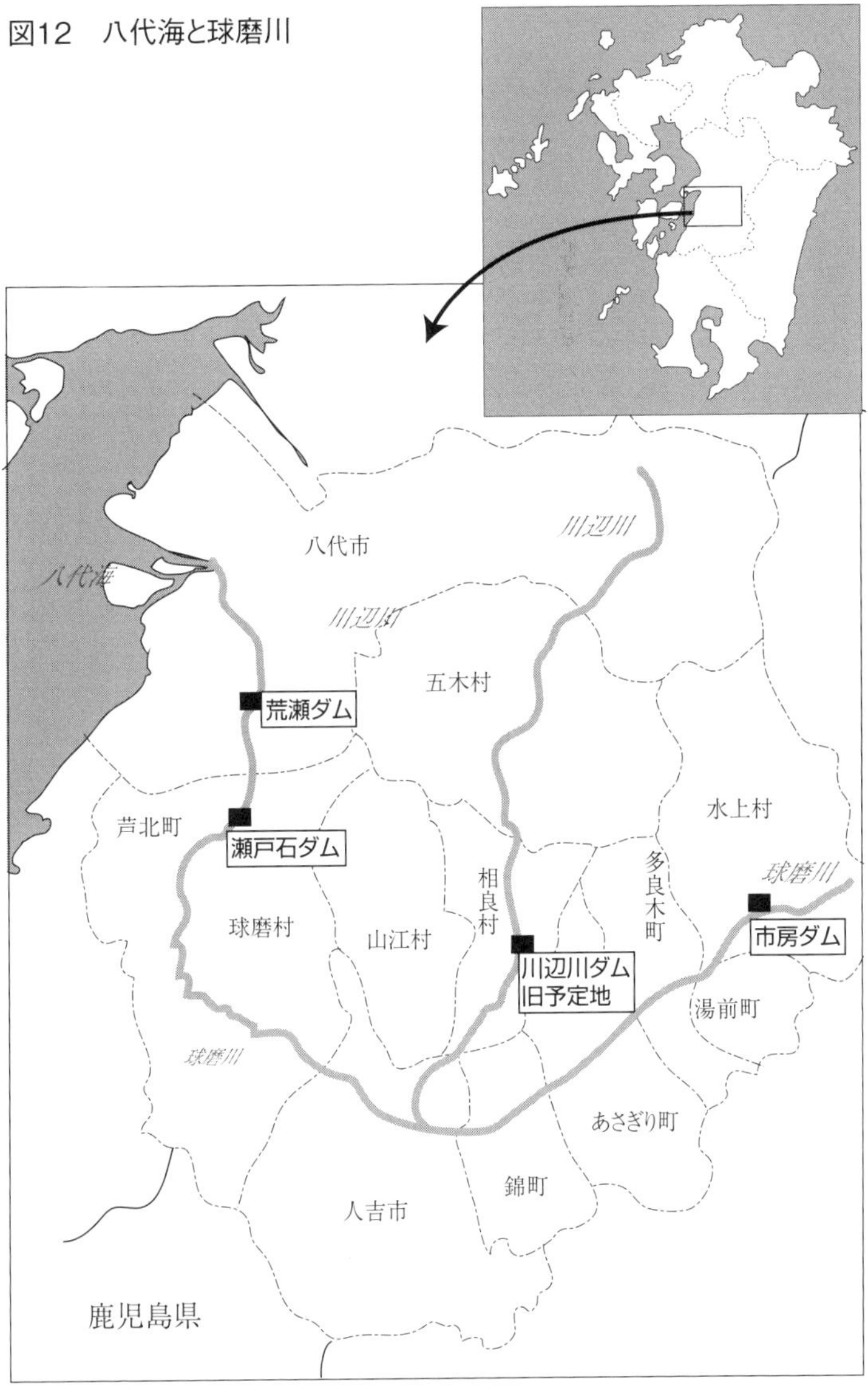

『よみがえれ! 清流球磨川』(緑風出版)8頁より

気がついた。一九八二年の水害ではダムからの放流時に長年ダム湖に堆積したヘドロが一気に民家を襲った。このようなことを経験した地域住民のほとんどがダム撤去を願うようになったのである。

荒瀬ダム撤去の決定

水利権期限が切れる二〇〇二年に住民は「荒瀬ダム撤去を求める会」を結成して、運動が進められた。二〇〇二年の十二月には当時の潮谷義子知事がダム撤去を決定した。その後、樺島郁夫知事が突然ダム撤去の凍結を言い出したが、最終的には水利権取得を断念せざるを得なくなり、二〇一〇年三月末に荒瀬ダム発電所の水利権は期限を迎えて、二〇一二年からダムのゲート撤去が開始された（写真）。二〇一三〜一七年にかけてダム堤体が撤去されて、撤去が終了する予定である。

ゲート全開後の球磨川の変化

ダム湖の水位がさがり、やがてダム湖だったところに蛇行する川が現れた。ダム湖に堆積していたヘドロが流出して、当初はヘドロ臭もしたが、やがて臭いもなくなった。ダム下流では濁りが少なくなり、蛍で有名だった地区で蛍が再出現して住民を驚かせた。球磨川河口の干潟では、すこしずつ砂が増えて、それまでぬかるみで歩きにくかった干潟が歩きやすくなった。それとと

8個のゲートのうち右岸（左側）の3個と左岸の2個がすでに撤去された荒瀬ダム（2012年10月27日、つる詳子氏撮影）

もに、いなくなった生物が戻ってきた。アマモ場も面積を増やし、ウナギも増えた。また、球磨川河口域の海では赤潮が出なくなった。青のりも色落ちが格段に少なくなった。二〇一二年の今年からはダム撤去工事が始まり、六年間で工事終了予定である。

4　荒瀬ダムから学ぶもの

ダムができたら水害が増えた

荒瀬ダム地域の住民は、ダムが出来てから多くの水害にあうようになり、ヘドロを通じて水害がダムによるものと確信したことが、ダム撤去の第一歩になった。私たちが取り組んでいる沙流川では、二風谷ダム下流に住んでいる人たちも同じことを述べている。ダムによる水害の増加をよく調べて、二風谷ダムの撤去をめざしたい。

ダムの撤去による環境回復

エルワ川の二つのダム撤去では今後の経過が期待され、球磨川では荒瀬ダムに続いて瀬戸石ダムが撤去されれば、アユの大群が間違いなく球磨川を遡上する。北海道のダムでは、近い将来、沙流川の二風谷ダムが撤去されることを期待したい。沙流川は昔清流で有名であったが、いまは泥水の川と化している。二〇〇三年八月の過去最大の流量時に、二風谷ダム下流の堤防は決壊しなかった。二風谷ダムの洪水調節機能は小さいので、河川改修などで流下能力を高めることによって、二風谷ダムを撤去することが可能であると考えられる。二風谷ダムを撤去できればある程度の清流が戻る可能性がある。とくにダム下流ではシシャモなどの生物が増加することが期待され、アイヌ民族の伝統が復活することも可能である。

引用文献

新沢嘉芽統（一九六二）「河川下流部における利水と治水の関係―河川維持水について―」、『河川水利調整論』、岩波書店、三二二―三二三頁。

玉手剛・早尻正宏（二〇〇八）「北海道における河川横断工作物とサクラマス沿岸漁業の関係―河川横断工作物基数とサクラマスの関係から見た河川生態系保全を考える―」、『水利科学』、第三〇号一七三―八四頁。

池淵周一（二〇〇九）「堆砂のメカニズムとダムによる影響度の大小」、『ダムと環境の科学Ⅰダム

下流生態系』京都大学学術出版会、一〇四—一〇七頁。

稗田一俊（二〇〇五）『鮭はダムに殺された—二風谷ダムとユーラップからの警鐘—』、岩波書店、二一三頁。

宇多高明（二〇〇八）「河川改変が沿岸の地形と地質に与える影響」、『川と海』、朝倉書店、九二—一〇五頁。

第三章　サンルダムの検証

要約

サンルダムを要望している下川町にサンルダムの治水効果は及ばない。下川町は地域振興のためにダム建設を要望しているが、地域振興のためのダム建設は認められない。戦後最大の洪水では名寄川の堤防は破堤しなかったので、名寄川の治水は堤防強化と河道掘削で行なう。天塩川水系では名寄川の治水より先に取り組むべき地域があり、サンルダム予算をそれに回すべきである。水道水のためにダムを建設する根拠は乏しい。流水の正常な機能の維持のためのサンルダムの必要性は想定に基づくものであり、実績に基づいて検証すると根拠がない。名寄川の治水は河川改修で行ない、サンルダムを建設せず、日本で最もヤマメ密度が高いサンル川の環境を後世に伝えていくことが私たちの使命である。

第一節　サンルダム事業の経過と事業の概要

1　事業概要と経過

サンルダムは、天塩川水系（図1）の天塩川の支流の名寄川のさらに支流のサンル川に計画されている。天塩川は天塩岳を源流として、天塩町で日本海に注ぐ、長さ二五六㎞、流域面積五五九〇㎢の一級河川である。名寄市で支流の名寄川（流域面積七四三㎢、天塩川水系流域の一三％）が

図1　天塩川水系と流量基準点

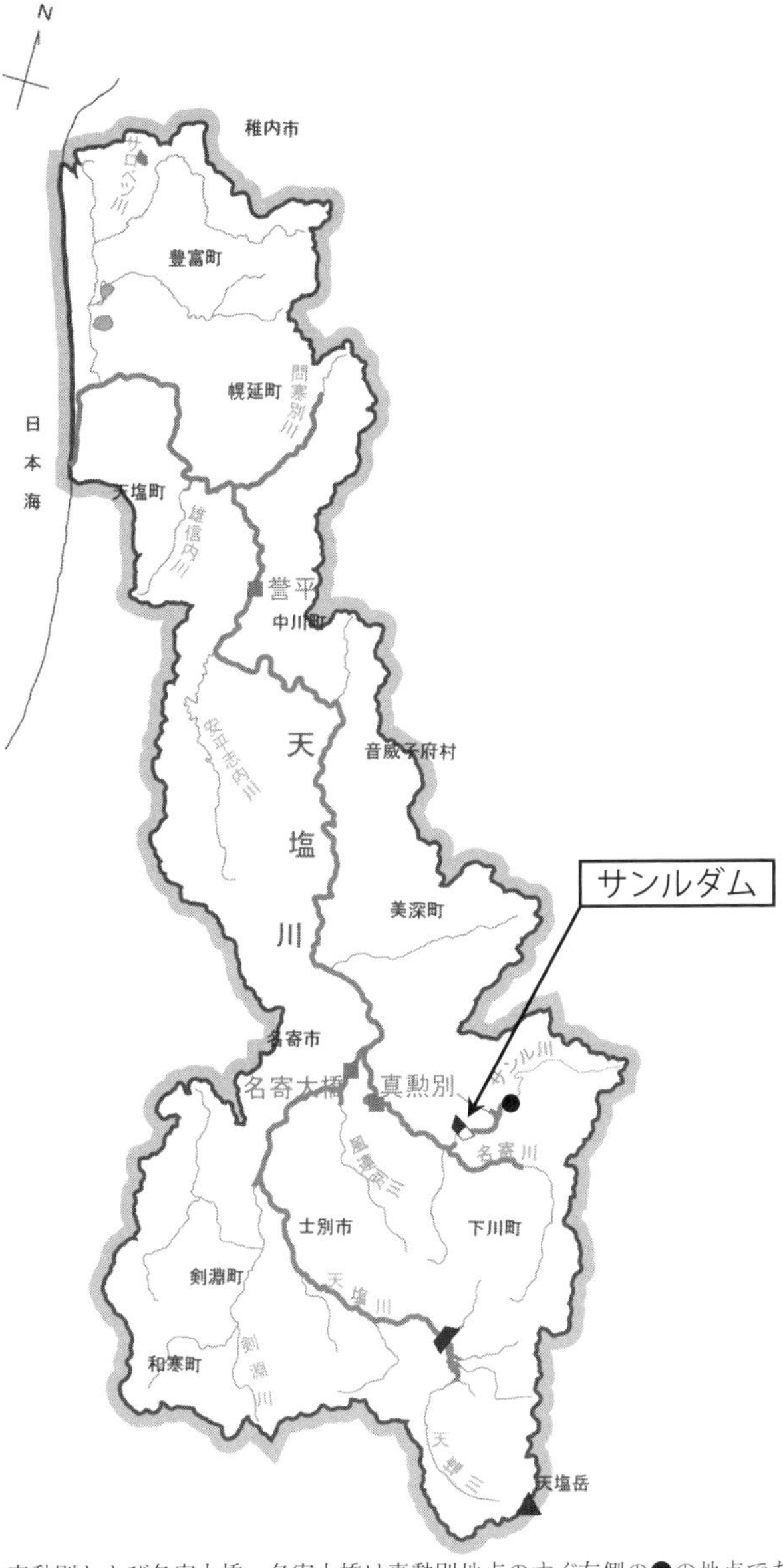

誉平、真勲別および名寄大橋、名寄大橋は真勲別地点のすぐ左側の●の地点であり、タヨロマ川が合流している

嶋津第三回検証検討会資料より

合流する。合流点から約二二km上流にサンル川が流入している。サンルダムの流域面積は一八二km²であり、名寄川流域の二四％、天塩川流域の三・三％であり、サンルダムの流域面積の小ささから、このダムが名寄川や天塩川の治水に果たす役割については当初から疑問が出されていた。

サンルダム（図2）は総貯水容量が五七二〇万m³のダムで、治水と利水（水道水、流水の正常な機能の維持、発電）が目的のダムである。サンル川は、第一章で述べたようにサクラマスが多く遡上し、ヤマメがとりわけ豊富な川である。

経過

治水対策と利水対策だけであった河川法が一九六四年に基本高水による治水と流水の正常な機能維持を加えて改正され、さらに一九九七年の改正で、環境保全と住民参加が加えられた。これまでの工事実施基本計画に代わり、基本高水流量（天塩川の場合は一〇〇年に一度の大雨時の洪水流量）等の基本方針を決める河川整備基本方針（国の審議会）と目標流量（二〇〜三〇年に一度の大雨の時の洪水流量）に対応する治水対策を検討する河川整備計画が策定されることになった。河川整備計画は専門家に加え流域住民の参加による流域委員会によって検討されることになった。

サンルダム事業は、一九八八年に計画が立てられて、一九九三年に事業が始められ、二〇〇二年に天塩川河川整備基本方針が決められた。二〇〇三年五月に第一回天塩川流域委員会が開催されて、二〇〇六年十二月まで二〇回開催された。流域委員会の意見を受けて二〇〇七年十月にサ

図2　サンルダム貯水容量配分図

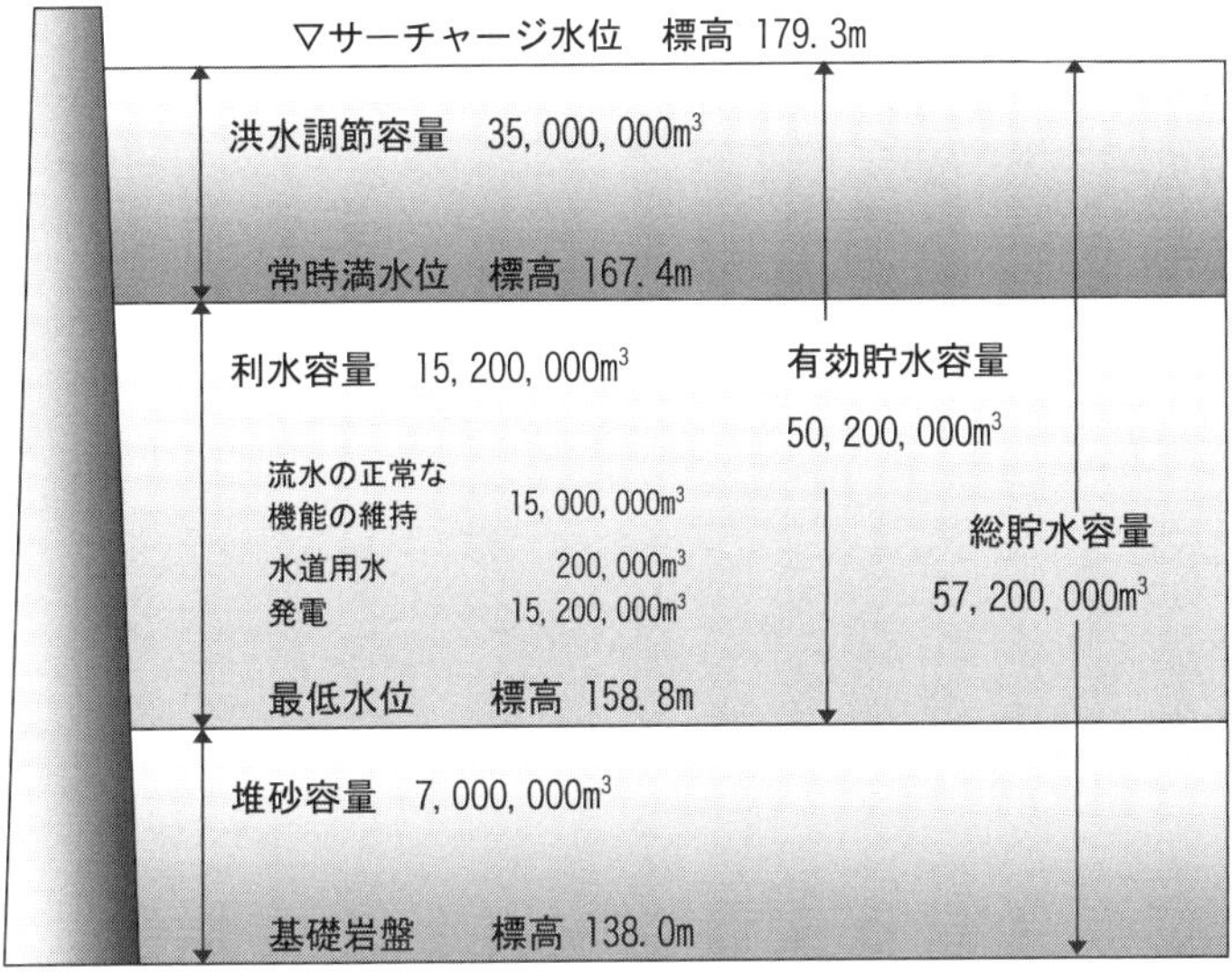

ンルダムによる治水を主とする天塩川水系河川整備計画が策定された。

しかし、二〇〇九年八月、民主党政権がサンルダムの凍結・見直しを決定したことにより、二〇一〇年十二月、二〇一一年三月と六月、二〇一二年二月および二〇一二年七月に「サンルダム建設事業の関係地方公共団体からなる検討の場」が五回開催され、二〇一二年九月二十五日に、北海道開発局は、サンルダム事業の継続を決定して、国交省に伝えた。

天塩川流域委員会の経過

二〇〇〇年一月に一五名の大学の専門家、流域住民と二名の流域町村の首長による天塩川流域懇談会（流域委員会の前身）がはじまり、二〇〇二年三月に提言をまとめた。この提言は比較的幅広く議論し、治水対策については、旧川（三日月湖）や水田等、流域の様々な遊水機能を生かした総合的な治水対策も提言しているが、後の河川整備計画に反映されることはなかった。二〇〇二年五月に天塩川整備基本計画が国の審議会によって策定され、翌二〇〇三年五月に正式に第一回天塩川流域委員会（二名増えて一七名、以後、流域委員会とする）が始まった。しばらくして、天塩川整備計画原案が示され、三年半後の二〇〇六年十二月に、治水対策、サクラマス、カワシンジュガイ等の水生生物の保全について検討すべき大きな課題を残したまま、原案への提言をまとめて、二〇回で終了した。その後、二〇〇七年十月に開発局はサンルダムによる治水を柱にした「天塩川水系河川整備計画」を策定した。

2 地域の状況

サンルダム計画に疑問を持つ流域住民の三つのグループ、「サンルダム建設を考える会」と「下川自然を考える会」、さらに「名寄サンルダムを考える会」が活動を進める他に、全道的なグループ、「サンル川を守る会」、「北海道自然保護協会」、「旭川・森と川ネット21」等一三団体が現在も活動を続けている。また、団体だけでなく、写真とともに詳細な分析情報を流している個人のブログもある。

サンル川は流域に森林が広がり、少しくらいの洪水では濁らず、昔から「ヤマメが湧く川」として有名である。天塩川水系は日本海のサクラマス資源を維持している重要な河川で、その中でもサンル川は最もヤマメの密度の濃い川である。大型ダムの建設は河川の自然環境に重大な悪影響を与える可能性が大きく、釣り人だけでなくこれからサンル川がどうなっていくのか、関心を持っている人が沢山いる。また、天塩川は「北海道遺産」の一つに選ばれている。

一方で、地元下川町の役場や商工会等はダム推進で固まり、流域の一一市町村で天塩川治水促進期成会を作り、流域の自治体の議会は全てダム建設推進の議決を行なっている。下川町市街地は名寄川の左岸にあり、サンル川は市街地より下流の右岸に流入している。サンルダムに洪水調節機能があったとしても、その効果は下川町市街地には無関係である。したがって、下川町当局がサンルダム建設を推進するのは洪水を防ぐことが目的ではなく、地域の活性化、地域振興のためである。地元下川町の町長や議会ではダム建設が昔からの悲願であったという。しかし、地域振興のためにダム建設が認められること自体大きな問題である。将来の町づくりのため基幹産業の林業とサンル川、名寄川そして天塩川の自然環境を活かした地域振興策の検討が優先されるべきではないか。

ダム問題には口を閉ざしてしまう人が地元では多い。役場のホームページには森林や林業関係の情報は沢山あるが、サンル川やヤマメ等の川の自然については全く出てこない。それどころか、国の見直し作業に対して、二〇一〇年十二月に下川町と「サンルダムと町の活性化を図る会」が共同で「サンルダムの本体工事凍結解除及び早期完成を求める要請書名」を二〇歳以上の世帯全員を対象に、各公区の班長による持ち回りか回覧で署名集めを行なった。「人の思想・主義などを強権的に調べる」ことを「踏み絵を踏ませる」と言うが、行政主導の署名に町民はサンルダムへの賛否を明示しなくてはならなくなり、人権無視の「踏み絵を踏ませる」ものとなった。名寄市でも同様な署名集めが実行されたが、どちらもその結果は公表されていない。地元ではダム問題については自由にものが言えなくなっている、それは地域にとって最も不幸なことではないだろうか。

3 開発局の治水対策案への疑問

実際に洪水氾濫被害を受けている地域の実態とその具体的対策の無視

一九七三年から近年までの洪水氾濫を外水（堤防外）氾濫と内水（市街地など）氾濫（一〇七頁参照）に分けてみると、昭和五十年頃までは外水氾濫も多いが、近年では内水氾濫が多くなっている。その外水氾濫もほとんどが本流ではなく、支流の氾濫だと思われる。近年は天塩川、名寄川ともに破堤や越水を起こしたことはないはずだが、流域委員会で質問があっても開発局は明確には答えなかった。このことについて、紙智子参議院議員が国交省に問い合わせた結果、戦後最大の洪水である一九七三年、一九七五年および一九八一年について、名寄川の堤防では越水や破堤がなかったことが明らかにされている（本章第三節1参照）。実際に被害を受けている地域については、その実態（外水氾濫、内水氾濫の区別等）を明らかにして、被害軽減のために現場で河川改修や排水ポンプの設置等の対策が必要なはずだ。流域委員会で、本当に危ない場所はどこかと

図3　ピーク流量（誉平）と氾濫面積（天塩川全域）（Sは昭和、Hは平成）

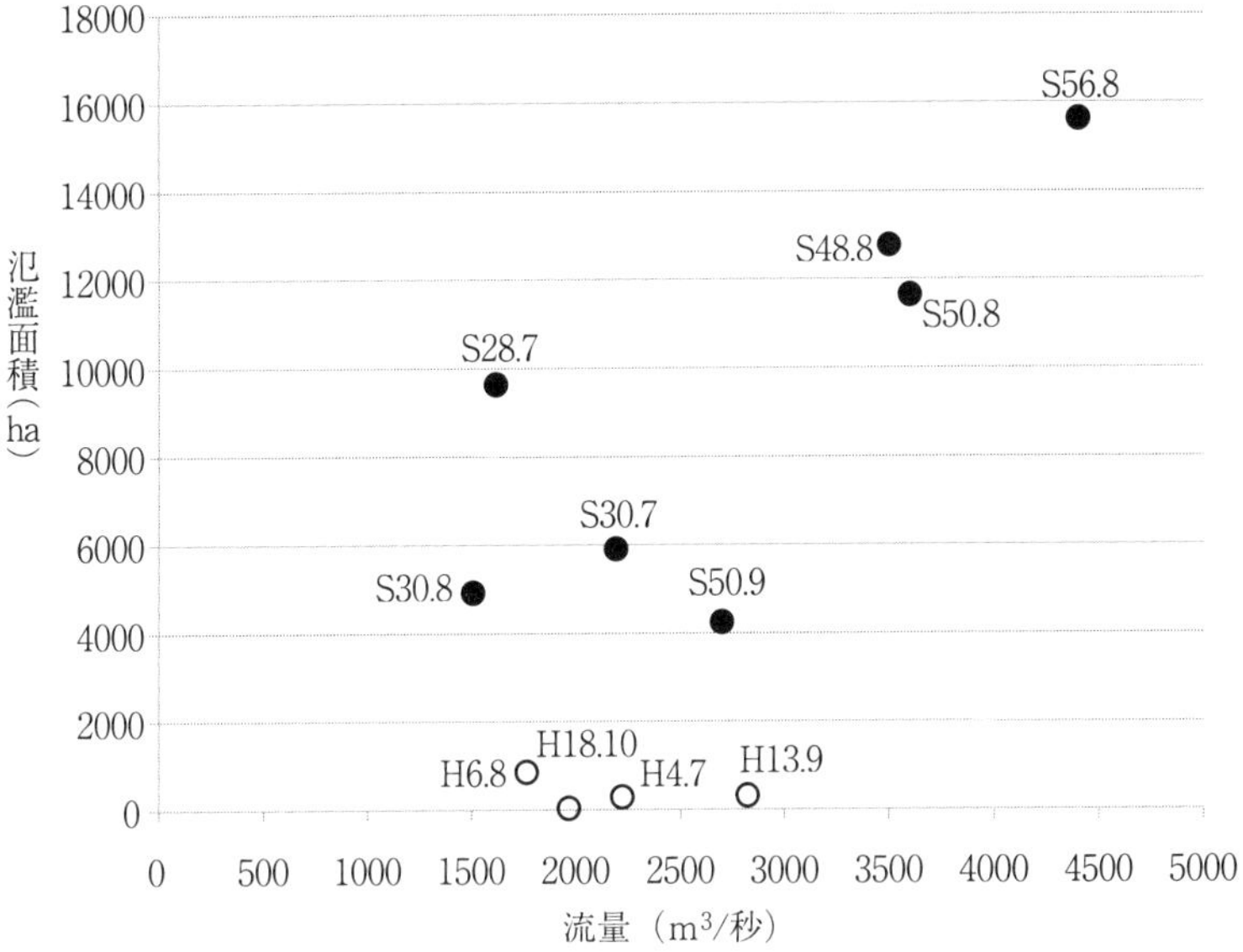

天塩川流域委員会資料「天塩川水系河川整備計画について」より

いう質問に対して、河川工学の専門家からそれを明らかにするのはとんでもない、危険箇所が分かれば、その土地の地価が下がるなど様々な障害が起きる、という意見が出た。しかし、対策を講じないで危険箇所で被害が生じたら、その責任は誰が取るのだろうか。流域委員会は一度も現地視察を行なうことなく終了した。昔から住んでいる流域の住民はどこが危ないか知っているはずだ。現場の住民の声を聞かずに決めた流域委員会の結論には疑問が残る。

河川改修の治水効果

図3は昭和二十八（一九五三）

図４　ピーク流量（真勲別）と氾濫面積（名寄川）（Ｓは昭和、Ｈは平成）

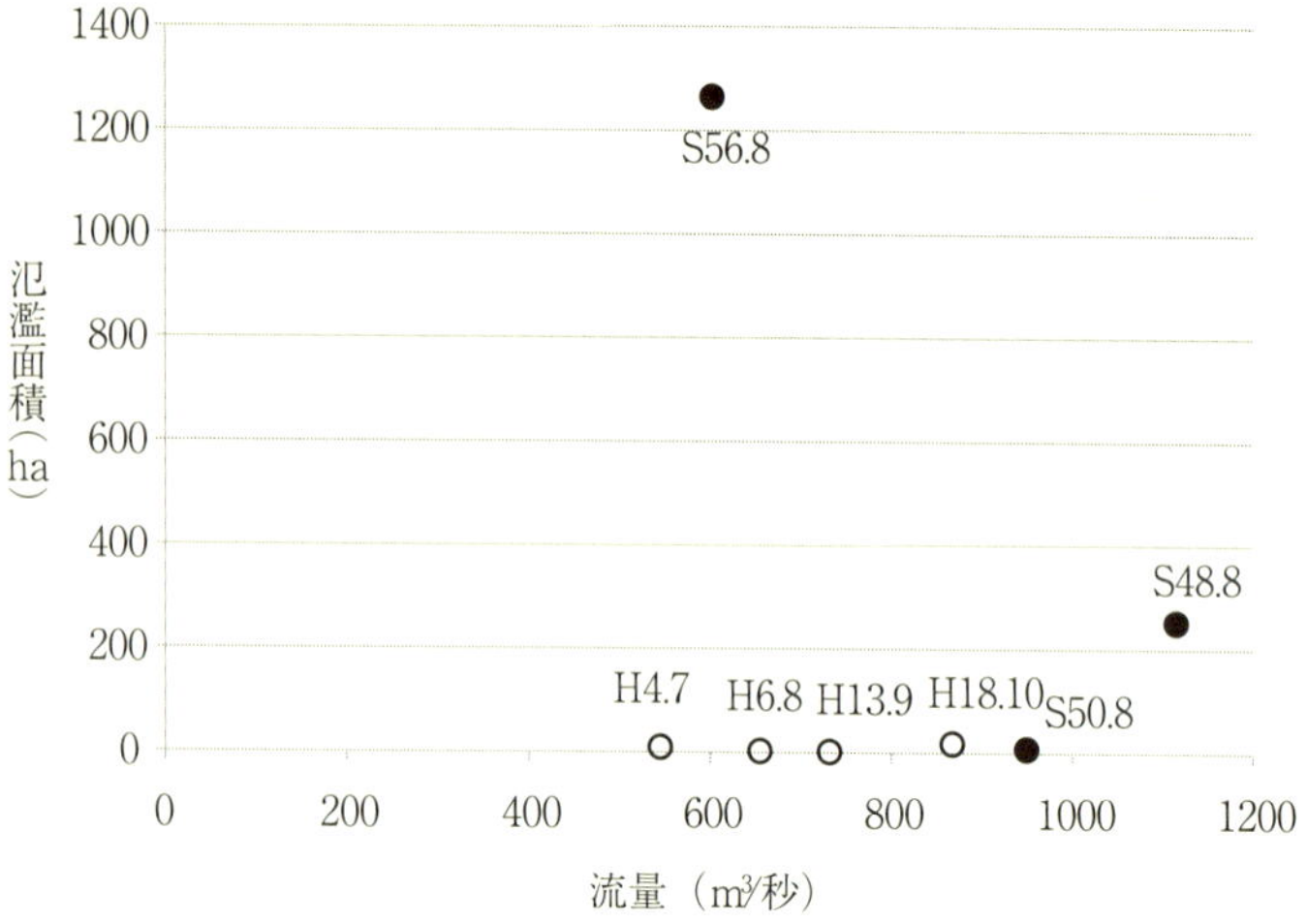

天塩川流域委員会資料「天塩川水系河川整備計画について」より

年から平成十八（二〇〇六）年までに起きた洪水時の天塩川本流でのピーク流量と氾濫面積の関係を示している。これを見ると、同じ洪水流量でも平成年代になると極端に氾濫面積は減少している。

なぜなのか、流域委員会でこの質問に対して、ダム推進派の河川工学者は、それは河川工学の成果です、と答えた。名寄川でも基本的に同じで平成になると洪水氾濫はほとんどない（図４）。一九八一年八月の洪水だけが飛び抜けて氾濫面積が大きいが、小河川の氾濫及び内水氾濫が原因の主なものである。

私たちは、氾濫面積の減少は、地域の要求に基づき河川管理者（開発局）が河川改修を進めてきた結果であり、開発局はこのことに自信をもって、さらにきめ細かい治

表1　河川整備計画の目標流量

河川名	基準地点名	目標流量	河道への配分流量
天塩川	名寄大橋	2,000㎥/s	1,800㎥/s
	誉平	4,400㎥/s	3,900㎥/s
名寄川	真勲別	1,500㎥/s	1,200㎥/s

天塩川流域委員会資料「天塩川水系河川整備計画について」より

水対策を実施することを望んでいるが、第二章第一節で述べたように、一九六〇年代に入り、河川管理者はダム建設を重視するようになった。ダムで被害が全て防げる訳ではない。第二章で述べたように、ダムの治水効果は限定的でむしろ築堤や河道拡幅、浚渫などの河川改修の方が治水効果は高いし、必要と考えられる。

第二節　天塩川河川整備計画の概要

1　治水目標

戦後最大規模の洪水流量により想定される被害の軽減を図ることを目標とし、表1の目標流量（目標流量は、戦後最大規模の洪水時を踏まえて設定するとされていて、この流量までの治水を考えるという意味である）を決めている。

この表の基準点を図1に示している。表1の河道への配分流量は、目標流量からダムにより軽減した後の流量を意味する。サンル川に関係する真勲別《まくんべつ》地点の目標流量は一五〇〇㎥／秒、サンルダムで三〇〇㎥／秒の洪水調節を行ない、名寄川への配分流量が一二〇〇㎥／秒とするとしている。名寄大橋では、目標流量が二〇〇〇㎥／秒であるが、上流に岩尾内ダムがあり、そこで二〇〇㎥/秒減らすため、河道への配分流量は一八〇〇㎥/秒となっている。天塩川下流の誉平《ぽんぴら》では、両方のダムで五〇〇㎥/秒減らすとしている。

2　利水目標

(1)水道水……名寄市は名寄川から新たに最大一五一〇㎥/日、下川町は最大一三〇㎥/日の取水を可能にする。

(2)流水の正常な機能の維持……詳細は本章第四節2で述べる。

第三節　治水の検証

1　戦後最大の洪水の検証

河川整備計画では、上記で述べたように「戦後最大規模の洪水流量により想定される被害の軽減を図ることを目標」としている。

ここで言う戦後最大規模の洪水流量とは、一九七三年八月、一九七五年八月および一九八一年八月の洪水を指している。紙智子参議院議員を通じて国交省から資料を取り寄せたところ、以下のことが判明した。いずれの洪水においても、名寄川周辺の浸水は外水氾濫ではなく内水氾濫によるものである。

外水氾濫

川の水位が堤防を越えるか、堤防が決壊することによる市街地などの氾濫。とくに決壊した場合には氾濫が急に生じて、かつ泥水も含み人的被害も含めて被害が大きくなる。外水氾濫を防ぐには、ダムや遊水地および河川改修による流下能力（川が安全に流すことのできる流量）を高めることによって川の水位を下げることと、堤防を強化して決壊などが生じないようにすることが必要である。

内水氾濫

集中豪雨があったときに、市街地などに降った雨の水はけが悪くて、水につかること。その原因としては、市街化で雨水の浸透が少なくなったことや、本流の水位があがり、支流の水が本川へ流出できなくなり、支流が溢れること、また場合によっては本川から支流に逆流することが上げられる。一般には、本流と支流の間に樋門という水門を設置して、水門を閉めて逆流を防ぐとともに、支流の水をポンプで本流に流す排水機場を設置するが、天塩川流域では排水機場が整備されていないことも内水氾濫が多発する原因となっている。

天塩川河川整備計画には、名寄市の十線川氾濫の写真が取り上げられている。十線川は名寄川の支流で、一九七三年と一九八一年の洪水では外水氾濫したが、その後堤防も完備して外水氾濫は起きていない。治水対策が実施された箇所の過去の氾濫を示す必要があるのか疑問である。

表2　各降雨パターンにおけるピーク流量、氾濫面積、浸水家屋および被害額の想定と実績

					天塩川全域		
実績降雨パターン		ピーク流量（㎥/s）			氾濫面積	浸水家屋	被害額
		誉平	名寄大橋	真勲別	(ha)	（棟、戸）	億円
S 48・8	想定	4400	2000	1500	9800	12000棟	6300
	実績	3500	1218	1115	12775	1255戸	42
S 50・8	想定	4400	2700	1200	8700	5000棟	2500
	実績	3600	1500	949	11640	2642戸	120
S 56・8	想定	4400	2200	700	11200	1700棟	1100
	実績	4000	1889	602	15625	546戸	78

またサンルダムは名寄川の治水対策であるので、名寄川の堤防が決壊しなかった事実を踏まえて検討すべきであるのに、河川整備計画ではまったく触れず、国会議員に質問してもらって初めてわかったが、天塩川流域委員会ではそのことは伏せられたままであった。

2　下川町の水害対策にサンルダムは役立たない

下川町の市街地は、主に名寄川の左岸にあり、かつサンル川と名寄川の合流点より上流に位置する。したがって、下川町はサンルダムがあってもダムの治水の効果を受けない。開発局は地元の要請でダムを造ると述べているが、下川町のダムによる治水の要請は納得できるものではない。

3　名寄川真勲別の目標流量の疑問

開発局の説明への疑問

第一節の経過で述べたように、流域委員会意見では「名寄川の目標流量は実績から見ると高過ぎるという意見も一

部にあった。」と述べられている。

名寄大橋と真勲別の目標流量の決め方を表2の数値を使って説明する。一九八一年（昭和五十六年）の洪水では三日間の雨量が二三三㎜で、誉平の流量が四四〇〇㎥／秒であった。この流量を誉平の目標流量とした。一九八一年の名寄大橋と真勲別のピーク流量はそれぞれ一八八九㎥／秒と六〇二㎥／秒であったが、これを目標流量としていない。

開発局は、二二四㎜の降雨があったときの洪水を考えることにした。一九七三年（昭和四十八年）の雨量は一七一㎜、名寄大橋流量は一二一八㎥／秒・真勲別では一一一五㎥／秒、一九七五年の雨量は一五七㎜、名寄大橋流量は一五〇〇㎥／秒・真勲別では九四九㎥／秒であった。開発局は、一九七三年も一九七五年（昭和五十年）も二二四㎜の雨量があったとして、そのときの名寄大橋と真勲別の流量を推定した。その結果、真勲別の流量は一九七三年（昭和四十八年）には一五〇〇㎥／秒、一九七五年（昭和五十年）には一二〇〇㎥／秒、一九八一年には七〇〇㎥／秒となった。名寄大橋では、それぞれ、二〇〇〇㎥／秒、二七〇〇㎥／秒および二二〇〇㎥／秒となった。目標流量／実績最大流量（一一一五㎥／秒）の比を求めると、真勲別では一九七三年：一九七五：一九八一＝一・三五：一・〇八：〇・六三、一方、名寄大橋（実績最大流量：一八八九㎥／秒）では、この比が、一・〇六：一・四三：一・一六であった。

開発局が選んだのは、真勲別では目標流量／実績最大流量の比が最も大きい一・三五で、名寄大橋では最も小さい一・〇六であった。私たちは、開発局が名寄川上流にダムを造るために真勲別で最も大きい目標流量を、天塩川本流にダムを造らないために名寄大橋でもっとも小さい目標流量を選んだのではないかと推定している。

開発局は、一九七三年の推定被害額がもっとも大きい六三〇〇億円（表1）であるので、一九七三年の目標流量を整備計画の目標流量としたと説明している。しかし、表1を見ると、この説明は納得できない。一九七三年の場合、推定では氾濫面積は実績より小さく、浸水家屋は一〇倍も多く、想定被害額六三〇〇億円は、実際の被害額四二億円（現在値に換算済）の一五〇倍もしていることである。一九八一年の想定氾濫面積は一九七三年のそれより大きいのに、被害額は約六分の一の一一〇〇億円（それでも実績の一四倍）と推定している。このような国民を納得できない根拠で決められた目標流量を用いるべきでない。

重回帰分析

表2の数値を用いて重回帰解析を行なった。重回帰解析を行なうと、被害額と名寄大橋および真勲別の流量との関係が数値でわかることになる。

被害額：Y（億円）、名寄大橋流量（㎥／秒）：X一真勲別流量（㎥／秒）：X二

まず、開発局が推定で示した数値を用いて解析すると

想定　Y＝−2.96 X 1 + 5.76 X 2 + 3580

名寄大橋流量が大きければ被害額は少なくなり、真勲別流量が大きければ被害額が大きくなる

という関係となった。
次に実績値を用いて解析すると
実績　Y = 1.02 X 1 + 1.27 X 2 —2617
名寄大橋および真勲別流量が大きいと被害額も大きくなり、二つの流量の被害額に対する寄与はほとんど同じ（一・〇二と一・二七）であった。
この結果を見ると、開発局が示した想定の数値は、真勲別流量が大きければ被害額が大きく、名寄大橋流量が大きければ被害額が少なくなるようになっている。被害額が大きいケースを目標流量としたという開発局の考えは、真勲別流量がもっとも大きいケースが選ばれる仕掛けになっている。推定の式は極めて実態と合わないので、この式から導き出された目標流量は却下されるべきものである。

恣意性が入る目標流量設定

私たちは、ダム事業を行なうにあたっては、主権者の住民にわかりやすく、恣意性が入らないことが重要と考えている。第二章で紹介した宮本博司さんは、元国交省（旧建設省）の官僚で、行政が住民に五分程度で説明できなければ、住民は疑うべきだと述べたが、極めて重要な指摘である。開発局が真勲別の目標流量を一五〇〇㎥／秒にしたことを説明するには五分ではすまないが、実績最大流量（一一五五㎥／秒）をもとに目標流量を決めましたとしたと言えば、五分もかからない。

私たちは、真勲別地点だけ実績流量より大きな目標流量を設定したのは、サンルダム建設に都合のよい値を選んだためと考えている（名寄大橋の目標流量を二七〇〇㎥／秒とすれば、名寄大橋の上流にダムを建設しなければならないことになる）。私たちは、このような恣意性が入る目標流量ではなく、過去の最大観測値を用いて、当面の治水対策の目標流量とすべきと考えている。名寄川で言えば戦後最大の洪水に対処するために、最大観測値一一一五㎥／秒を参考に目標流量を一二〇〇㎥／秒として、サンルダム建設費を堤防強化や河川改修を進める費用に振り替えて、より効果的な治水をめざすことが、将来水害被害を少なくするもっともよい方であると考えている。

なお、天塩川流域委員であった出羽委員は、流域委員会での次のやりとりを紹介している。開発局の資料から作った氾濫面積、浸水家屋、被害額一覧（表2）にもとづいて出羽氏が質問した。

「真勲別の目標流量を一五〇〇㎥／秒にした一番大きな理由は洪水氾濫の被害が最大であるからというわけですね。……、一九七三年八月は真勲別で一一一五㎥／秒が実績のピーク流量です。そして、天塩川流域全体で一万二七七五haの氾濫面積、一二五五戸の浸水家屋になっています。ところが、目標流量一五〇〇㎥／秒 を基に推定された氾濫面積は九八〇〇haで、流量は大きいのに氾濫面積は小さく、浸水家屋は逆に一万二〇〇〇戸と（実績の）一〇倍の違いなんです。昭和五十年八月、五十六年八月も皆同じなんです」

という疑問に対して、ダム推進の河川工学者は、こう答えた。

「これは、実績と推定値というか、計画の違いです。実績は、どこか一箇所が、例えば破堤だとすれば、そうすると、もう他のところは破堤しませんよね。……、これが普通です。ところがシミュレーションの方は、そうしないんです。破堤しやすいところ、全部破堤させるんです。……、先生、この中でB／C（総便益比）なんて話出ているけれども、僕らに説明するときには、そんなことでもしないと北海道に金落ちないんですよ。この程度のあれでB／C出ませんからね、実績だけじゃね。……、本当は被害額ではないんでしょうね。浸水エリア内における資産額なんでしょうね」（括弧と傍点は出羽委員）。

流域委員はみなさんぎょっとしたようで、このことは翌日の新聞でも取り上げられた。これが、コスト重視というときの費用対効果の実態で、国レベルでどうしてこんなやり方がまかり通っているのか、不思議でならない

4　堤防整備と河道改修による名寄川の治水対策

北海道開発局が示した、名寄川の堤防高、計画高水位、目標流量一五〇〇㎥／秒の時のダムありとダムなしの水位データを用いて作図を行なった。図5はサンルダムがある場合とない場合の水位と堤防高である。ダムがあってもなくても、数カ所で堤防高が不足しているので、該当堤防の強化が必要である。図ではダムによる水位を下げる効果がよくわからないので、水位だけに注目して作図した（図5）。計画高水位は、洪水に耐えられる水位とされている（流域委員会では、ど

図5　名寄川の堤防高と、サンルダムがある場合とない場合の水位

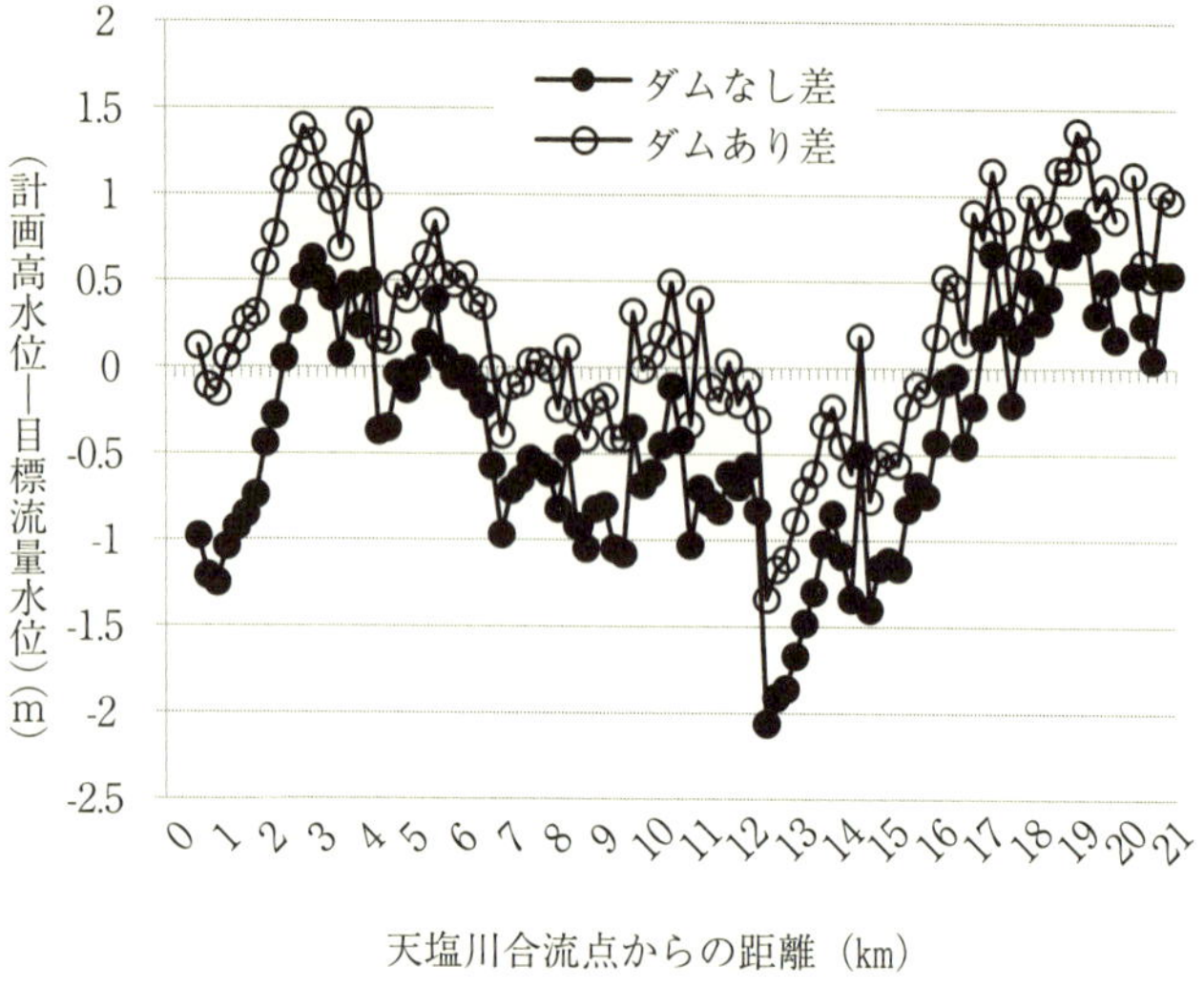

北海道開発局データから作図。図の0km附近で名寄川が天塩川本流に合流する。図の右端21km近くでサンル川が名寄川に合流する。

のようにして決められたのかという質問に対して、歴史的に決まっているというだけでたしかな根拠は示されなかった）。図5には計画高水位―目標流量水位（ダムなしとダムあり）が示されている。この値がプラス（目標流量水位が計画高水位より低い）であれば安全で、マイナスであれば氾濫する危険性があることになる。ダムなしの水位を見ると、距離が〇～二kmと六～一六km、併せて約一二kmでは計画高水位より高いので、氾濫の危険性がある。ダムありの場合は、七～九km、一一～一六kmの併せて約七kmでは計画高水位より高い。この越えている部分は、河道掘削など河道改修で対応することになる。

二〇一二年二月十四日に開催された、サンルダムについての検討の場の資料には、名寄川目標流量を一五〇〇㎥/秒にしたとき、ダム建設の場合の費用は八〇〇億円、河道掘削の場合は一〇〇〇億円と述べている。ダムありではダム建設費と七・五㎞ほどの河道掘削の費用を合せて八〇〇億円、ダムなしの場合は、一一㎞ほどの掘削費用を含めて一〇〇〇億円ということである。ダム建設の場合は、魚道整備をしてもサクラマスが減少するのは明らかであり、マイナスの影響は長い目で見れば二〇〇億円をはるかに越えるので、百歩譲って開発局の目標流量一五〇〇㎥/秒を認めたとしても、階段魚道に加えて九㎞もある魚道およびサンル川との接続部の分水・集魚施設の建設費と維持費を考えると、予算面から考えても、ダムなしの河道掘削による治水がよりよい。

5　美深～音威子府区間の治水対策を優先すべきである

私たちは、天塩川水系で早急に治水対策をする必要があるのは、天塩川中流の音威子府《おといねっぷ》村附近から美深《びふか》町の間であると考えている。図6に天塩川の流下能力図を示した。横軸は左側が川下で、距離ゼロが河口である。右端が最上流である。縦軸が流下能力（㎥/秒）、実線のギザギザの山あり谷ありがそれぞれの地点での流下能力を表している。流下能力はそれぞれの地点で安全に流すことのできる流量である。次に、横線が示されているが、これは北海道開発局が決めた目標流量

図６　天塩川の流下能力図　左端が河口

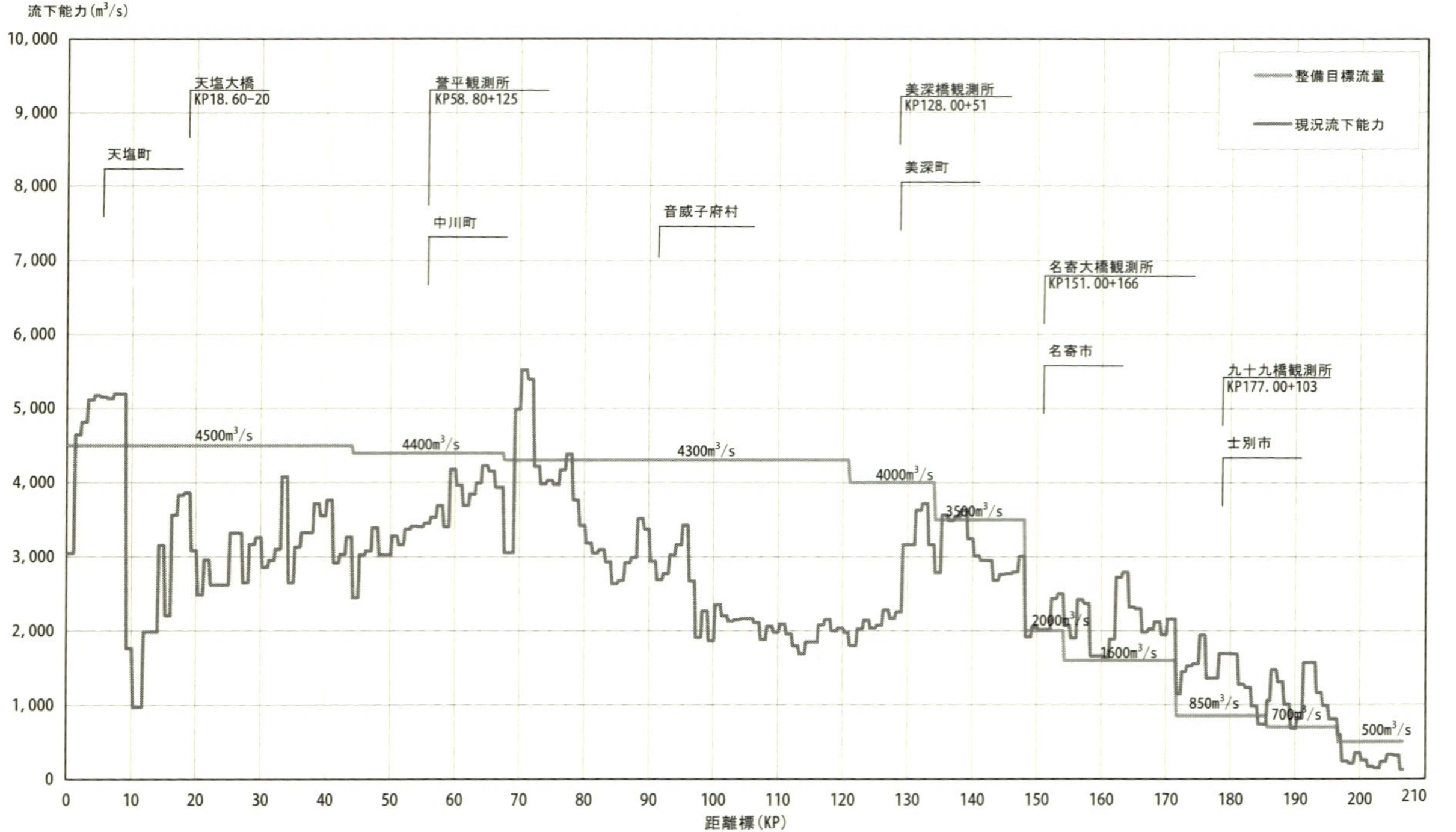

名寄川合流後の天塩川は、ほぼ全川的に整備目標流量を安全に流す断面が確保できていない。

天塩川流域委員会資料より

図７　名寄川流下能力図

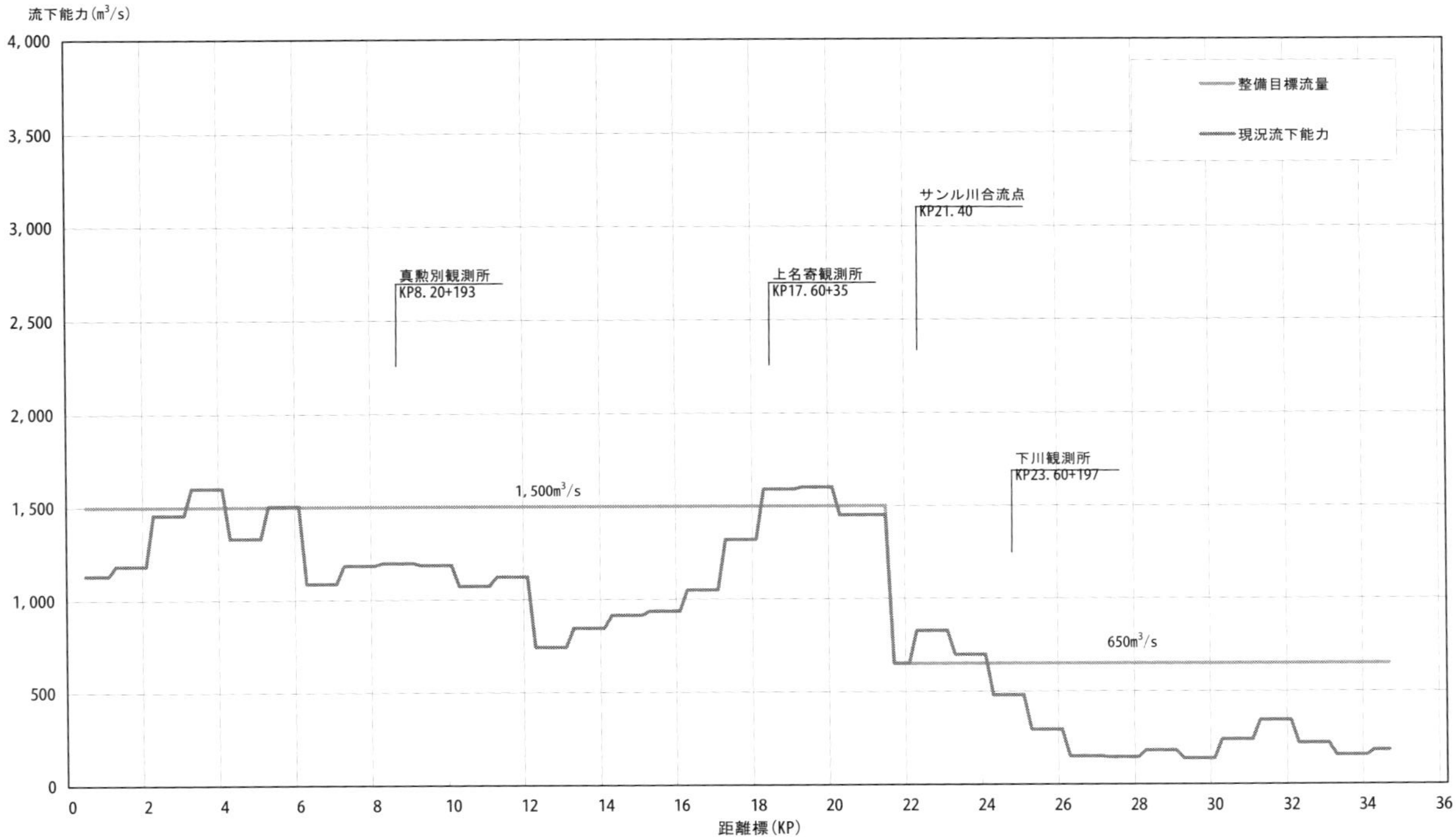

名寄川は、ほぼ全川的に整備目標流量を安全に流す断面が確保できていない。　天塩川流域委員会資料より

である。目標流量が流下能力より下であれば目標流量になっても洪水による被害は生じない。一方、目標流量が上であれば洪水による氾濫の危険性が高いことになる。図6を見ると、図の中ごろ（河口からの距離が一〇〇～一三〇km）では、目標流量に対して流下能力は極めて低くなっている。具体的には、目標流量が四三〇〇㎥／秒に対して流下能力は約二〇〇〇㎥／秒となっていて、その差が二三〇〇㎥／秒となり、流下能力が極めて低いことが明らかである。

次に名寄川の流下能力を見る（図7）と、目標流量が先に述べたように一五〇〇㎥／秒で、天塩川合流点から一二～一四kmの流下能力がもっとも低い地点では約八〇〇㎥／秒なので、その差は約七〇〇㎥／秒ということになり、河道掘削が必要となる。

図8に、嶋津氏が明らかにした名寄川の二〇〇六年の洪水痕跡水位（洪水時のもっとも高い水位）と計画高水位および堤防高の関係を示す。○は痕跡水位―計画高水位を示している。すべてマイナスであり、洪水の危険性がないことを示しているが、距離標一二～一四kmで痕跡水位が計画高水位に近くなっていて、これは図5や図7の流下能力が低い場所と一致している。この部分には河道掘削の遅れと記されているが、掘削すれば氾濫を防ぐことができる。図8の●は堤防高―計画高水位を示すが、ほとんどの箇所で堤防高が十分であることが示されている。名寄川の治水については、本章第三節3で述べた目標流量の疑問があるが、本章第三節4で述べた目標流量を一五〇〇㎥／秒としたとしても、河道掘削によってダムなしで治水が可能なことを示した。

以上述べたように、名寄川の治水に力をいれるよりは、音威子府から美深にかけて堤防強化や

図8　名寄川の2006年洪水の痕跡水位と計画高水位と堤防高の関係（左岸）

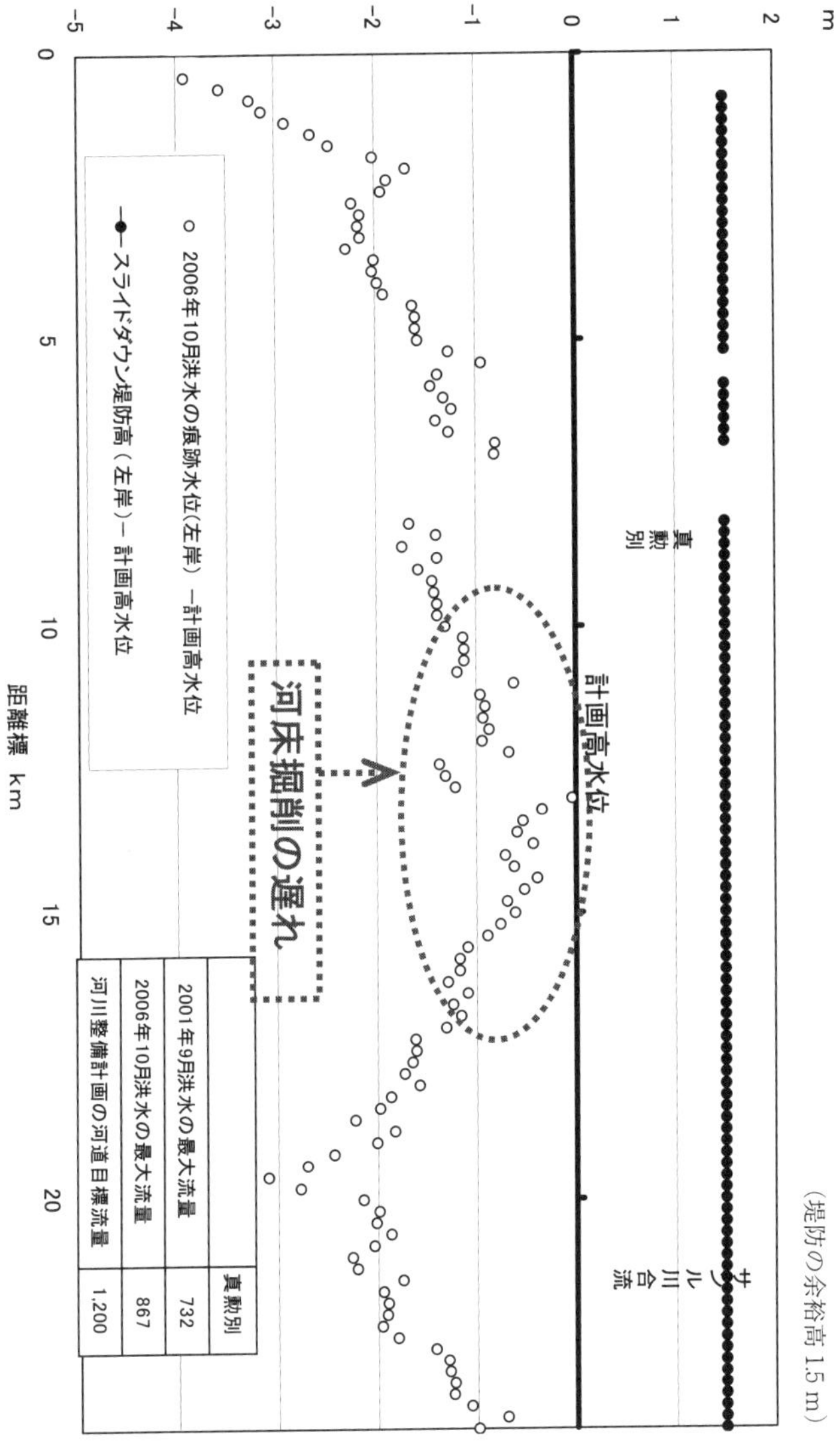

	真勲別
2001年9月洪水の最大流量	732
2006年10月洪水の最大流量	867
河川整備計画の河道目標流量	1,200

天塩川との合流点が距離標0km、22km地点でサンル川が合流する。

第3回検証検討会嶋津資料、北海道開発局資料より

河川改修その他の治水対策を優先すべきである。しかし、開発局は、「名寄市は人口が多く、資産も多いので名寄市を守ることが一番重要」と主張している。なお、上述したように、私たちは名寄川の目標流量の根拠は薄弱で、目標流量は一二〇〇㎥／秒程度でよいと考えていて、そうであれば流下能力にほとんど問題がなく、サンルダムを造る必要性は全くなくなる。

6　耐越水堤防の建設

嶋津氏は、名寄川の堤防を耐越水堤防とすれば、名寄川の流下能力は、もっとも低い箇所でも二〇〇〇㎥／秒まで上がることを示した。現在の堤防の多くは、計画高水位を超える洪水に対して強度が保障されていないので、洪水が堤防を乗り越えるほど高くなくても決壊する危険性が高いものである。決壊すると大きな被害が生じるので、これを防ぐことができる堤防が耐越水堤防である。

この耐越水堤防は、国交省が災害復旧対策として認めている堤防であるが、土木学会は技術的に困難という見解を示した。しかし、研究者によっては耐越水堤防の建設は可能という研究者も存在しており、実際、国土交通省自ら円山川（兵庫県）、雲出川《くもずがわ》（三重県）等で耐越水堤防を施工してきた実績がある。

なお、流域委員会では、出羽委員と河川工学の専門家委員である委員との間で、やりとりがあった。その中で河川工学専門家は次のように発言している。「目標流量を流せるかといったら、流せるでしょうね。だけれども、安全に流れるかといったら、安全でないですよ」、「なぜ（堤防が）やせているといけないのか、……法面から水が噴き出すんです。そうなると、堤防はいつ崩れてもおかしくない。……堤防を太らせないといけない。それをやれば、同じ高さでも沢山流せる。安全に流せる」、「……それだけ堤防強化というのは大事なわけですよ」

流域委員会で二人しかいない河川工学の専門家（どちらもダム推進）の一人が、出羽委員とのやりとりの中で、堤防強化の重要性を示していたのである。

7　天塩川水系の治水の提案

開発局は、戦後最大規模の洪水流量により想定される被害の軽減を図ることを目標として、サンルダム建設を中心とする治水計画を進めているが、この計画には多くの問題がある。サンルダム計画は、流域でもっとも人口と資産が集中する名寄市を洪水から守ることを目標にしているが、戦後最大の洪水でも名寄川の堤防は決壊しなかったので、名寄川の堤防や河川改修でさらに安全度を高めるのが妥当である。また、サンルダムの治水による効果を受けない下川町が、サンルダム建設を強く求めているのは奇異である。サンルダム計画は、効果的にサンルダム上流域に雨が降ることを想定しているが、自然現象を予測するのは困難なため、このような確率の低い事業ではなく、確実に水害を防ぐ計画にすべきである。私たちは、天塩川水系の治水について以下の提案をする。

(1) 天塩川流域には堤防整備、河床掘削が大幅に遅れていて、流下能力がかなり小さい区間が少なからずあるから、サンルダムを中止してその予算を河川改修に注ぎ込むべきである。とくに流下能力がもっとも低い美深～音威子府の間の治水を優先する。

(2) 名寄川の目標流量を戦後最大の観測値に近い一二〇〇m³/秒として、サンルダム建設を行なわず、堤防の強化や河川改修を重視して取り組み、将来の水害被害を最小になるようにする。

(3) 想定外の洪水が来ても、壊滅的な被害を受けないように、耐越水堤防への強化工事などの堤防強化と流下能力を高める河川改修を進めるべきである。

第四節　利水の検証

1　水道水

下川町

下川町は新たに一三〇m³/日をサンルダムから取水するとしている。現在の下川町のサンル川からの水道水取水権は一九一〇m³/日、二〇〇七年の一日の最大取水量は一三五七m³/日、差し引き三七〇m³/日の余裕があるので、サンルダムからの一三〇m³/日の取水は必要がない。下川町は「第五期総合計画」によって新規利水が必要と述べているが、その根拠および開発局がそれを認めた根拠も不明である。また、下川町の人口は二〇一〇年に約三八〇〇人（二〇〇九年の人口は三七八八人）人、二〇二〇年に三四〇〇人、二〇三〇年に二六〇〇人と予測されている（国立社会保障・人口問題研究所）ので、現在より水道水使用量が増加することは考えられない。

名寄市の予測の問題点

名寄市の水道水予測は、二〇一一年六月八日に開催された第三回サンルダム検討の場の資料に述べられている。これを見ると、現在の配水能力は一万一三五二㎥／日であり、サンルダムからの水利権一五一〇㎥／日を加えて一万二八六二㎥／日とするとしている。

必要水道水量の検討……名寄市の推計では、推計値を用いて平成三十二年（二〇二〇年）の一日最大取水量が一万二八六二㎥／日となるので、現在の保有水源一万一三五二㎥／日では一五一〇㎥／日不足するので、サンルダムから給水するという説明となっている。この推計では、既往データを用いたとしてその妥当性の根拠としている。そこで、実際のデータを用いて検討した。

二〇〇八～一〇年の名寄市の実測（左欄）、名寄市の二〇二〇年予測（中欄）および実績からの予測（右欄）を表3に示した。水道水量について説明する。各家庭で使用する量を有収水量（お金を払って使用する量）、浄水場から家庭に届くまでの割合を有収率という。有収率が八〇％であれば、二〇％は漏水したことになる。有収水量を有収率で割ると、浄水場から来る水量となり、一日平均配水量と呼ぶ。浄水場は安定していない部分があり、給水のときの変動に伴う必要な水

表３　名寄市の実績水道量

	2008	2009	2010	平均
有収水量㎥／日	6536	6520	6530	6529
有収率％	0.80	0.80	0.87	0.82
１日平均配水量	8200	8136	7517	7951
負荷率％	0.88	0.88	0.89	0.88
１日最大配水量	9323	9231	8427	8994
給水人口	27,589	27,297	26966	27284
１人１日最大配水量	338	338	313	330

有収水量から、有収率を用いて１日平均配水量を算出し、ついで負荷率を用いて１日最大配水量を求めている。水量の単位は㎥／日、１人１日最大配水量の単位はℓ（リットル）／日／人

量幅を負荷率という。負荷率を加味した水量を一日最大配水量という。中欄の名寄市予測の二〇二〇年の一日最大配水量を一万二八六二㎥／日として、負荷率と有収率を名寄市が用いた値を入れて計算すると有収水量は七八五三㎥／日となる。右欄の実績予測では、実績の一日最大配水量と給水人口および二〇二〇年の給水人口予測値から比例按分して二〇二〇年の一日最大配水量を求めて、これに市が必要と述べている一五一〇㎥／日を加えたものを一日最大配水量とした。負荷率と有収率は実績値を用いた。表３を見ると、実績予測値は九五八三㎥／日であり、保有水利権一万一三五二㎥／日より少ないので、ダムからの給水は必要ないことになる。一人一日最大配水量を見ると、実績は三三〇ℓ／日／人なのに対して、名寄市予測では五二五ℓ／日／人となり、実績値の一・六倍にもなる。実績予測値で計算すると三九一㎥／日（一・一八倍）であった。

いずれにしても、名寄市が不足するという水道水量は、不足しない可能性があり、不足してもほんの僅かである。すこ

しだけの地下水利用の拡大や、新規利水の見直しで克服できる量である。高額なダム建設に依存すべきでない。

検討すべき課題

実績値を用いれば、現在の名寄市の保有水源によって、自衛隊などの新規必要水量がまかなえるので、名寄市の水道水のためにサンルダムは必要がないことになる。しかし、他に検討する必要がある問題もある。

(1)　**地下水利用**……名寄市内には酒醸造会社跡地があり、水質のよい地下水が存在していることを示している。現在、酒醸造会社が存在した地点で、地下水が無料で提供されていて、好評である。地下水は一般にもっとも上質の水道水であるので、地下水を水道水に利用することを検討すべきであり、そうすればダム参画の必要性はまったくなくなる。

(2)　**水利権問題**……名寄川が渇水になって名寄市の水道水が止まったということはない。名寄市は現在よりさらに一五一〇㎥／日の水利権が必要としているが、これはどのくらいの水量か検討した。名寄川の一〇年に一度の大渇水時の流量は二・五八㎥／秒である。一五一〇㎥／日の水量を秒単位にすると、〇・〇一七五㎥／秒であり、一〇年に一度の渇水流量のわずか〇・六八％に過ぎない。したがって、名寄市の水道はいくら渇水になっても心配がなく、またこのようなわずかな水量のためにダムが必要というのはおかしな話である。このようなおかしな話になるのは、新しく水道水利権を得るにはダム建設に参画しなければならないという国交省の水利権許可行政の問題があり、是正すべきである。この問題は第六章でとりあげる。

2　流水の正常な機能の維持

流水の正常な機能の維持に関する目標

河川整備計画では以下のように述べている。「流況、利水の現況、動植物の保護・漁業、観光・景観、流水の清潔の保持等の各項目に必要な流量を考慮し、概ね一〇年に一回起こりうる渇水時において、表1に示す天塩川における流水の正常な機能を維持するため必要な流量を、利水補給と相まって確保する」。具体的に検討してみる。

名寄川（サンルダム）

サンルダムの総貯水容量は五七二〇万m³で、そのうち三五〇〇万m³が治水容量、一五〇〇万m³が流水の正常な機能の維持容量、その他となっている。

サンルダムの場合には、名寄川真勲別地点の正常流量の根拠は、灌漑期の場合は灌漑用水を〇・五m³／秒、水道・工業用水を〇・七m³／秒、魚類（サケ・サクラマス）の生息のための流量を四・八m³／秒として、その和が六・〇m³／秒となり、非灌漑期には灌漑用水を〇・五m³／秒が不要となるため、五・五㎥／秒となる。魚類のための流量が正常流量全体の八〇〜八七％を占める。魚類のための流量は水深三〇㎝（サケ・サクラマスの体高を考慮）、流速二〇㎝／秒、川幅八〇ｍから、〇・三ｍ（水深）×〇・二ｍ／秒（流速）×川幅八〇（ｍ）＝四・八㎥／秒となる。

灌漑用水や工業用水の必要性は明確であるが、魚類のための必要性は明らかでない。例えば渇水年にサンル川のサクラマスが減少したという報告はない。明らかでない想定に基づく根拠によってダム建設を進めることは大きな問題である。

魚類のための流水の正常な機能の維持を除くと、残りは灌漑用水と工業用水であり、灌漑期は一・二㎥／秒、非灌漑期は〇・七㎥／秒となる。名寄川の一〇年に一度の渇水流量が二・五八㎥／秒なので、真勲別については流水の正常な機能の維持のために、ダムが必要という根拠はなくなる。

サクラマスのための流水の正常な機能の維持流量は机上の空論

開発局は、渇水期に、サクラマスは産卵場へ遡上できなくなるので、そのためにダムから放流してサクラマスの産卵に支障をなくするために正常流量が必要と述べている。しかし、サクラマスの専門家は、遡上期に渇水の場合は淵で待機していて、降雨時に一気に遡上するのがサクラマスの特徴であることを示している（佐々木〔二〇一二〕）。

開発局は流域委員会において、サクラマスに関して多くの資料を示したが、その中には渇水年にサクラマスの遡上に障害がおきて、サクラマス資源が減少したことを示すものは存在していない。渇水になればサクラマス遡上に支障をきたして、サクラマス資源が減少するということは実証されていない。現段階ではサクラマスのために正常流量が必要だと言うのは想定にすぎず、言わば机上の空論である。

私たちは、開発局が流域委員会に示したヤマメ（サクラマスの子ども）の密度の経年変化を図にした（図9）。サンル川のヤマメ密度は、天塩川の他の支川に比べて高いが、二〇〇二年、二〇〇六年および二〇〇七年に密度が減少している。これは渇水のためではない。二〇〇一年九月十一日に名寄川真勲別地点で七三二m³／秒の洪水が発生しているので、そのときに産卵床が流されて、翌年の六月のヤマメ密度が低かったと推定される。二〇〇六年五月には融雪洪水が発生したために六月のヤマメ密度が低く、さらに二〇〇六年十月の洪水によって産卵床が流されて、二〇〇七年六月のヤマメ密度が低かったと推定される。いずれも、渇水ではなく洪水の影響と推定されている。

興味深いのは、二〇〇二年のヤマメ密度が低かったのに、二〇〇五年のヤマメ密度が低くなかったことである。二〇〇二年のヤマメが二〇〇三年に海に降り、二〇〇四年にサクラマスとして遡上し、産卵・孵化したものが二〇〇五年六月のヤマメとなる。二〇〇二年にヤマメ密度が低かったので、二〇〇五年のヤマメも低いと推測されたが、実際には低くなかった原因としていくつかのことが考えられる。二〇〇二年にヤマメ密度が低かったので、餌条件に恵まれるなどして生き

図９　サンル川流域における2000～2007年・６月のヤマメ生息密度平均値の推移

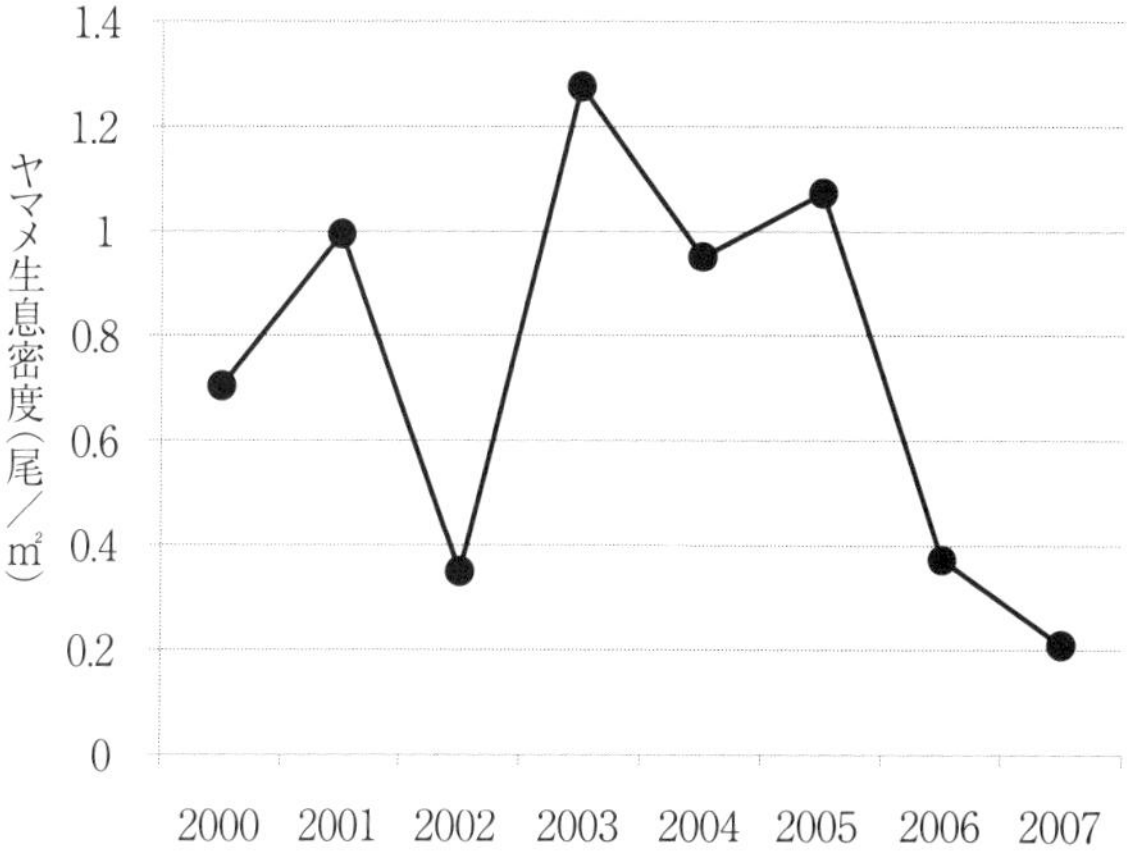

佐々木克之（2008）　データは北海道開発局（2006、2007）

残りがよく、その結果海に下りたヤマメの数は少なくなかったが、海に降りたヤマメの死亡率が低かったため、二〇〇四年に戻ってきたサクラマスの数が減らなかったとも考えられる。いずれにしても、自然界ではサクラマス／ヤマメは自然条件の変化に対応しているので、一時減少しても回復する。したがって、わざわざ正常流量を計算する必要がないと考えられる。

このようにサンル川ではデータが蓄積しているので、正常流量が必要というのであれば、机上の空論ではなく、きちんと調査・解析を行なって根拠を明らかにすべきである。北海道開発局は、私たちの基本的考えである「想定でなく現実から出発せよ」に沿って考えるべきである。

まとめ

開発局が、サンルダムの目的のひとつとしてあげている流水の正常な機能の維持は、主にサクラマスの産卵や移動が渇水によって障害を受けるのを防ぐためのものである。しかし、サクラマスが渇水によって障害を受けて資源が減少したという証拠は示されていない。河川は、渇水もあれば洪水もあり、様々に変化している。サクラマスはその変化に適応してきたからこそ、今のサクラマス／ヤマメがある。

上述したように、洪水による産卵床の破壊がサクラマス資源に悪影響を与えているが、それを回復する力をサクラマスはもっている。したがって、サンルダムの目的の中に魚類生息のために正常流量を維持するということを入れる必要がない（どうしても入れるというのであれば、ダム建設には公費を使うので、具体的な根拠を示す必要がある）。魚類生息のための流量が必要でなければ、一〇年に一度の渇水でも正常流量を考慮する必要がなく、ダム目的の「流水の正常な機能の維持」は削除すべきである。

第五節　サクラマス保全とサンルダム

流域委員会の最終的な委員会意見では、「（サクラマス保全について）サンルダムによる影響を懸念する意見が出された。サクラマスの生息環境の保全は重要であり、このためサンルダムを建設する場合は、遡上のための魚道を整備し、降下対策を図る必要がある。対策の実施にあたっては、その効果を懸念する意見があることから、専門家の意見を聴くとともに、現状の遡上、降下など河川環境に負荷を与えずに、事前の段階から必要に応じて試験を行ない、その対策の効果を確認しながら、サクラマスの生息環境の推移を継続的にモニタリングし、その結果に基づきさらに必要な対策を講ずることができる体制を整備して、取り組むべきである」と述べられている。この文章はあいまいで趣旨が明確ではない点が問題であるが、「事前に試験を行ない、効果を確認して、モニタリングをして、必要な対策を講じる」という意味は、保全策に効果がなければ考え直すともとれる内容である。

二〇〇七年十一月に設立された「天塩川魚類生息環境保全に関する専門家会議」（略称・専門家会議）の設立趣旨には、「サンルダム建設にあたっては魚道を設置し、ダム地点において遡上・降下の機能を確保することにより、サクラマスの生息環境への影響を最小限とするよう取組む」と述べている。最小限の定義は説明されていないので、サクラマスの遡上・降下がどうであれ、魚道を造るという内容となっていて問題である。

魚類専門家会議は、二〇〇九年四月に「天塩川における魚類等の生息環境保全に関する中間とりまとめ」という報告書をまとめた。私たちは以下に、この報告書も検討しながら、ダムの魚道によるサクラマス保全は困難であることを述べる。

1　サクラマスとシロザケの生活史と放流効果の違い

サクラマスは九～十月を中心に河川上流部で産卵し、稚魚が十二月頃孵化する。稚魚が生まれた十二月を出発点として「〇年」とする。稚魚は翌年いっぱい河川で生活する。一歳半となった二年四～五月に、すべてのメスと約半数のオスが降海型《こうかいがた》（海に下って成長する魚の生態型。サクラマスの幼魚は降海の準備のできた銀毛となり、スモルトと呼ばれる）となって川を下り、河口から海に出てオホーツク海に向かう。成長したサクラマス親魚は三年の五月頃生まれた川の河口に集まり、川を遡上して九～十月に産卵して死ぬ。

したがって、寿命は約三年となる。サクラマスの降海型は、一生の三年間のうち、孵化の十二月から二年目の五月の間の約一年六カ月と、三年目の五月から十月間の約六カ月合わせて二年間、川で生息していることになる。

比較のために、北海道でもっともたくさん漁獲されるシロザケについて述べる。シロザケはサクラマスとほぼ同じ時期に遡上し、産卵・孵化する。稚魚となって翌年の三月頃降海し、オホーツク海で育った後ベーリング海などの北洋で成長して、四年目の秋に産卵のため、生まれた川を遡上する。四年の寿命のうち川で過ごすのは約半年ほどである。

川で長い間生息するサクラマスと、河川生息の短いシロザケでは、孵化・放流事業の成果も大きく異なる。シロザケの放流事業はよく知られているように成功をおさめている（図10）。一九七

図10　北海道におけるシロザケ放流尾数と漁獲尾数の推移

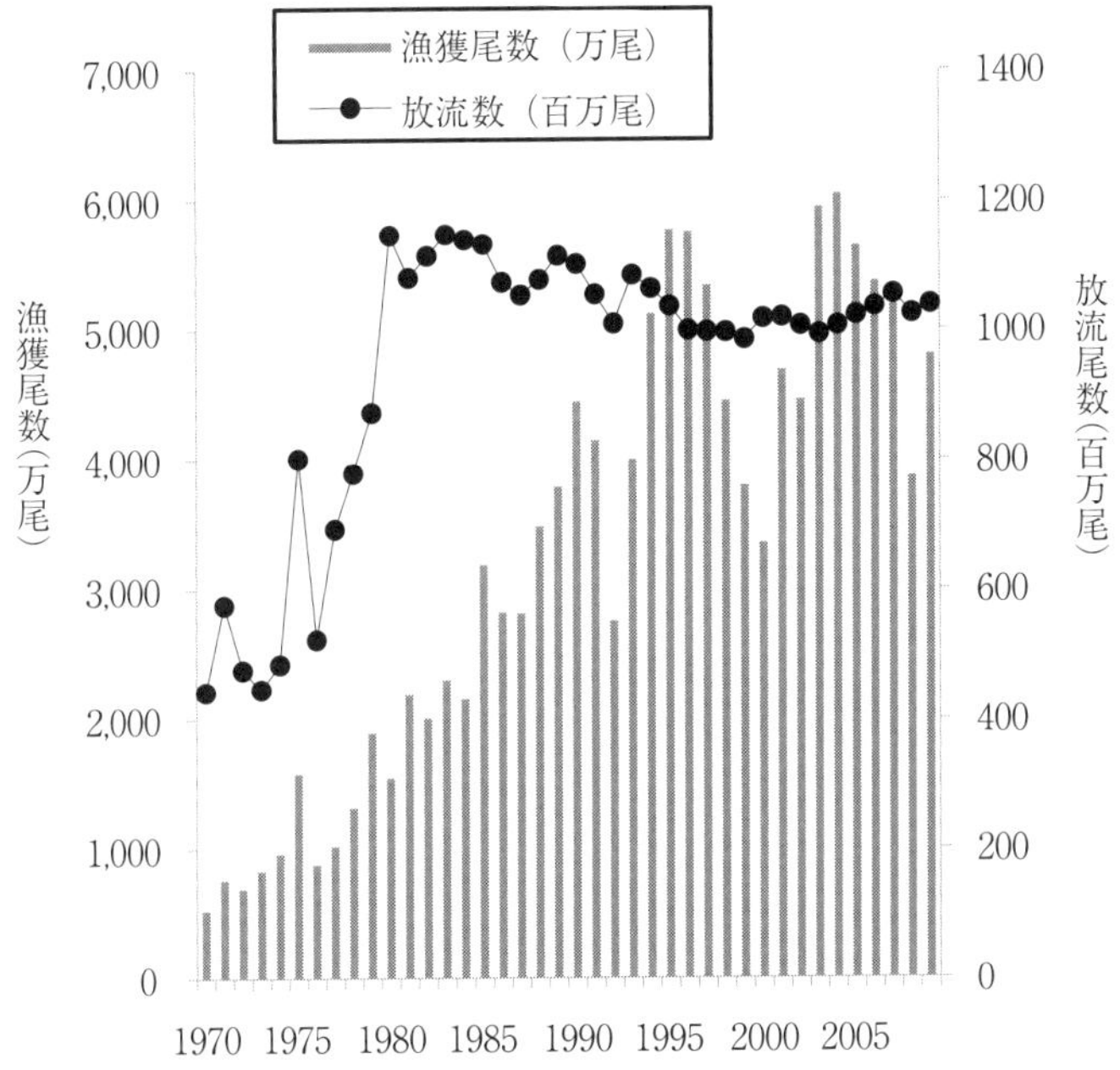

独立行政法人水産総合センターサケマスセンターのHP資料から作成

〇年から一九八〇年にかけて稚魚放流尾数は四億尾から一〇億尾に増加するにつれて、漁獲尾数は五〇〇〇万尾から二〇〇〇〇万尾に増加した。その後の放流尾数は変わらなかったのに、漁獲尾数は増加を続け、四〇〇〇〇万〜六〇〇〇〇万尾となった。

一方、サクラマスの場合は、一九七〇年から五〇〇〇万〜一四〇〇〇万尾放流されたが、漁獲量は二〇〇〇トンから五〇〇トンへ減少している（図11）。放流効果が十分現れないのは、サクラマス稚魚が長い間河川で生活していて、その間の減耗などがあると考えられる。放流事業が成果を上げているシロザケでは、漁獲量の大半が放流魚であるが、サクラマスでは放流魚が約二〇％で、残りの八〇％は野生種である（宮越〔二〇〇八〕）。

したがって、サクラマスの保全のためには野生種を保全することが重要になり、サケとは異なりダムが重要な意味をもつ。このような視点からダム問題とサクラマスの関係を検討した。

2　北海道における大型ダム既設魚道とサクラマス保全

二風谷ダム魚道

沙流川上流にはヤマメが多く生息していたため、北海道開発局はサクラマス保全のために、二風谷ダムが一九九七年に竣工したときに、ダムの横に階段魚道を設置した。北海道において大型ダムに設置された初めての魚道である。

開発局は、二風谷ダム魚道がサクラマスを保全していることは、二〇〇四年に開催されたフォ

図11　北海道におけるサクラマス放流尾数と漁獲量の推移

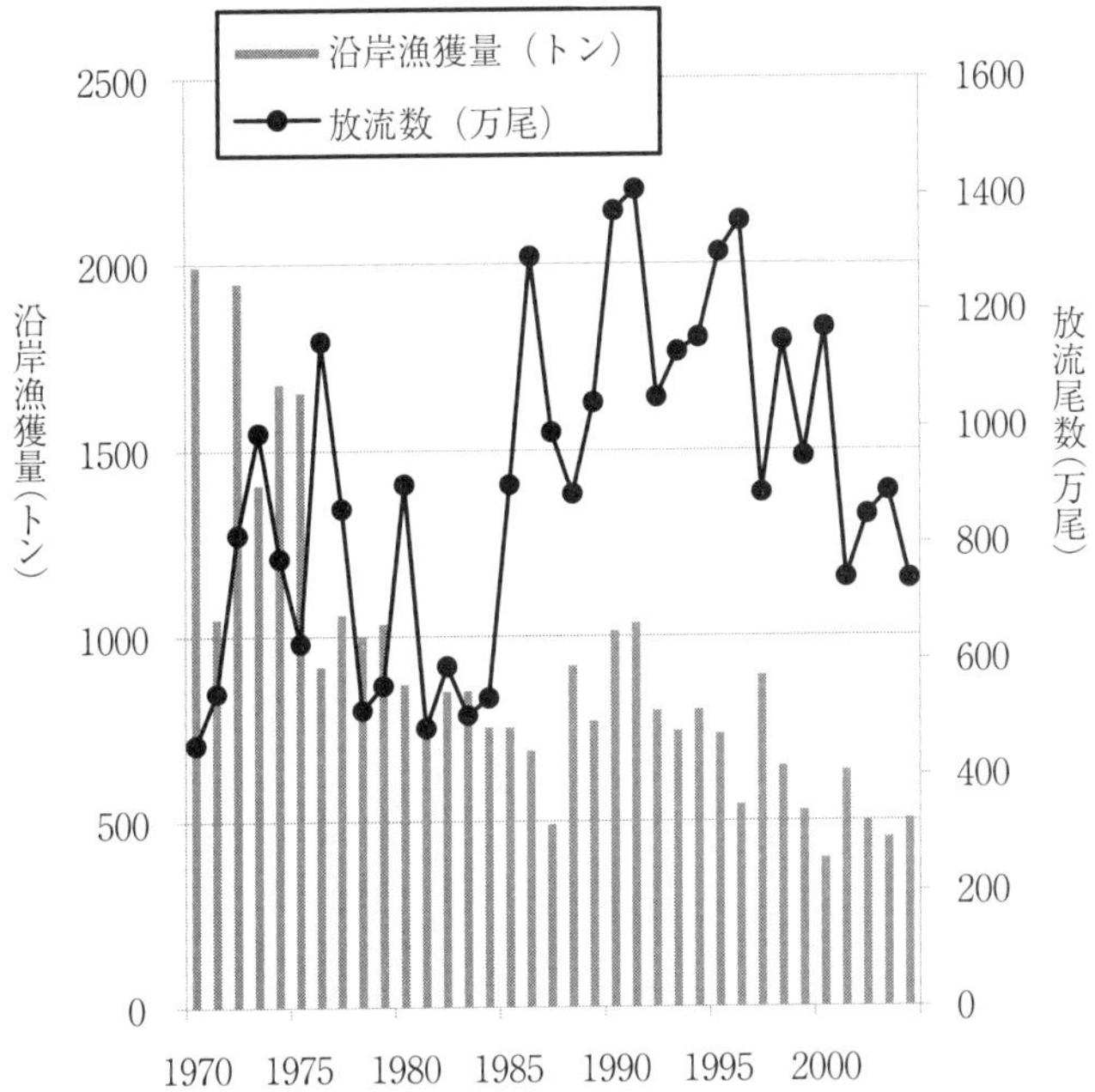

1970～1980年の漁獲量は、サクラマスとカラフトマスの両種を合計して「マス」として北海道水産現勢に記載されているので、水産現勢の「マス」漁獲量から推定した数量である。

北海道立水産孵化場資料から作成

図12　二風谷ダムの上流と下流におけるヤマメ資源量の推移。

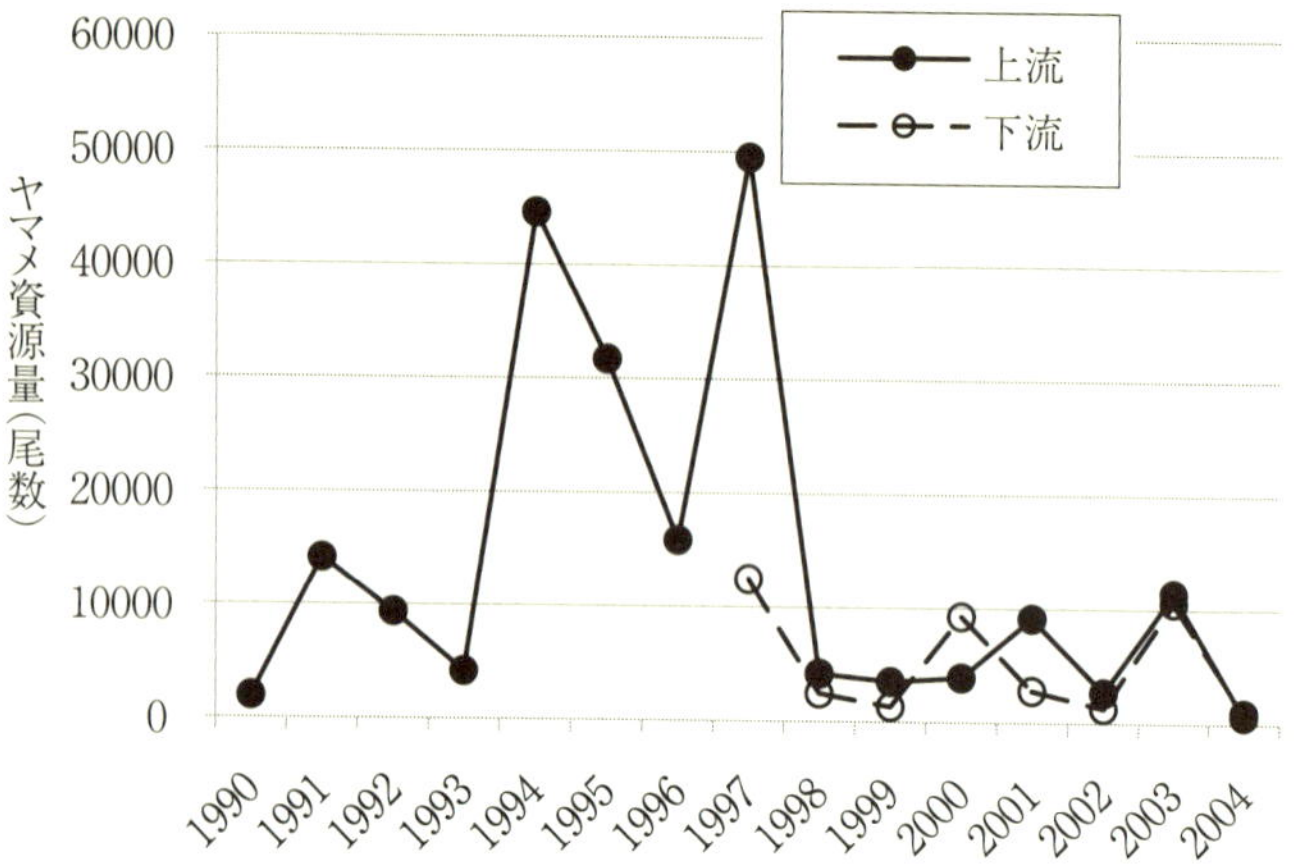

ローアップ委員会の見解で示されていると述べている。フォローアップ委員会の詳細は本章の終わりに資料として示している。この委員会は、サクラマスは魚道を遡上していて、スモルト（海に降下する準備ができた幼魚）は魚道を降下しているので、この魚道はサクラマスの資源維持に大きな役割を果たしていると評価している。親魚の遡上については具体的に約〇・五尾／日としている。スモルトの降下については経年的に降下していると述べるにとどまり、具体的数値を示していない。しかし、私たちが一九九七年から二〇〇五年までの九年間の資料を取り寄せて調べたところ、スモルトは、平均八二％が発電水路を経由して降下していて、魚道を降下したのは一％未満であった（佐々木〔二〇〇七〕）。

　フォローアップ委員会が述べるように、魚道が機能していればダム上流のヤマメ密度はダム

図13　サンルダムの魚道

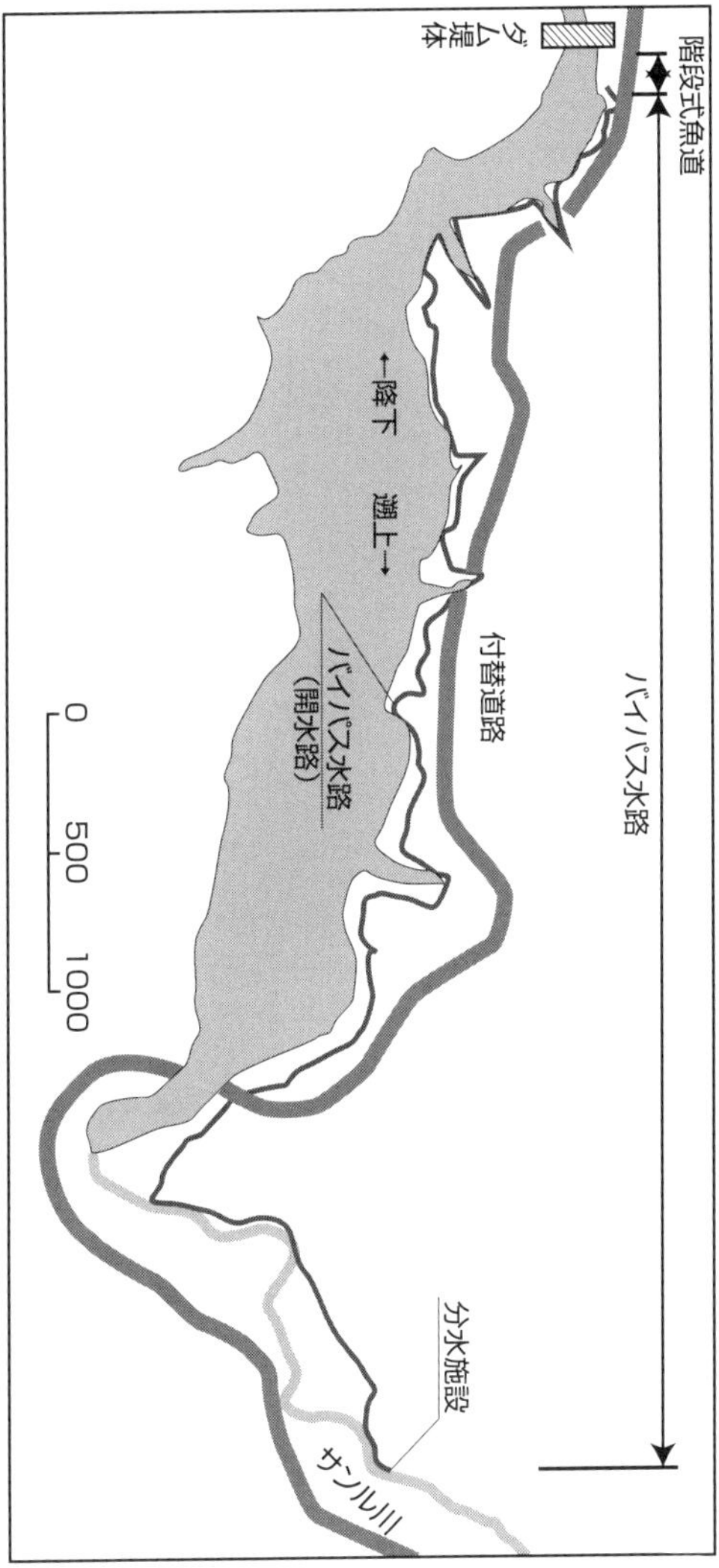

左端がダム堤体、ダム下流から堤体上部まで階段魚道で、その続きは、図でバイパス水路と記載されている魚道と結び、ダム上流部のサンル川と、分水施設でつながる。

魚類専門家会議中間とりまとめより引用

建設前後で大きく変化しないはずである。しかし、北海道開発局の調査結果を調べてみると、ダム上流のヤマメ密度はダム竣工後の一九九八年以降大きく減少した（図13、佐々木〔二〇〇七〕）。ダム竣工の一九九七年にヤマメが多いのは、一九九六年に遡上したサクラマスの産卵し孵化したためである。一九九七年以降はダムによって遡上が困難になったため、一九九八年以降、ヤマメは減少した。ダム下流では、ダムによる遡上障害がないため一九九七年以降ヤマメ密度は減少しなかった。フォローアップ委員会の「魚道はサクラマス資源維持に大きな役割を果たしている」という評価は明らかに誤りである。さらに、フォローアップ委員会は、「対象種であるサクラマスは、経年的に魚道により降下をしていることから、親魚は沙流川に回帰しているものと判断される」と述べている。北海道各地では、関係者がヤマメの放流効果を調べている。しかし、フォローアップ委員会は放流効果を調べずに、「親魚は沙流川に回帰しているものと判断される」と述べている。放流効果を調べずに、「回帰しているものと判断される」と決論することは、事実を調べずに判決を下すようなもので、認められることではない。私たちが開発局に問い合わせたところ、放流効果は調査していないとのことであった。このような事実に基づかない評価によって魚道が役立っているとする北海道開発局は、サクラマス資源について真剣に考えていないと思わざるをえないし、ダム建設が目的であり、魚道はいかにもサクラマスのことを考えているというパフォーマンスとしか思えない。

サンルダムの魚道などについて検討している「天塩川魚類生息環境保全に関する専門家会議

（以下、魚類専門家会議）」が二〇〇九年四月にまとめた「中間とりまとめ」には、サンルダムの魚道と関連して、以下のように述べている。二風谷ダムの場合は、魚道上流端がダム湖につながっているため、同様な手法でサンルダムの整備を行なうと、ダム下流に降河しにくく回遊魚が陸封化する可能性が高いなど課題がある、と。

解説すると、沙流川上流から二風谷ダムへ降下したスモルトは魚道を見つけるのが困難となり、そのためにヤマメはダム湖に留まり、陸封化（ダム湖に留まり淡水魚として生息する）する可能性が高いと述べて、二風谷ダムの魚道がサクラマス資源の保全に役立たないことを認めている。フォローアップ委員会で魚類の専門家は一名しかいなかった。この専門家は魚類専門家会議のメンバーでもある。以前、自らが下した評価を別の委員会で誤りであるとしたことについて、何らかの釈明が必要であるが、釈明はされていない。

美利河ダム魚道

魚類専門家会議は、サンルダムによるサクラマスへの影響をなくしてサクラマスを保全するために、ダム堤体では二風谷ダムと類似した一〇〇段の階段魚道をつくり、ダム湖に達したところで、ダム湖に沿った約九㎞の魚道をつくり、サンル川とつなぐ計画を立てている（図13）。この魚道は道南の今金《いまがね》町にある美利河《ぴりか》ダムに造られた魚道を模倣したものである。美利河ダムの場合、ダム下流とダム湖上流の河川との間の勾配が比較的小さく、その間を二・四㎞の魚道で結び、魚道はチュウシベツ川と接続している。魚道と河川との接続部分には分水施設を造っている。河川から降下してきたスモルトは、分水施設で魚道へ、大部分の河川水はダム湖へ行くように設計されている。しかし、実際にはチュウシベツ川に遡上して産卵しているサクラマスは多くない（佐々木〔二〇〇九〕）。産卵の多くはダム下流部に集中しており、階段式魚道とそれを上流河川に結ぶ魚道が十分機能していないことを示している。「中間とりまとめ」では、「美利河ダム魚道は、ダム下流の流況がサンルダムと大きく異なることから、その調査結果をそのままサンルダムに適用するのは適切でない」と述べている。すなわち、美利河ダム魚道も成功例でないということである。

3　サンル川の特徴とサンルダム魚道の問題点

河川横断工作物からみたサンル川の特徴

北海道開発局の調査による「サクラマス幼魚（ヤマメ）生息数から推定したサクラマス産卵可能域」（第一五回天塩川流域委員会資料四八―五―一―六）をみると、圧倒的にサンル川流域である。サンル川流域は産卵可能域であるとともに、ヤマメの密度も最も高い（図14）。佐々木（二〇〇八）は、サンル川にヤマメが多い要因として、①砂防ダムなどの河川横断工作物がほとんどない、②連続的な瀬と淵の存在、③河畔林の寄与、④川の底質、⑤流域が保全されている、の五点をあげた。

図14　2005年6月における天塩川の水域別ヤマメ生息密度

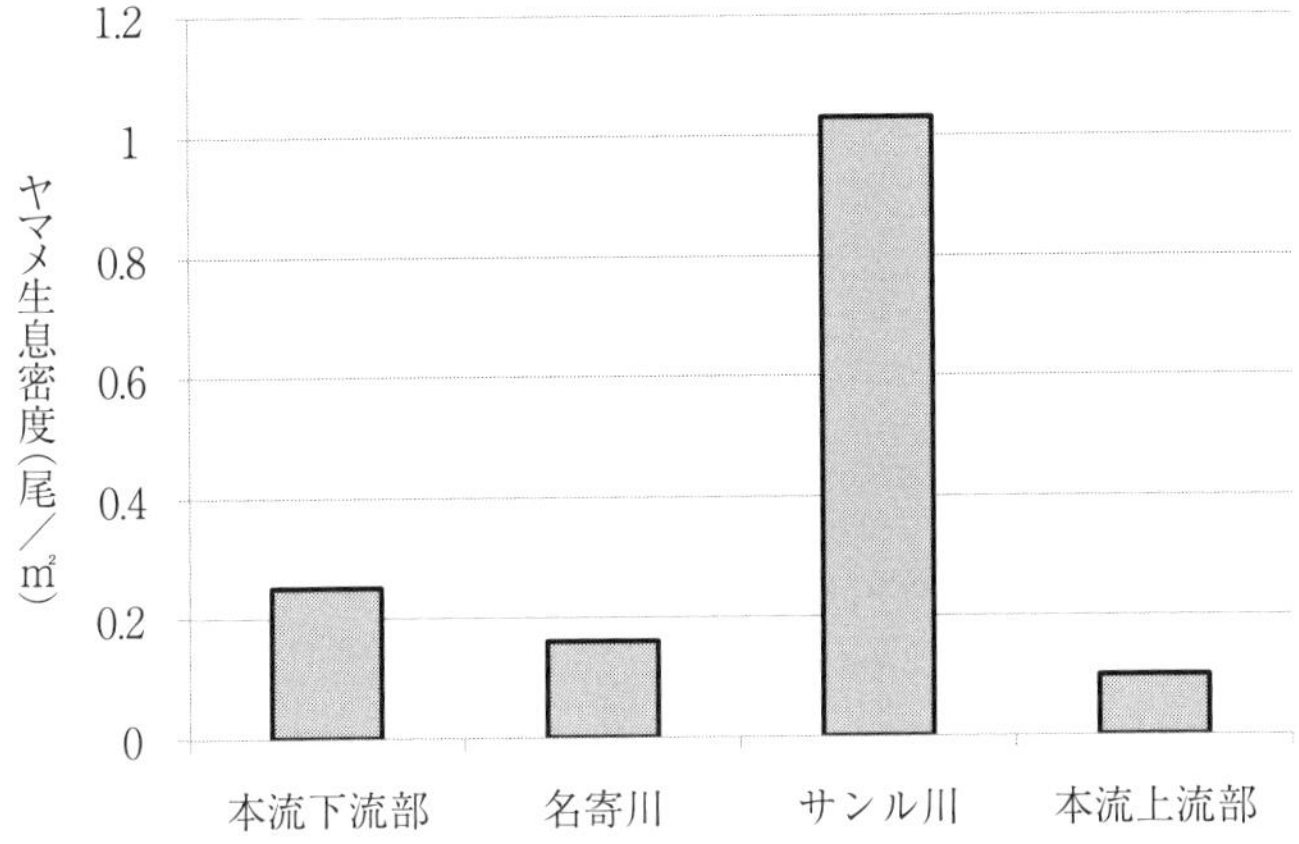

とくに①について述べる。魚類専門家会議中間とりまとめによると、天塩川水系には、治山・治水・砂防・利水目的の一一三八カ所の河川横断工作物が存在している。一方、サンル川流域には一二線川上流に一カ所存在するだけである。天塩川水系の河川横断工作物数は一一三八なので、天塩川水系の約三・三％であるサンル川流域面積に当てはめると四三個の河川横断工作物があることになるが、実際にはわずか一カ所なので、奇跡的に少ない。このことが、サクラマスが豊富な根拠と考えられる。このようにもっとも自然環境が保全されてきたその流域に、大型ダムを建設するということ自体大きな問題である。

試験魚道

魚類専門家会議は、二〇〇八年と二〇〇九年の二回、サクラマス親魚遡上時期に、ダム堤体予定地に近いサンル川で試験的に、長さ二〇m、高さ二m、七段（一段の高さ約二〇㎝）の魚道をつくり、遡上調査を行なった。その結果は以下のようであった。(1)実験用魚道直下の淵に多くが留まる（実験用魚道による影響で、遡上障害と判断）。(2)遡上したものは、上流短距離のサンル川本流で集団産卵（目的地まで行けない、産卵に間に合わないと判断したのではないか）。(3)遡上したくても断念したもの――①魚道直下支流（一の沢川）での産卵行動。②魚道直下サンル川本流を下り産卵行動。

サンルダム魚道の落差は二九mであり、今回の魚道試験はその約一五分の一の高さでの試験であったが、それでも多くの問題が明らかになった。ダム堤体から先に細くて浅い約九㎞の魚道が続くので、親魚の遡上とスモルトの降下が危惧される。

サンルダム魚道の問題点

(1) ダム下流から一〇〇段あり、さらにダム湖沿いにダム上流のサンル川まで九㎞で日本一の長さ。美利河ダム魚道（二・四㎞）では、魚道内の産卵も見られている。九㎞の魚道がサクラマスの遡上と効果に与える影響を検討しなければならない。

(2) スモルトの海への降下。ダム湖上流の分水施設では、フェンスでスモルトは魚道へ誘導し、水だけはダム湖へという考え。スモルトが降下するときに大水が出るとフェンスを越えてダム湖に落ちる可能性がある。またフェンスはすぐにごみなどで詰まる可能性があり管理が必要で、維持管理に費用もかかる。

(3)　開発局は、「魚道によるサクラマスの遡上や降下の確認が取れるまでは、ダムの水位を下げてダム湖内の流れをつくる」として、サンルダム建設について北るもい漁協の同意を得た（二〇〇九年五月）。具体的に説明すると、「魚道を造って、サクラマスの遡上とスモルトの降下を調査して、遡上と降下が確認できるまでは、降下の時期にダムに水を貯めずに流す。遡上と降下が確認できれば、通常のダムとして運用する」というものである。

この(3)の問題点は、①ダムを建設した上で調査を行なうことである。魚道が役立たなくてもダムはできているので、魚道が役立たない場合どうするか不明確なことである。②魚道の基準が明らかでない（二風谷ダムでは、わずかな遡上と降下があっただけで、役立ったと強弁している）。

前川光司北大名誉教授の見解

天塩川流域委員会の委員でもあり、北海道のサケ科魚類の生態に詳しい前川光司北大名誉教授は、第四回の検証会議に専門家として参加して、開発局・魚類専門家会議の進め方について疑問があると述べている。

(1)　目標が設定されていない（現在と比べてサクラマスをどれほど保全しようとしているのか、目標が示されていない）。

(2)　まず現在のサクラマスの遡上数とスモルトの降下数を五年間調査する。

(3)　魚道と分水施設を造り、魚道を通って遡上したサクラマス数と降下したスモルト数を五年間調査する。

(4) その時点で魚道の降下が目標を達成したか判断する。この時点で魚道によるサクラマス保全の効果が目標に達しなければ、ダム建設を行なわない。

日本でも国外でも、ダム魚道でサケ類の保全に成功した例は見当たらない。北海道開発局が、ダム魚道でサクラマス保全を成功させるというのであれば、北るもい漁協との約束を一部変更して、ダムを建設する前に、魚道の効果を検討すべきである。

予定通りの魚道を造り、遡上期には、上流側で魚道に指定された流量を流し、残りはサンル川本流に流す。魚道の入り口ではすでに実施している魚道試験と同様にサクラマスは魚道でしか遡上できないようにする。このようにして八月から十一月まで試験を実施して、その後魚道上流にどれだけの産卵床ができたか調査を行なう。スモルトの降下期には、分水施設を作って、魚道ではなくサンル川に降下したスモルトを網で捕獲して下流に降下しないようにする。スモルトの降下期は短いので、それほど苦労をしなくてもすむ。

サクラマスの寿命は三年なので、魚道の効果を見極めるには、繰り返しを含めて少なくとも五年は実施する。結果を取りまとめて、魚道試験以前の産卵床の数、親魚の遡上数、スモルトの降下数を、魚道試験時のものと比較して、魚道の効果判定を行なう。このようなことをしない限り、魚道の効果を判定できない。

このようにして魚道の効果を調査し、第三者機関と漁業者による判断を行なうべきである。

第六節　サンルダム建設ではなく地域住民の要望の重視を

1　流域住民の民意の重視

一九九八年に北海道開発局が流域住民約五千世帯に対して行なったアンケートの結果を図15に示す。この図からわかることは、流域住民は洪水などについて安全だと思う人が多い（八九％）ことである。これは、図3と図4で示されているように、戦後の河川整備の積み重ねによって、ほとんど氾濫しなくなったことを反映していると考えられる。北海道開発局は、それまでの仕事に自信をもってしかるべきである。

そのため、ダム建設を希望する人の割合は七％と少なく、河岸保護、堤防強化、内水対策、河道掘削など堤防強化と河道改修の要望が合わせて九三％に達している。

また、下川町長は熱心にサンルダムの必要性を訴えているが、下川町はサンル川の洪水被害をあまり受けない場にあり、一方もっともサンルダムの治水効果を受けると考えられる名寄市は水道水問題を最重視している。このような現状を見ると、ダム建設の要望が少ないのは当然である。北海道開発局は、自らが行なったアンケート結果を重視して、河道改修と堤防強化による河川管理を重点にすべきである。

図 15　河川整備についての天塩川流域住民の意識

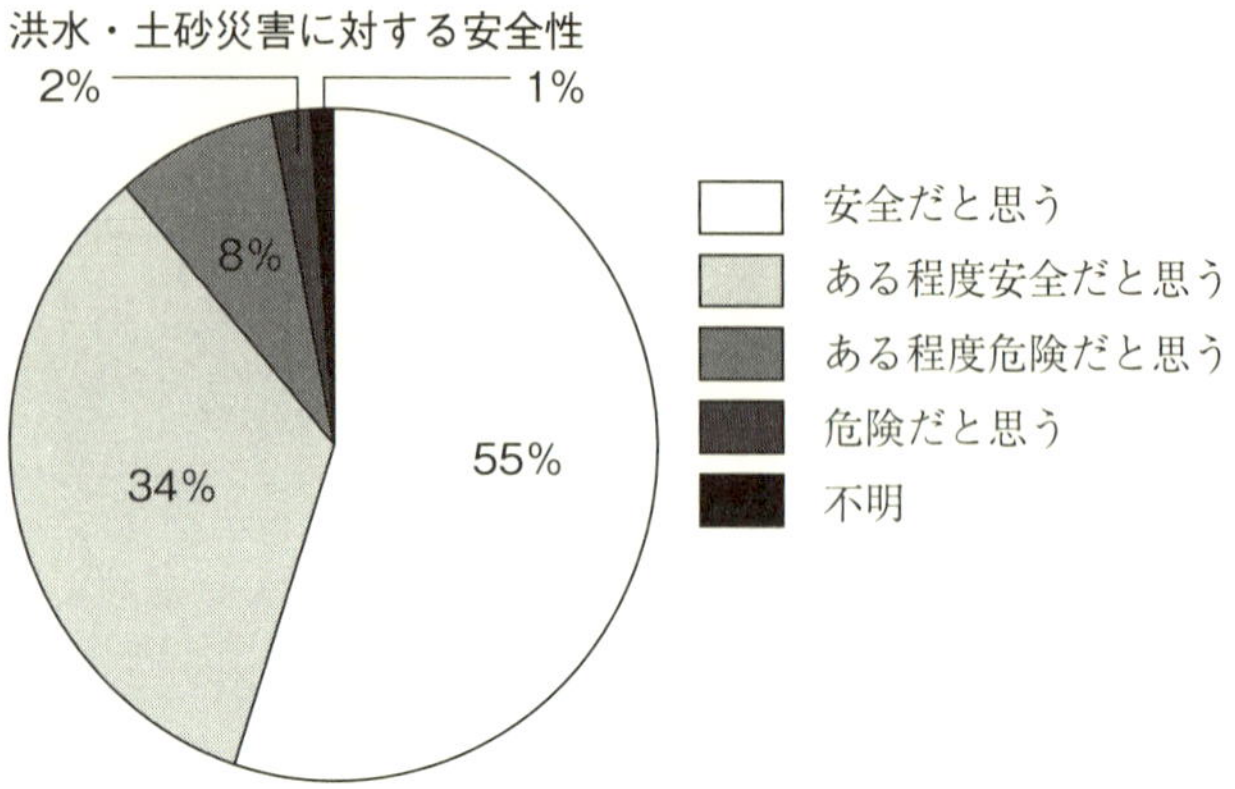

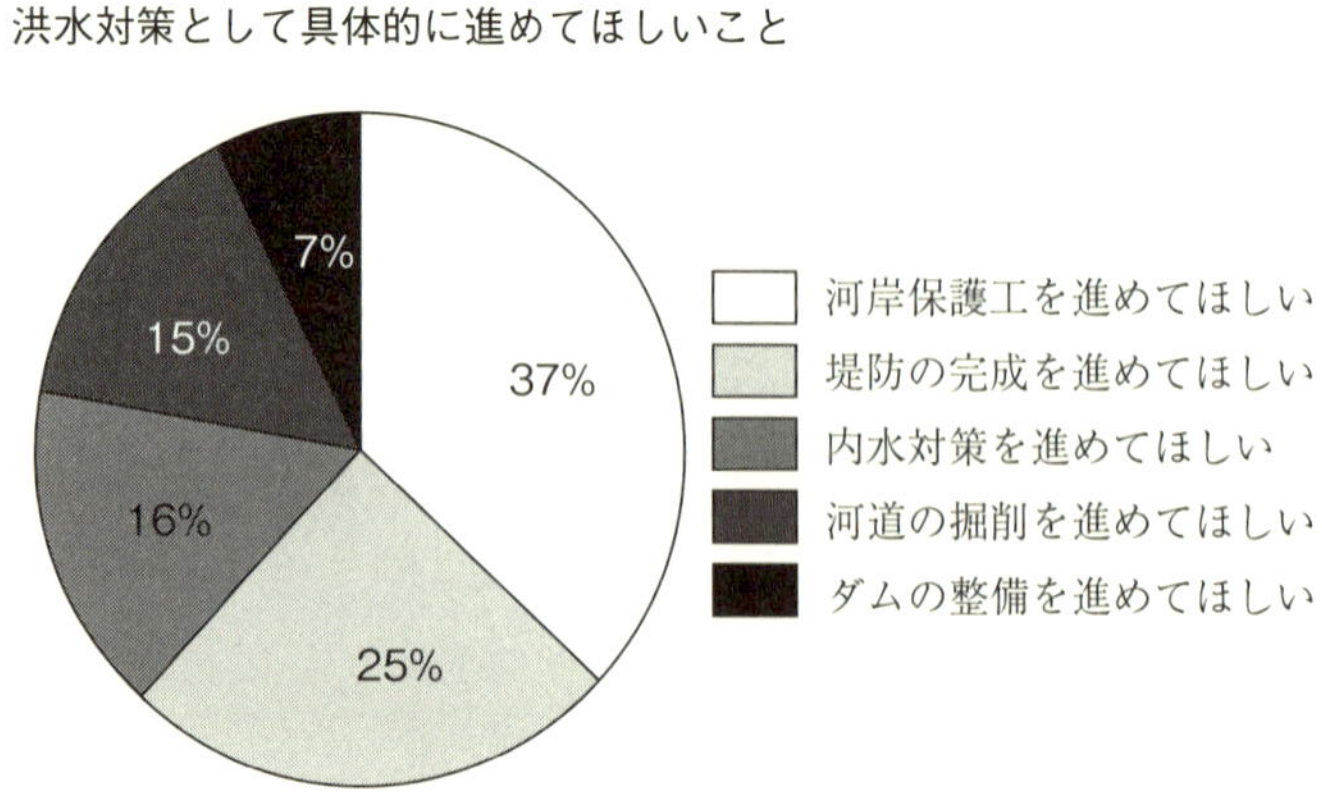

1998年実施の流域5,000世帯に対する北海道開発局のアンケート結果

2　名寄川の治水

名寄川は、戦後の洪水時に一度も越水や堤防が決壊したことがない。よく調べると堤防がない（無堤）地区があるので、それらへの堤防の強化と、流下能力の低い場の河道掘削を重点的に行なうべきである。

北海道開発局が提出した報告書によれば、サンルダム案（一案）の残事業費は七六〇億円（うちサンルダム洪水調節残事業費は一三〇億円）、河道掘削案（二案）では九四〇億円（うちサンルダム関係は三一〇億円）で、二案は一案より一八〇億円大きな値となっている。私たちは、二案は金額的には一案より約一八〇億円必要になるが、以下の理由でベターであると考える。

(1)　ダム案にはデメリットが多くある。①ダム湖の水質変化により現在より水質が悪化する。②ダム湖に比較的粒子の大きい土砂が堆積し、ダム下流には細かいものが流出する結果、下流では泥化が進行し、魚類産卵に不適となる。③またダム湖に土砂堆積することにより、ダム下流では河床低下が起きるか、岩盤露出が起きる。岩尾内ダム下流は顕著に岩盤が露出しているのはそのためであり、類似の地質と考えられるのでサンルダム下流も岩盤露出の可能性が高い。④サクラマスの保全のために魚道を造るとしているが、その効果は疑わしい。日本でも有数のサクラマス遡上数が多く、ヤマメの密度は日本一に近いと言われている貴重な環境が失われる可能性が高い。

(2) ダム案は、その弊害を考慮すると河道掘削案より高額となる。①これらのダムよる弊害に対処するためには、莫大な費用が必要であり、対処したとしてもダム湖による環境悪化の回復が困難な場合も生じる。開発局は一貫して、ダム湖によるサクラマス資源に対する悪影響を金額的に示してこなかったが、この点を明らかにすべきである。②ダム湖の維持管理には、一・三億円／年と見積もられていて、五〇年を考慮すると約六五億円の費用が必要となる。第四節で述べたように魚道については建設費と維持管理費が発生する。一案が二案に比べて一八〇億円少ないとしても、これらを考慮すると、一案がかなり高額となることは間違いない。したがって、名寄川の治水のためには河道掘削案がコストから考えてもベターである。

3 その他の課題

(1) 天塩川中流域の治水対策の重視
第三節5で述べた通り、美深〜音威子府区間の治水対策を優先すべきである。

(2) 下川町と名寄市の水道水
実績値と今後の人口減少を考慮すると、現在の保有水源でまかなうことが出来る。

(3) 流水の正常な機能の維持
サクラマスなどの魚類に対するダムによる流量調節は必要がない。もし必要と言うのであれば、流水の正常な機能の維持の必要性を具体的根拠で示す必要がある。実際には具体的根拠は示されていないので、魚類に対する流水の正常な機能の維持のためにダムを造る必要はない。

(4)　サクラマス保全は重要課題

大型ダムの魚道によるサクラマスの保全の成功例はない。治水や利水のためのダムの必要性そのものに疑問がある中で、世界的にも成功例がない大型ダム魚道によるサクラマス保全をめざすべきでない。成功すると考えているならば、先に前川光司北大名誉教授が示した手順で調査を行なうことが必要である。

関連資料

【フォローアップ委員会（北海道地方ダム等管理フォローアップ委員会）】

第一五回　平成十六年三月十六日

【委員名簿】

委員長　伊藤浩司（植物）北海道大学名誉教授

委員　・新谷融（砂防）北海道大学農学部教授・井上聡（魚類・底生動物）北海道栽培漁業振興公社常勤技術顧問・門埼充昭（ほ乳類、両生・は虫類）北海道野生動物研究所所長・黒木幹男（河川）北海道大学工学部助教授・腰塚宗孝（社会環境）札幌国際大学教授・中井和子（景観）・中井仁実建築研究所環境デザイン室長・渡辺義公（水質）北海道大学工学部教授

【魚道設置の効果の評価結果】

目標　二風谷ダム建設後においても、魚類の円滑な遡上・降下が期待されること

【結果】

1　遡上　対象種であるサクラマスは、平成八年から平成十五年度にかけて、経年的に遡上が確認されている。その数は一日平均しておよそ〇・五尾である。

2　降下　対象種であるサクラマスは、平成九年以降、経年的に魚道を利用した降下が確認されている。

【効果の評価】

1　遡上　対象種であるサクラマスは、経年的に遡上していることから、魚道は有効に機能し、魚種の資源維持に大きな役割を果たしているものと判断される。

2　降下　対象種であるサクラマスは、経年的に魚道により降下をしていることから、親魚は沙流川に回帰しているものと判断される。

【環境保全対策】

1　遡上　対象種であるサクラマスは、経年的に遡上していることから、二風谷ダムの魚道は有効に機能し、魚種の資源維持に大きな役割を果たしているものと判断される。

2　降下　対象種であるサクラマスは、経年的に魚道により降下していることから、親魚は沙流川に回帰しているものと判断される。

引用文献

佐々木克之（二〇一二）「ダム建設における流水の正常な機能の維持とは？」、『北海道の自然』（北海道自然保護協会会誌）第五〇号、九一～九八頁。

佐々木克之（二〇〇八）「サクラマスを豊かにしているサンル川の環境」、『北海道の自然』第四六号五三―六〇頁。

佐々木克之（二〇〇七）「沙流川二風谷ダムダムのサクラマスへの影響とサンルダム問題」、『北海道

佐々木克之（二〇〇九）　の自然』第四五号、一六―二二頁。

「美利河ダム魚道の評価」、『北海道の自然』（北海道自然保護協会会誌）第四七号、二八―三二頁。

宮越靖之（二〇〇八）　「種苗放流効果と資源増殖―北海道サクラマスを事例として―」、『水産資源の増殖と保全』、北田修一・帰山雅秀・浜崎活幸・谷口順彦編著、成山堂書店、四八―六五頁。

北海道開発局（二〇〇六）　『北海道開発局天塩川流域委員会　天塩川資料集11　サンル川のサクラマス幼魚（ヤマメ）生息密度調査』。

北海道開発局（二〇〇七）　『第一回天塩川魚類生息環境保全に関する専門家会議資料三』

第四章　平取ダムの検証

一九九七年に二風谷《にぶたに》ダムが竣工後、開発局は、沙流《さる》川の治水は二風谷ダムと平取《びらとり》ダムのセットで機能するとして、平取ダムの建設を目指している。

私たちは、二〇〇三年八月の史上最大の洪水の実態を踏まえて、二風谷ダムの堆砂の解決を第一に考え、平取ダムの堆砂の進行を考慮して中止することを提案する。水道水と流水の正常な機能の維持のためのダムの必要性がないことを示す。アイヌ民族の聖地である額平《ぬかびら》川流域を保全するためにも平取ダム建設を中止して、二風谷ダムの堆砂問題の解決と河道改修を行ない、長期的には上流の森林の保全によって、清流沙流川の復活をめざすことを提案する。

第一節　沙流川の治水の検証

1　二〇〇三年八月台風と目標流量

二風谷ダムと平取ダム

第一章図3に、沙流川流域と二風谷ダムおよび平取ダムが示されている。二風谷ダムが一九九七年に竣工し、上流の額平川と宿主別《しゅくしゅべつがわ》川の合流点に平取ダム堤体を建設する計画が進められている。平取ダムの貯水容量を表1に示す。平取ダムの特徴は、①ほとんどが洪水調節容量であり、利水容量（流水の正常な機能の維持と水道水）は少ない、②堆砂容量が極端に小さいことである。

表2に、二風谷ダムと平取ダムの基礎資料を示した。平取ダムの集水域（二三四㎢）は二風谷

表１　平取ダム貯水容量配分図（単位：万㎥）

	洪水調節容量	流水の正常な機能の維持	水道	堆砂容量	貯水容量
洪水期	4380	60	10	130	4580
非洪水期	3540	910	0	130	4580

総貯水容量は4,58０万㎥、洪水期は７～９月

表２　二風谷ダムと平取ダムの基礎資料

項目	内容	項目	二風谷ダム	平取ダム
関係町	平取町	集水面積	1,215㎢	234㎢
目的	・洪水調節	湛水面積	4.3㎢	3.1㎢
	・流水の正常な機能の維持	堤高	32.0m	56.5m
	・利水の補給と供給	堤頂長	550.0m	600.0m
	・発電	総貯水容量	31,500,000㎥	45,800,000㎥

ダムの集水域の約五分の一であり、小さい。

目標流量

河川整備計画に掲載されている洪水調節計画を図1に示した。この図はわかりにくい。沙流川本流と額平川水の合計が六一〇〇㎥／秒になる洪水に対処する。平取ダムと二風谷ダムで合わせて一六〇〇㎥／秒の洪水調節をして、下流には四五〇〇㎥／秒流すようにする、ということを示している。

沙流川の目標流量の決め方は、名寄川や当別川と異なっている。

例えば名寄川の目標流量は、雨の降り方（短時間に多量の降雨があるか、長時間かけて多量の降雨なのか、など）によって河川流量が異なるとして、三つのケースを示し（第三章表3）、想定被害額がもっとも大きいケースを選択したとしている。当別川では、一〇個もの流量を想定し、目標流量をもっとも流量

の多いものとする乱暴な決め方である。

しかし、沙流川の場合は、二〇〇三年八月の台風一〇号来襲のときの流量を目標流量としている。この流量が史上最大だったからである。名寄川のように想定被害額が最高とか、当別川のように想定流量が最大というようなあいまいな根拠によって決めるのではなく、実際に起きたことを根拠に決めているので、住民にわかりやすい。私たちは、この本のまとめで述べるが、目標流量を沙流川のように実績最大流量とすることを提案している。

二〇〇三年八月の台風一〇号時の洪水時の実態

河川整備計画は二〇〇三年洪水時を基本に作成されているので、室蘭開発建設部ＨＰ掲載資料からこのときの実態を検討する。開発局は、二風谷ダムのピーク流入量は六一一九㎥／秒、ピーク流出量は五五〇〇㎥／秒として、洪水調節量を六〇〇㎥／秒と報告した（図2）。ダム下流の平取地点の流量を五二三八㎥／秒としている。

この時の洪水被害について、土木学会報告（平成十五年台風一〇号北海道豪雨災害調査団報告書）は、二風谷ダム下流では堤防の決壊と半壊・全壊家屋はなかったが、上流では堤防の決壊七五〇ｍ、半壊・全壊家屋六戸と述べている（実際には、堤防の決壊はなかったが、樋門の閉め忘れのために、日高町富川地区で逆流による水害が発生して、裁判で国が損害賠償することとなった）。また、この報告書では、「水位については、平取観測所において計画高水位（二七・五五ｍ）を最大七四㎝

図1　洪水調節計画流量配分図

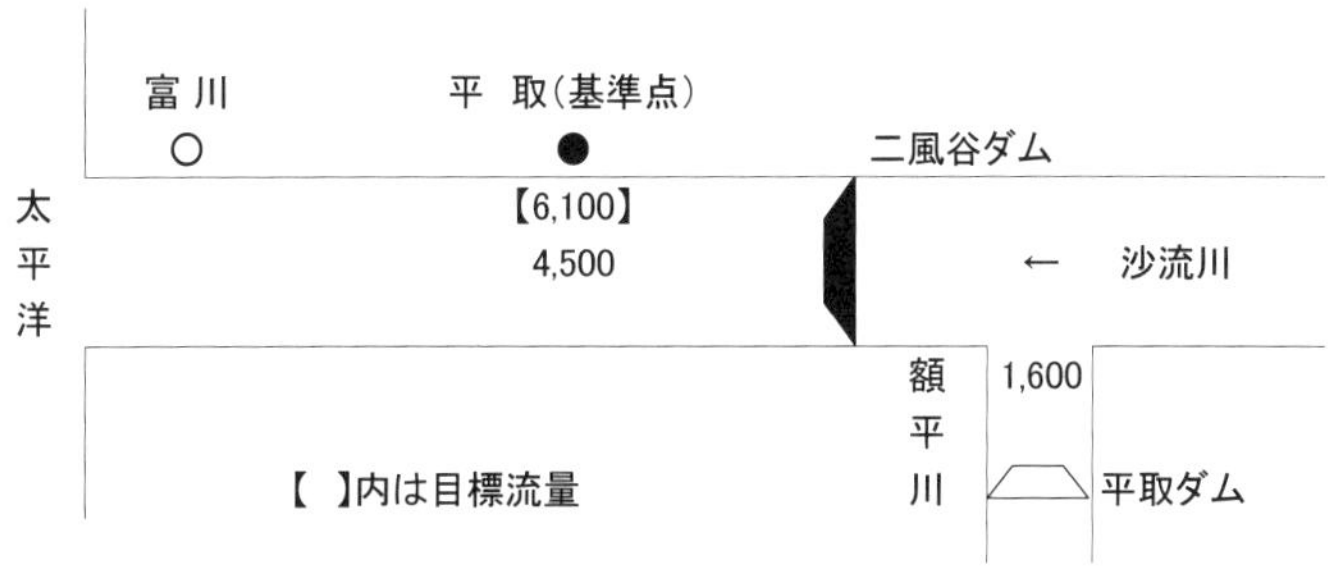

図2　2003年8月の二風谷ダムにおけるピーク流入/流出量と洪水調節効果

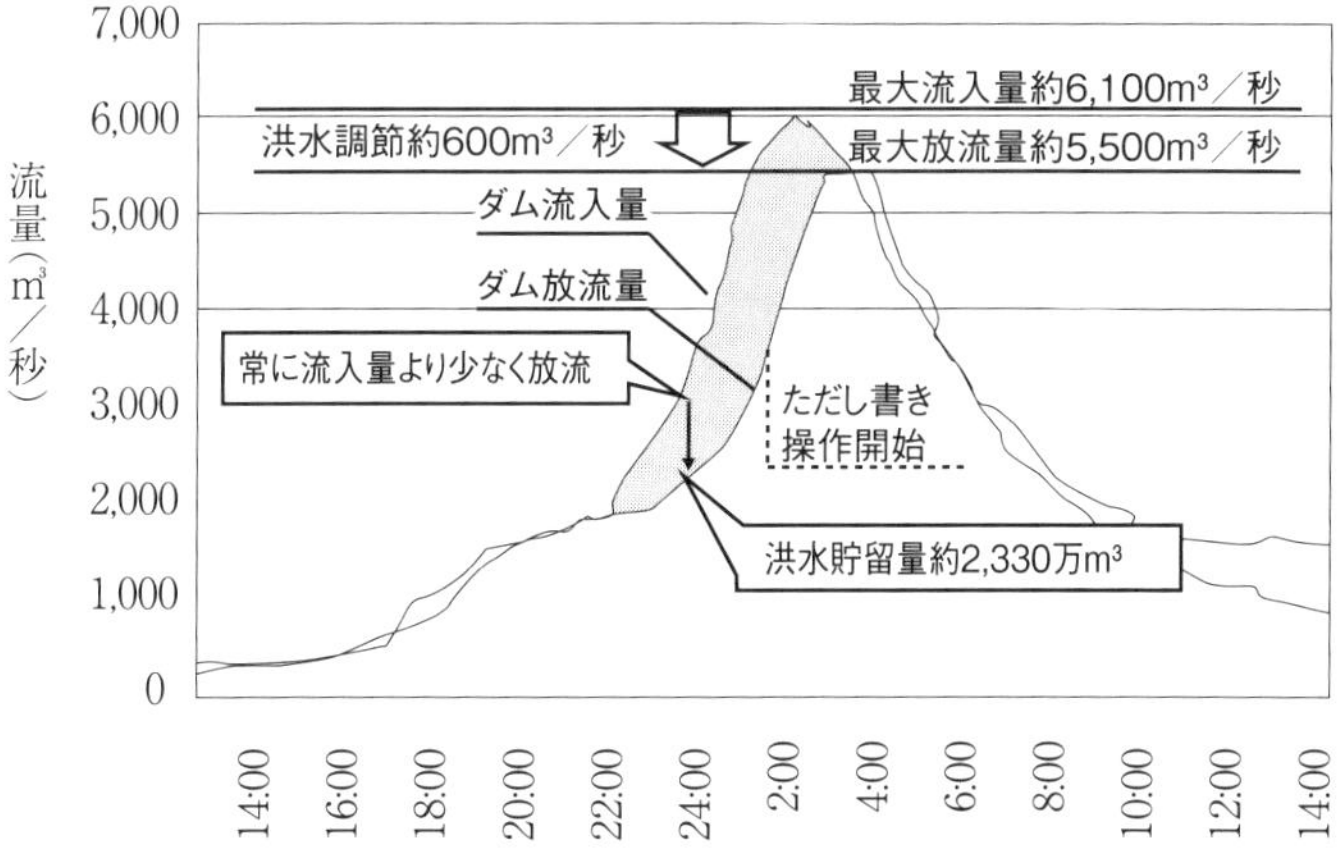

最大流入量が約6,100㎥/秒、最大放流量が約5,500㎥/秒なので、洪水調節量は600㎥/秒とされた。

北海道開発局室蘭開発建設部HPより

超過したのをはじめ、富川観測所においても計画高水位（七・〇六m）を最大六〇cm超過するなど、最高水位を更新した。……二風谷ダム下流のほぼ全区間にわたり、洪水時の水位が堤防を作るときに基準として設定している計画高水位を越える非常に高い水位となっている」と述べている。

ポイント1　計画高水位を超えても氾濫しなかった

天塩川流域委員会では、名寄川の堤防が十分高いので、目標流量の場合も洪水が起きないという私たちの発言に対して、河川工学者は「いくら堤防が高くても、目標流量水位が計画高水位を越えたら堤防は破堤する」と述べて、目標流量のとき、サンルダムが無ければ計画高水位を超えるのでサンルダムは必要と述べた（その後調べてみると、サンルダムを造っても計画高水位を超える部分があり、開発局はその部分は河川改修で対応すると説明している）。計画高水位をインターネットで調べてみると、「一五〇年や二〇〇年などに一度起こると想定した洪水で、ダムや遊水池などで調節された後の水が川を流れる時の水位。堤防が耐えることができる最大値を指す」と記載されていて、天塩川流域委員会のときと同じ意味となっているが、インターネットの別な回答は「実際の河川水位が計画高水位を多少越えただけなら、堤防の高さには余裕があるのですぐに堤防からあふれ出すことはありません」とある。整備計画で、ダム下流の流量を四五〇〇m³／秒とするとしたのは、おそらく計画高水位を意識したものと推定される。

二〇〇三年八月の洪水では、平取地点の流量は五二三八m³／秒と報告されているので、整備計画流量四五〇〇m³／秒より約七〇〇m³／秒多い流量になる。この時の状況を開発局が示したもの

図3　2003年8月洪水時の沙流川の計画高水位二風谷ダムがあるときとないときの水位および堤防高

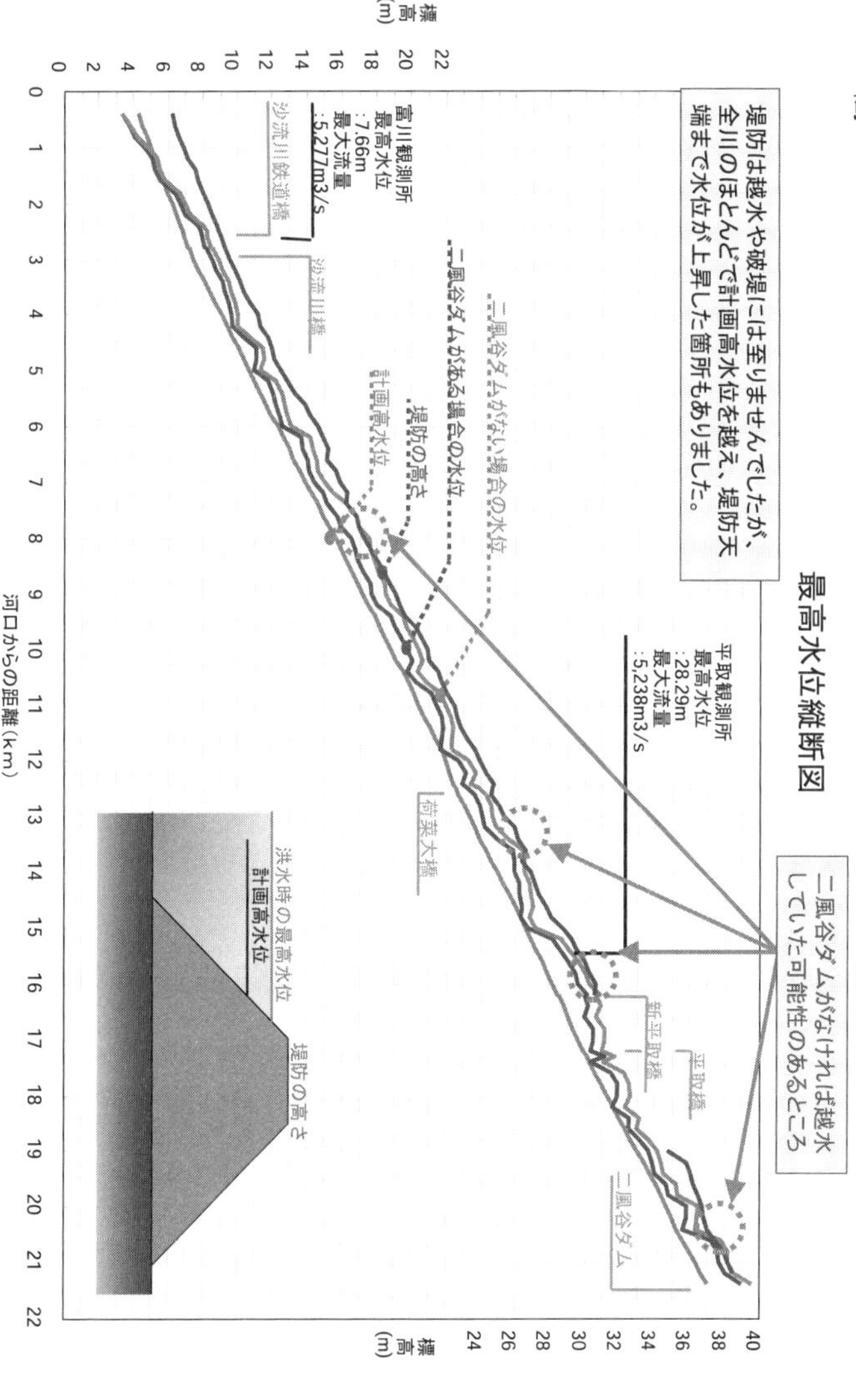

北海道開発局室蘭開発建設部HPより

を図3に示す。横軸は河口からの距離で、約二二kmのところに二風谷ダムがある。縦軸は標高を表していて、二風谷ダムの標高はおよそ三八mである。一番下の直線になっているのが計画高水位である。計画高水位のすぐ上のラインは実際の洪水時の最高水位であり、さらに上の線は二風谷ダムがなかった場合に想定される水位である。一番上の線は堤防の高さである。

この時は、堤防の不備なところや、内水氾濫（支流の水が沙流川に流入できなくなり支流が溢れる）や樋門（支流と沙流川との間の水門）の閉め忘れで沙流川から支流側に大量の水が逆流して浸水が起きたが、土木学会報告通り堤防が破堤することはなかった。二風谷ダムがあっても洪水水位が計画高水位より一m近く位が高い場合もあった。このことから、堤防がしっかりして計画高水位を超えても破堤しなかったということができる。いずれにしても、平取点の流量五二三八㎥／秒まではぎりぎりであるが、外水氾濫（本流から堤防を越えて、または破堤して氾濫すること）が起きなかったことが示された。

ポイント2　平取ダムがなくても二風谷ダム下流の洪水を防ぐことができた

この事実から言えることは、平取ダムがなくても、二風谷ダム下流では史上最大の洪水をほぼ防ぐことができたということであり、さらに河道掘削や堤防整備を行なえばよりよい治水が可能なことを示している。ただ、二〇一二年九月二十一日、札幌高裁で、沙流川下流の富川地区で、樋門の管理不十分により内水氾濫とそれに伴う水害が起きたことについて、国交省の責任が明らかにされた。ダムがある限りこのような被害がでることを教訓としなければならない。

ポイント3　平取ダムについての疑問

土木学会報告が述べているように、二風谷ダム上流の額平川と貫気別《ぬきべつ》川合流点近くの氾濫による水害が発生した。開発局は、額平川上流に平取ダムを建設することにより、この水害を防ぐことができると述べている。この時には、額平川ではなく、貫気別川が氾濫したのであり、平取ダムは必要でないことになる。平取ダムについては堆砂の懸念があり、アイヌ民族の聖地でもあり、極めて問題が多い。私たちは、額平川および貫気別川の河道改修による治水対策が、もっとも安全で、もっとも環境を破壊しないものであると考えている。私たちは、平取ダム建設をやめて河道改修による治水をすすめ、二風谷ダムの堆砂問題を解決して、より安全な沙流川とすることを提案する。

2　二風谷ダムの堆砂問題

堆砂の経過と開発局の堆砂見積もりの誤り

第一章で紹介した「沙流川水資源問題に関する調査報告書」は、二風谷ダムは約三〇年、平取ダムは約二五年経つと土砂で満杯になると述べた。しかし、北海道開発局は、当初総貯水容量三一五〇〇万㎥の二風谷ダムの堆砂容量（一〇〇年間の堆砂量）を、五五〇万㎥とした。この堆砂容量では、二風谷ダムが満杯になるには五七〇年かかることになり、「調査報告書」に比べて一桁以上小さな堆砂容量であった。

開発局は、毎年の堆砂量を発表していたので、それを足し合わせると累積堆砂量を求めることができる。ところが、平取ダム検討の場の最終の第五回資料で、開発局は今までと異なる報告を行なった(図4)。今までの報告と合せて図5に示す。図5の○の線は今までの報告で、貯砂ダムの堆砂を除いたものであり、図4の貯砂ダムを含めた堆砂が正しい、すなわち図5の●が正しいと述べた。二風谷ダムの上流部には、ダム湖の堆砂量が増えないように貯砂ダムを造った。貯砂ダムもダム湖の貯水容量に含まれるので、貯砂ダムの堆砂量も二風谷ダムの堆砂量とすべきところを、それまではこれを除いた量を堆砂量としていたことがわかった。○では二〇〇三年に、●では二〇〇一年に、すなわち二風谷ダムが建設されてたった五年(●)で、堆砂容量を越えてしまった。河川工学者の専門的知識に疑いを持たざるをえない。

二〇〇五年になって開発局は、堆砂については想定外のことが起きたのでと述べて、堆砂容量を一四三〇万m³に変更した。しかし、図5を見ると明らかであるが、変更を決めた二年後にはすでにこの堆砂容量を超えた。

そこで、開発局は、「実はダムを造ったときの窪地があることがわかり、その体積は四八〇万m³なので、実際の堆砂容量は、一四三〇+四八〇=一九一〇万m³となる。二〇一一年の累積堆砂量は一六二八万m³なので、まだ二八二万m³余裕がある」としている。今後の堆砂量については、二〇〇八年八月八日の室蘭開発建設部の私たちへの回答で、「二風谷ダムについては、平成十五年洪水後の堆砂を初期形状としてダム湛水開始年から一〇〇年後の堆砂形状を推定し、堆砂容量

図4　二風谷ダム堆砂量の経年変化（2012年9月10日開発局報告）

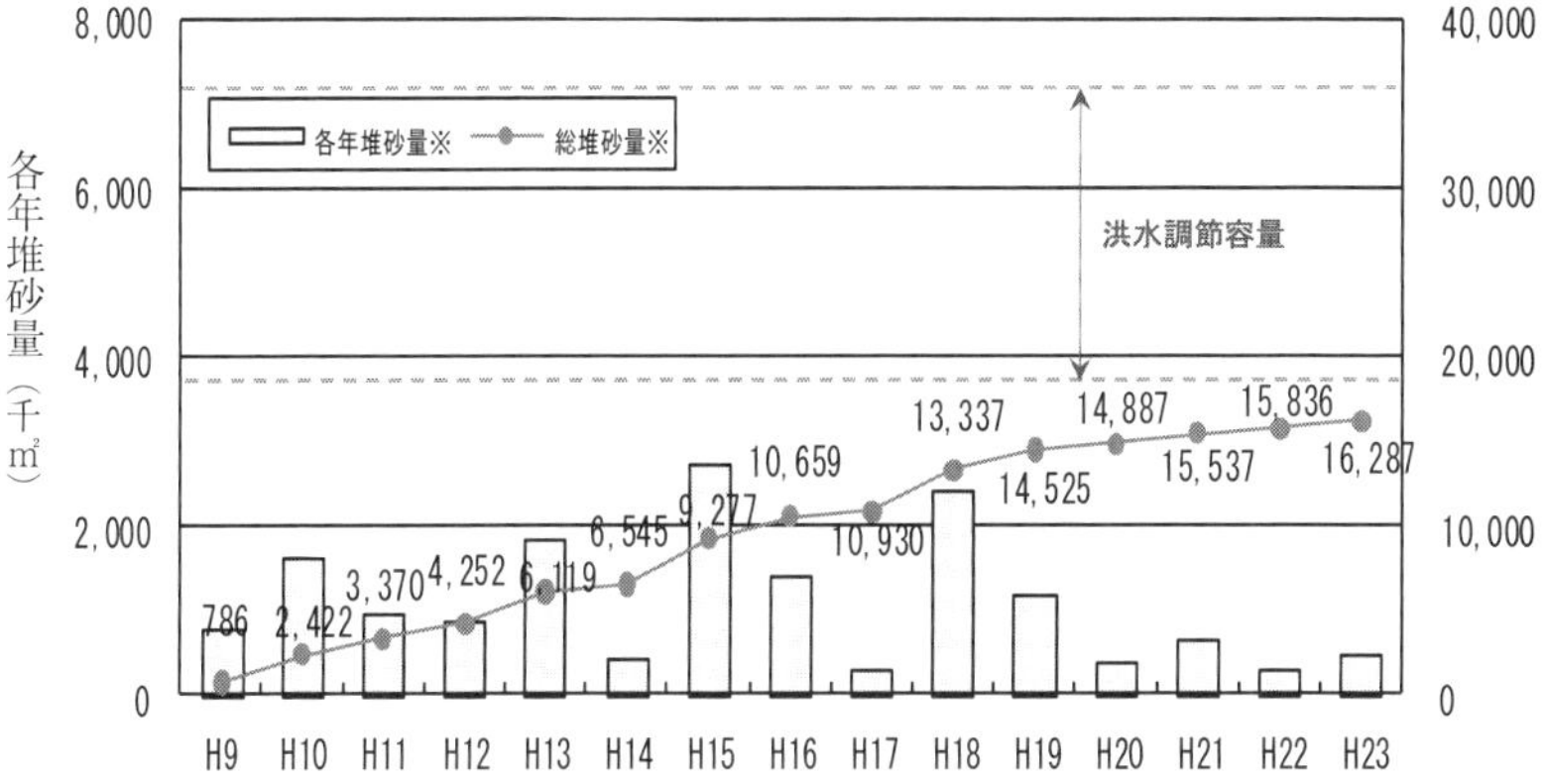

平取ダム検討の場配布資料から引用

図5　1997年竣工した二風谷ダムにおける堆砂の推移

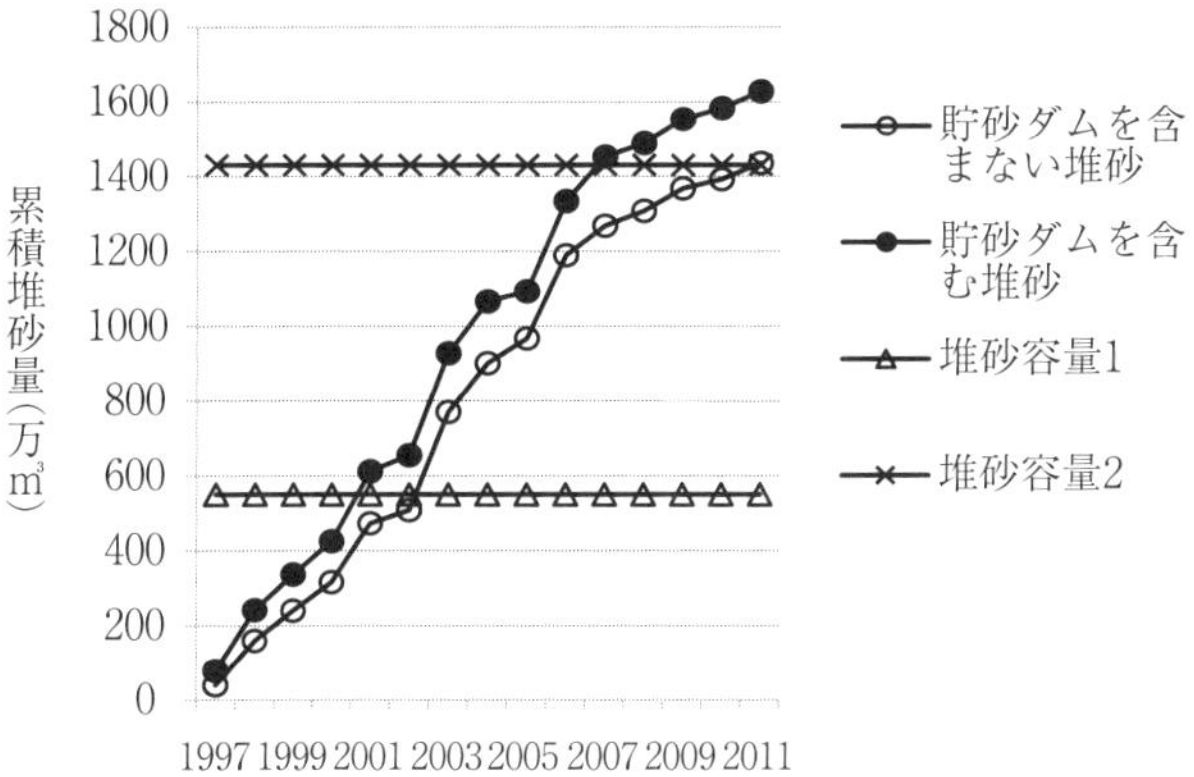

●は本来の堆砂量、○は貯砂ダムを含まない堆砂量、堆砂容量1（550万㎥）は1997年設定、堆砂容量2（1,430万㎥）は2007年変更後のもの。堆砂量は北海道開発局発表の値。

を一四三〇万㎥としました」と述べた。しかし、すでに述べたように（図4）、私たちに回答した一年前の二〇〇七年にすでにこの堆砂量を超えていた。

一九九七年に二風谷ダムは完成したのに、なぜ今ごろになって窪地が見つかったのかも疑問であるが、さらに今後堆砂は増えないというのはまったく理解できない。これらの経過を見ると、開発局の堆砂に関する説明は信頼できないことがわかる。多額の予算を使って建設したダムの堆砂容量をたった五年で変更し、変更後も六年で変更堆砂容量に達したことを見ると、二風谷ダムを建設した北海道開発局の責任問題であるが、それだけでなく、意図的ではないかとの疑問も生じる。

すなわち、当初から堆砂容量を現在の一四三〇万㎥とするならば、総貯水容量三一五〇万㎥の四五％がダムとして使えないということとなり、ダム建設が認められなかったと考えられるので、数年で問題が発覚することを承知で、ダム建設を行なったのではないかという疑問である。今後も堆砂量が増加していけば、今度は何を述べるのか注目しなければならない。

第一章で紹介した「沙流川水資源問題に関する調査報告書」（第三節1）を見ると、沙流川上流の岩知志ダムの比堆砂量を五四一㎥／年／㎢としているが、開発局は岩知志ダムの比堆砂量を三一三㎥／年／㎢とした（私たちへの回答）と述べている。しかし、二〇〇七年のダム建設時には、岩知志ダム上流を除く流域面積七八八㎢で堆砂容量を五五〇万㎥としたので、単純計算すると、この場合の比堆砂量は七〇㎥／年／㎢にしかならず、あまりに小さすぎるので、意図的に少なくしたのではないか想像されるほど小さい値である。「調査報告書」の結果からの予測はかなり正確に実際の堆砂と一致する。これは、「調査報告書」では現地のデータを用いて予測したためと考えられる。

私たちの疑問に対する開発局の回答は、「近傍の既設ダムの堆砂実績及び推定式から、その一〇〇年分にあたる堆砂量を求め、堆砂容量として決定しました。……しかし、沙流川流域においては近年豪雨が頻発し、……沙流川流域における土砂生産が従来に比べて非常に大きくなっている二風谷ダムにおいては当初の計画で想定していた以上に流入土砂量が増大し、結果的に貯水池内の土砂堆積が進行したものと考えています」であった。「調査報告書」では、「資料を開発局に求めたが、一切出してくれなかったので、やむなく自力で調べた」と述べている。少ない予算で調べた予測があたり、多額の予算をもつ開発局の予測が大きく外れたのは、力量の問題よりは、先にダムありきの考え方が間違いを誘導したのではないかと想像される。開発局は、二風谷ダム建設を行なう以前の一九七六年の「調査報告書」に堆砂容量の推定値が出されていたので、想定外という言葉を使うことは許されない。

今後の堆砂の予測

開発局は、今後の堆砂予測を示している（第二章の図11）。それによると、現在から二十四年後の平成四十八年（二〇三六年）の堆砂量は、二〇一一年の堆砂量とほぼ等しく、平成七十八年と平成百八年の堆砂量はそれよりわずかに増加して、平成百八年に現在の堆砂容量一四三〇万㎥（実際は、先に述べたように一九一〇万㎥）とほぼ等しくなるとしている。

その理由として、今後堆砂量がほとんど増えない根拠としてあげているのが、二風谷ダム堤体下部のオリフィスゲート（放流ゲート）の活用である。二風谷ダムのオリフィスゲートを図6に示す。四月から六月の水量の多い時期にオリフィスゲートを開けて、土砂が出やすいように対応すると、二風谷ダムにはこれ以上ほとんど土砂が堆積しないと述べている。

私たちは、二つの理由で根拠がないと考えている。第一は、オリフィスゲートの四～六月の開放は、最近から始めたのではなく、ダムが建設されてから行なってきたことである。開発局の説明では、現在のように堆砂が増加していることを説明できない。第二は、オリフィスゲートを開放すれば土砂がでていくという考えに疑問がある。ダム上流部からダム湖の半分以上で堆積した土砂が水面上に見え、草原になっている部分もある。堆積土砂の中を沙流川が流れている。これは、第二章図11で説明したように、粒径の大きな土砂はダム上流に、細かい土砂はダム下流に堆積していく。オリフィスゲートを開放して流出するのは細かい土砂だけであり、粒径の大きな土砂はダム内に残り、次第に堆砂量が増加する。図4の平成二十～二十三年の三年間で堆砂量は一四〇〇万㎥増加した。年平均四七万㎥の増加であり、今後堆砂が止まるとはとうてい考えられない。開発局は、二風谷ダムの堆砂状況を、三次元的にきちんと示して、そのうえ堆砂が進まないというならば、ダムの上中流部に堆積している土砂がどうしてなくなるのかきちんと説明すべきである。

図6　二風谷ダムの構造（上流側から）

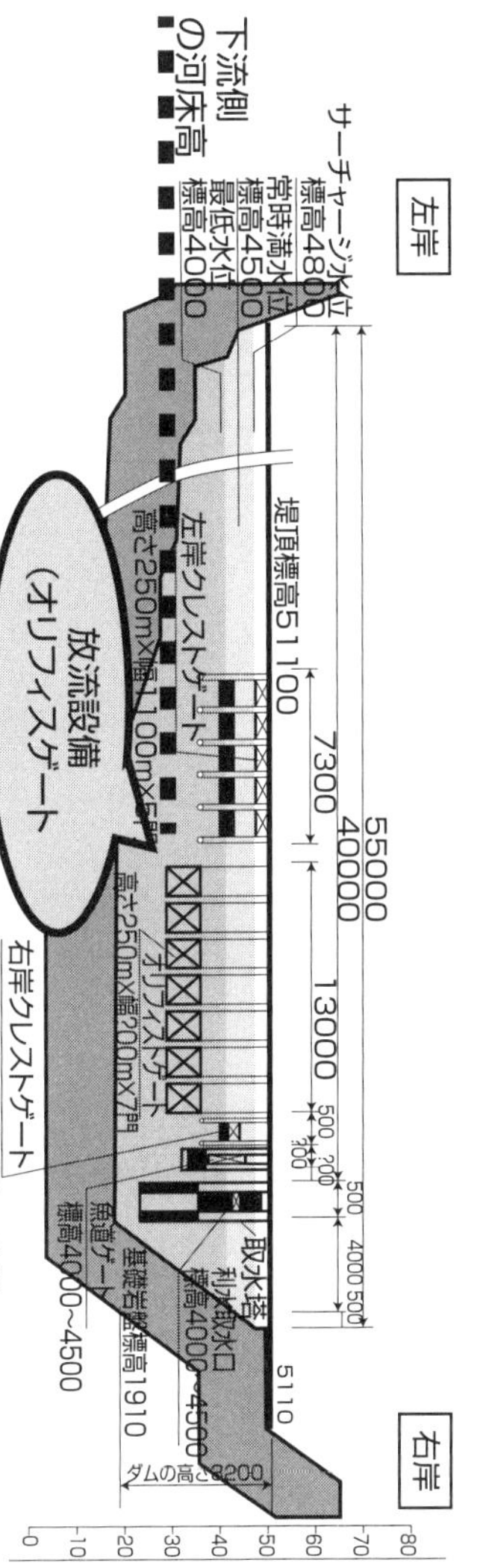

図7　平取ダムの構造（上流側から）。○で囲んでいるのが排砂ゲート

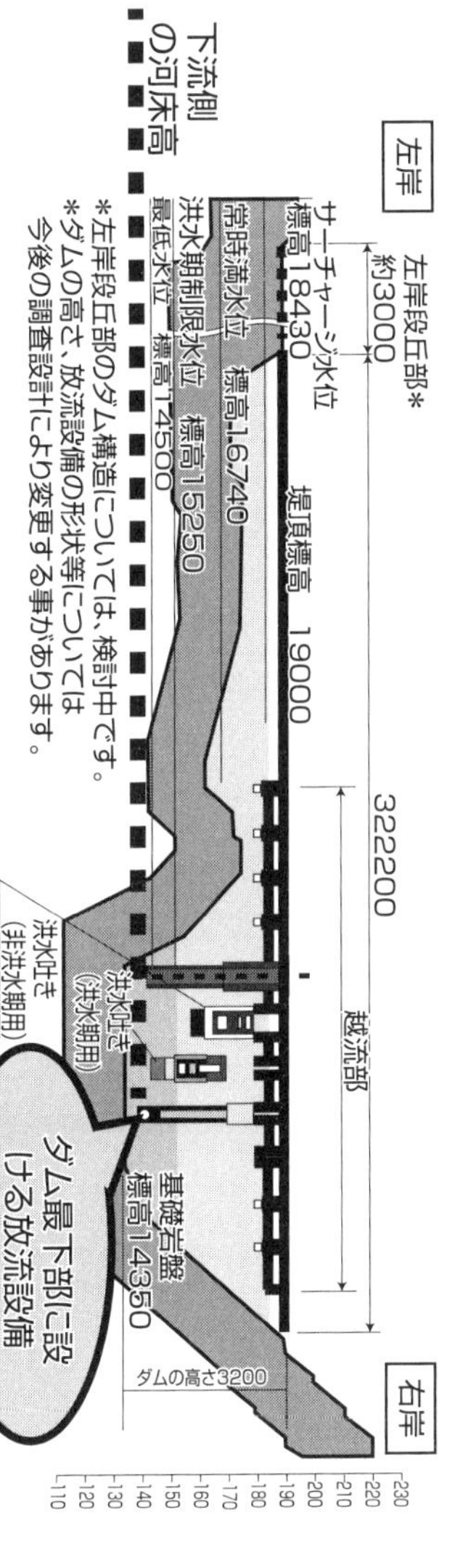

第２回検証会、今本講演より

堆砂に伴う治水問題

堆砂が進めば、ダムの貯水容量が減少し、ひいては洪水調節機能も小さくなる。図2で示したように、開発局は二〇〇三年八月の洪水で二風谷ダムは六〇〇m³／秒の洪水調節をしたと報告している。二〇〇二年までの累積堆砂量は六五五万m³であり、総貯水容量は三一五〇万m³なので、二〇〇三年の有効貯水容量は、三一五〇－六五五＝二四九五万m³となる。二〇一一年の累積堆砂量は一六二九万m³なので、有効貯水容量は、三一五〇－一六二九＝一六二一万m³となり、台風一〇号が襲来した二〇〇三年八月に比べて有効貯水容量は九七四万m³、率にして三九％減少している。当然洪水調節容量も減少している。したがって、現在二〇〇三年と同じ規模の台風が襲来したら、二〇〇三年のように六〇〇m³／秒の洪水調節を行なうのは無理で、計画上は洪水の危険性が増加している。また、今後堆砂が進むにつれて、この洪水調節容量は年々減少していくことになる。

3　平取ダムの堆砂問題

平取ダム周辺の地質

北海道開発局室蘭開発建設部が二〇一一年九月十日に明らかにした「沙流川総合開発事業平取ダムの検証に係る検討報告書（素案）」の中の「流域及び河川の概要」では、額平川流域について、「火山性岩石（輝緑岩質岩石）、半固結〜固結堆積物（粘板岩、砂岩・泥岩互層、泥岩等）、未固結堆積物（礫・砂・粘土）等より形成されている」と述べているだけで、堆砂が多いのか少ないのか記述がない。地質の部分の記述内容は、最近二〇年ほどの研究・調査の成果あるいは考え方の変化が考慮されていない。

（1）　とくに本地域（平取ダム予定地を含む中上流部）では、現在も崩れやすい元々は圧砕された付加体岩石（メランジを含む）が広く分布している。下流における堆砂を考える場合そのようなことは無視できないが、それについてまったく触れられていない。

（2）　科学技術振興機構の「地すべり地形分布データベース」（http://lsweb1.ess.bosai.go.jp/index.html）によると、沙流川・額平川中上流地域は道内でも地すべり地形の多い地域である。それはこの地域には上述の付加体（メランジ）岩石やそれに伴う蛇紋岩が多いことの結果である。このことは二風谷ダムの異常な堆砂状況にも示されている。地質の部分ではこれらのことをきちんと明記すべきである。

（3）　国土交通省が二〇一〇年八月十一日に発表した「深層崩壊に関する全国マップについて」（http://www.mlit.go.jp/report/press/mizukokudo03_hh_000552.html）において、平取ダム予定地周辺は道内ではもっとも深層崩壊の痕跡の多い地域となっている（http://www.mlit.go.jp/common/000223656.pdf。四段階評価で評価三の地点は平取ダム周辺の二カ所のみである。前々から指摘されていたが、額平川流域は土砂が流出しやすいので、平取ダムは建設場所としてふさわしくないところに建設しようとしているのが重大な問題である。

平取ダムの排砂の問題点

図1に示すように、平取ダムの総貯水容量四八五〇万㎥に対して堆砂容量は一三〇万㎥で（二・七％）である。二風谷ダムの場合は、総貯水容量三一五〇万㎥に対して四五％の一四三〇万㎥が堆砂容量であるのと比べると、平取ダムの堆砂容量が極めて小さいことがわかる。開発局は、平取ダム堤体の下に排砂ゲートを作るので、堆砂量を小さく抑えることができると説明している（図7に平取ダムの排砂ゲートを示す）。毎年の雪解け時に排砂ゲートを開放することによって、堆積した土砂を一気に下流に流す考えである。

額平川流域はすでに述べたように、土砂の流出が極めて大きく、先に紹介した「調査報告書」では比堆砂量が二〇〇〇㎥／年／㎢なので、流域面積二三四㎢を乗じると年間に四六・八万㎥堆積することになり、一〇〇年間で四六八〇万㎥堆積して、総貯水容量四八五〇万㎥の平取ダムは土砂で埋まってしまうことになる。一方、開発局は堆砂容量が一三〇万㎥であるとしている。一年間では一・三万㎥堆積することが正しければ、年間四六・八万㎥土砂が流入するのに対して九七％が排出されることを意味する。

私たちの第二回検証会で、今本博健京大名誉教授は、(1)堆砂はダム上流部から堆積する（第二章図11参照）ので、排砂ゲートからすべて排砂されるわけではない。(2)雪解け時に大量の水が流出するとフラッシュ効果はあるが、水量が少ないと効果は小さい。平取ダムの集水域は小さい

（一二三四㎢）ので、フラッシュ効果に疑問がある。(3)二風谷ダムではダム堤体の下側に七基のオリフィスゲートがあり（図6）、かなりの頻度でゲートが開いているが、排砂は十分でなく、堆砂が進行している。平取ダムにはオリフィスゲートはないのでこの点からも排砂が十分行なわれるか疑問、の三つの理由で平取ダムの排砂ゲートによる排砂に疑問を呈した。そうすると、二風谷ダムの二の舞となり、早々に貯水機能のないダムに変わる可能性がある。開発局の言うように排砂が十分行なわれた場合には、富山県の黒部川・出し平《だしだいら》ダムの排砂と同様に、一年間堆積したヘドロが平取ダム下流に流出して、河川生態系に大きな悪影響を与える。

4　ダム下流の水害の頻発

二風谷ダム下流の富川で寿司店「西陣」を経営している中村正晴氏は、二風谷ダム建設後に水害被害が拡大したと述べている。「二風谷ダムが一九九七年にできてからもう四回も水害にあっている。ダム建設前にはこんなことはなかった」と、口調を強める。開発局作成資料によると、一九七五年から二風谷ダムができた一九九七年以前の二二年間に被害のあった洪水は二回、一九九七年以降二〇〇六年までの一〇年間に四回であり、中村さんの指摘が裏付けられる。中村さんたちは、二〇〇三年の水害は樋門の閉め忘れが原因であるとして、国交省相手に裁判を行なって、一審の札幌地裁、ついで二審の札幌高裁で勝利判決がなされ、国が控訴しなかったので、勝利判決が確定した。

ダムができてから水害が増えたということは全国でよく聞かれる。第二章の荒瀬ダム撤去で紹介したように、荒瀬ダムのすぐ下流の坂本では、荒瀬ダムができてから水害にあう回数が増えたため、荒瀬ダムによって水害が増加したと考えて、荒瀬ダム撤去運動を行ない、二〇一二年からは荒瀬ダム撤去が始まった。この理由はいくつか考えられる。ダムへの流入量がダム貯水量を超えたときに、ダムからの放流が始まるが、そのときは下流では一気に水量が増加して氾濫するケースが多い。また、急な増水によって、樋門の管理が十分行なわれず、本流から支流に逆流することによって内水氾濫が生じる。また、ダム放流水には泥が多く、被害を増大させる。ダムは人間が管理するもので、必ずしも万全ということにはならない。その点からもダムの必要性を検討する必要がある。

5 治水のまとめ

開発局は、目標流量を六一〇〇㎥/秒として、二風谷ダムと平取ダムの両方で一六〇〇㎥/秒の洪水調節を行なうとしているが、これには多くの問題がある。目標流量の値は、史上最大の流量を用いているので妥当であるが、問題は洪水調節である。すでに述べたように、二〇〇三年の洪水は史上最大であったが、上流では破堤があったものの、下流では破堤しなかった。下流では洪水水位が計画高水位を一m近く超えたのに破堤がなかったのは、開発局の想定外のことであった。この現実から出発すべきである。すなわち、平取ダムがない状態で、二風谷ダム下流で破堤しなかったという現実である。このことから、二つの問題を提起する。

二風谷ダムの堆砂問題の解決

堆砂が進んでいる二風谷ダムの最近の有効貯水容量は約一五〇〇万㎥であり、二〇〇三年の八月の洪水時の約二五〇〇万㎥と比べると約一〇〇〇万㎥（三九％）も減少している。したがって、現在の二風谷ダムでは、二〇〇三年八月に示された六〇〇㎥／秒の洪水調節は無理で、比例すると考えると四〇〇㎥／秒程度と考えられる。また、今後堆砂量は着実に増加していくので、洪水調節機能は年々小さくなる。したがって、二風谷ダムの堆砂量を減らして洪水調節機能を高めることが極めて重要である。

平取ダム問題

開発局は、二風谷ダムの不足した洪水調節量を補完するとして平取ダム建設を計画しているが、賢明ではない。平取ダム建設予定地である額平川流域の源流にはアイヌ民族にとって聖なる幌尻《ぽろしり》岳があり、神々の住む山として祈りの対象となってきた。歴史的かつ自然的遺産も多い。

すでに確定した二風谷ダム裁判の判決文には、「国は、先住少数民族であるアイヌ民族独自の文化に最大限の配慮をなさなければならない……」と書かれているように、額平川流域は最大限の配慮をすべき地域である。二〇一二年十月三日に平取町で開催された「意見を聞く場」で、二風谷ダム建設にアイヌ文化保全の立場から反対した故萱野茂さんの夫人は、平取ダム建設について「できれば、できない方がよい」と反対意見を述べた。さらに、額平川流域は、長年の森林荒廃の放置などが原因で、極めて土砂流出の多い流域であり、平取ダムは堆砂で埋まってしまう可能性が高く、二風谷ダムの二の舞となる危険性がある。

私たちは、二〇〇三年に洪水被害が生じた二風谷ダム上流の額平川と貫気別川合流附近について河川改修（河道掘削や堤防の強化）によって対応するのがよいと考えている。そのことによって、水害を確実に防止する上に、環境破壊が抑えられる。平取ダム建設費を、二風谷ダム上流の河川改修による治水対策にあてるとともに、英知を結集して二風谷ダムの堆砂除去をめざし、長い目で、森林保全によって二風谷ダム上流と下流の治水を進めることを提案する。

私たちの提案

(1) 二〇〇三年の洪水で氾濫した二風谷ダム上流の氾濫原因を明らかにして、平取ダムを建設せず、河道掘削や堤防強化など河川改修の対策を講じて、水害を防ぐ。

(2) 二風谷ダム下流の堤防の強化と内水対策および必要に応じて河川改修を行ない、二〇〇三年八月と同規模の洪水に備える。

(3) 二風谷ダムの堆砂の減少策を早急に検討する。現在のオリフィスゲートだけでは不十分なことは明らかであり、さらに土砂が流出する方策をとり、当面、有効貯水量の増加に務める。

通常時は常時ゲートを開放し、水害が予測される場合には今までの洪水調節を行なう。中長期的にはダムを無くして、遊水地や河川改修で六〇〇㎥／秒程度の洪水調節ができるようにするとともに、上流の森林再生に努める。発電者からは、二風谷ダム堆砂量を減少させる操作のため発電ができなくなるので、そのような堆砂対策に同意できないとの意見が出されている。しかし、二風谷ダムの発電は、他の水利使用に完全に従属するものであるので、北電（北海道電力）が上記のような見解をもったとしても、開発局は、北電の水利用を優先させる必要はない

(4)　平取ダムに土砂が急速に堆積する可能性が高く、かつアイヌ文化にとって重要な地域であるので、建設を中止して、アイヌ文化の保存と進展をめざす。

第二節　利水の検証

1　水道水

日高町

日高町の保有水源は四四〇〇㎥／日であるが、必要量は五八〇〇㎥／日なので、一四〇〇㎥／日の水量をダムに依存したいと述べている。その根拠として、給水人口、一人当たり使用水量、業務用水量に、有収率、負荷率、ロス率（給水源から浄水場までのロス）を加味して計算した結果を

あげている（有収率と負荷率については第三章第四節を参照）。有収率と負荷率を見込むと一日最大給水量は五六六〇㎥／日であり、ロス率一〇％を加味すると五八〇〇㎥／日になると計算している。

しかし、これは想定に基づく計算であり、実績を見る必要がある。総務省の資料によると、二〇〇五年前後の日高町の一日最大給水量は、保有水源量の四四〇〇㎥／日前後であり、二〇〇九年度は四三五一㎥／日である。

開発局が二〇一二年九月にだした「沙流川総合開発事業平取ダムの検証に係る検討報告書」によれば、日高町の二〇〇六年から二〇一〇年の間の一日最大給水量は四五〇〇㎥／日弱であり、今後人口減が予想されているので、保有水源の四四〇〇㎥／日あれば水道水は不足せず、したがって平取ダムからの取水は必要がないと考えられる。

なお、日高町の二〇〇五年の給水人口は約一万一九〇〇人で一日最大給水量は四四〇〇㎥／日、したがって一人一日最大給水量は約三七〇ℓ／日／人、一方、日高町の二〇二六年予測では、給水人口は一万一六六〇人で、一日最大給水量は五六八〇㎥／日なので、一人一日最大給水量は、四八七ℓ／日／人となる。節水技術が進み、一人当たりの水道量使用量が減少傾向にあるのに、一人当たり一・三倍も使用量が増加するというのは、予測に問題があると考えられる。

平取町

保有水源は一五五九㎥／日、必要量は本町と中部振内《ふれない》地区合わせて二七四九㎥／日なので、ダ

図8　近年で最大の渇水年である1994年の沙流川平取地点の流量

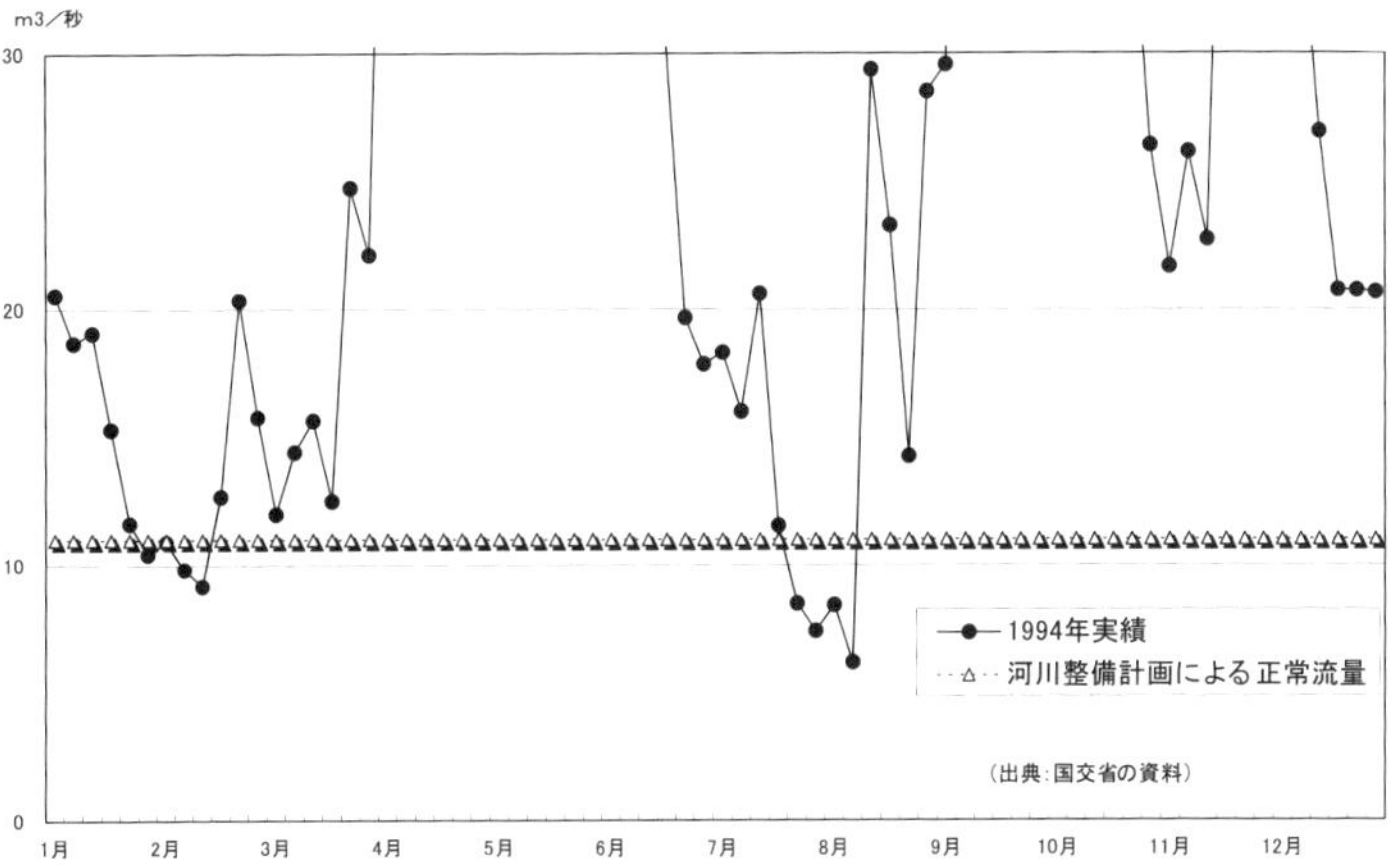

ムから一二〇〇㎥／日確保する必要があると述べている。この地区の有収率は本町が七三％、振内が五五％で、他市町村と比べて極めて低い。一人一日最大給水量は五八二ℓ／日／人で、これは全国平均の三九六ℓ／日／人と比較すると極めて悪く、非効率である。有収率と負荷率を日高町並みにすれば、必要水量は一六八〇㎥／日となり、今後の人口減も考慮すれば、必要水量はさらにすくなくてすむ。

保有水源（水利権）についても疑問がある。現在は、暫定水利権ということで、とくに問題なく経過している。実際には沙流川の伏流水と湧水でまかなっていて、何も問題が起きていない。平取ダムはまだできていない。それにも関わらず平取町で困難が起きていないので、この点からダムの必要性がないと言える。したがって、暫定ではなく既水利権とすれば、ダムに求めなくてもよいことになる。

近年もっとも渇水であった一九九四年の渇水時の流量は約七㎥／秒であった（図8）。これは六〇万四八〇〇㎥／日となり、平取町が必要としている一二〇〇㎥／日は、この最渇水時の流量大のわずか〇・二％にすぎない。このわずかな水量を水道水のために取水したとしても、沙流川の環境が悪化するとは考えられない。このような極少量の水のためにダムが必要であるとの考えを改める必要がある。北海道開発局が了承すればすむこと。了承しないというのであれば、ダム建設を強行するためといわれても仕方がないのではないか。

2　流水の正常な機能の維持

沙流川の河川整備計画で正常流量は、平取地点で概ね一一㎥／秒であり、サケ、サクラマスの遡上等に必要な流量一〇・九㎥／秒、シシャモの産卵に必要な流量一〇・九㎥／秒、平取地点下流の水利使用〇・四六㎥／秒となっている。

第三章で述べたが、渇水のため、サケ、サクラマスおよびシシャモ資源が減少したという根拠は示されていないので、魚類のための正常流量を考慮する必要が無い、したがって必要とする正常流量は水利用のための〇・四六㎥／秒である。図8に、沙流川で近年もっとも渇水のひどい年であった一九九四年の流量の推移を示した。八月の渇水流量は七〜九㎥／秒が記録されているので、灌漑や水道水に必要な流量（〇・四六㎥／秒）は十分確保されている。したがって、流水の正常な機能の維持のためのダムの必要性はない。サケやサクラマス、シシャモはそれぞれ進化の中で沙流川環境に適応している。さらに、サケは下流で捕獲されて種苗放流されていて、渇水のため種苗放流が困難になるということは聞かない。

サクラマスは、二風谷ダムのためにダム上流の資源量は大きく減少している。シシャモは二風谷ダム下流の底質が泥化したため、産卵場が失われている。したがって、現在の沙流川ではサケ、サクラマス、シシャモのための正常流量を維持するためにダムが必要ということはない。

現在の河川整備計画では、二風谷ダムでは、正常流量のための貯水は非灌漑期（十月～六月）に設定されているだけであり、七月～九月には正常流量の貯水を考慮していない。平取ダムでも同様で、非洪水期の流水の正常な機能維持のための貯水量が九一〇万㎥に対して、洪水期にはほんのわずかな六〇万㎥の貯水量しか考慮していない。サンルダムなどでは一年中正常流量のための貯水量を確保することとしている。どちらもサクラマスを対象魚類としている。二風谷ダムでは洪水調節が厳しい状態のため、正常流量を考慮できなくなったためである。このように、魚類のための正常流量はご都合主義で決められているものであり、ダム建設するための口実に使われているとしか考えられない。

沙流川にはそれ以外の問題もある。後に述べるように、サクラマスとサケは二風谷ダム魚道をわずかしか遡上できない。シシャモは二風谷ダム下流で産卵することが予想されているが、今の下流は極めて濁っていて、底質は泥化しており、シシャモが産卵するような環境になっていない。

図9　沙流川平取地点における1974～2005年の間の平均SSの月変化

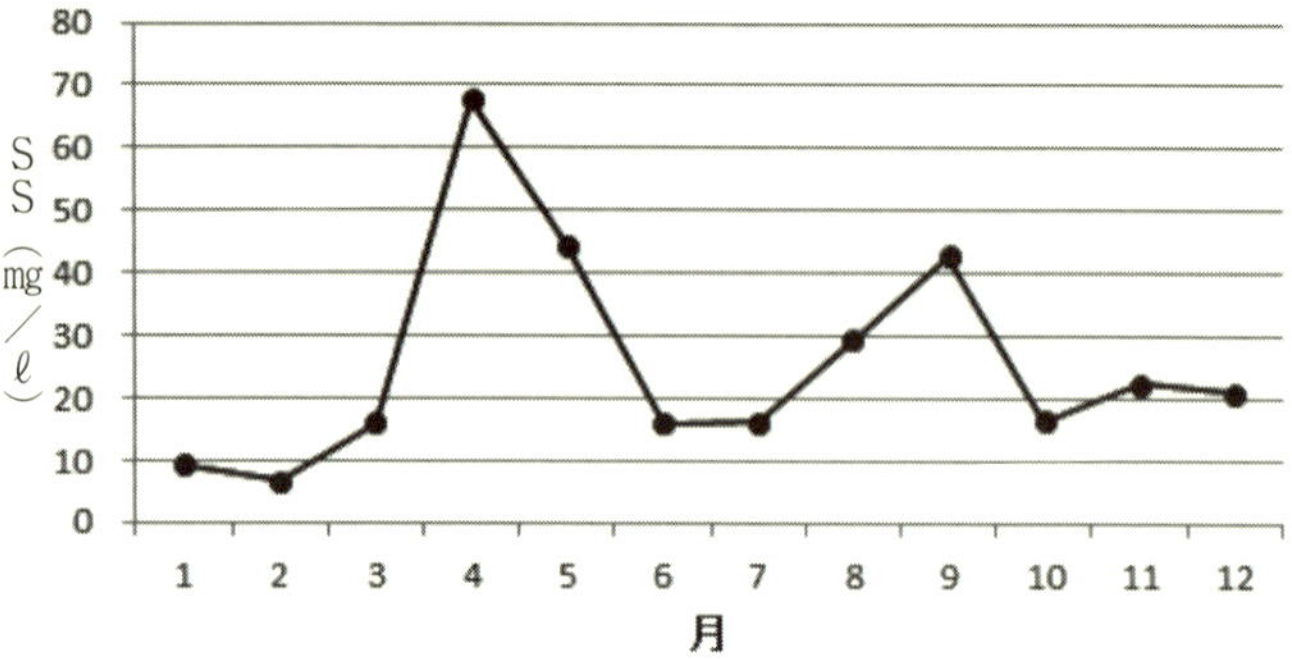

サケ、サクラマス、シシャモにとって沙流川はほとんど再生産が困難な川となっている。正常流量を考える前に、魚類が生息、繁殖できる川にすることが求められている。

第三節　沙流川の環境問題

1　水底質

第一章でとりあげたNHKのテレビ「あるダムの履歴書―北海道沙流川流域の記録―」の主題は、清流沙流川が濁りの川に変わったことであった。北海道開発局は一九七四年から沙流川の水質調査を月に一度行なっている。二風谷ダム下流の平取地点の濁りの指標であるSS（Suspended Substance の略、水中に懸濁している量を示し、一般には一ℓ中の重さ（mg）で表す）も測定されている。現在も行なわれているが、残念ながら二〇〇六年

図10　沙流川平取地点における年平均SS

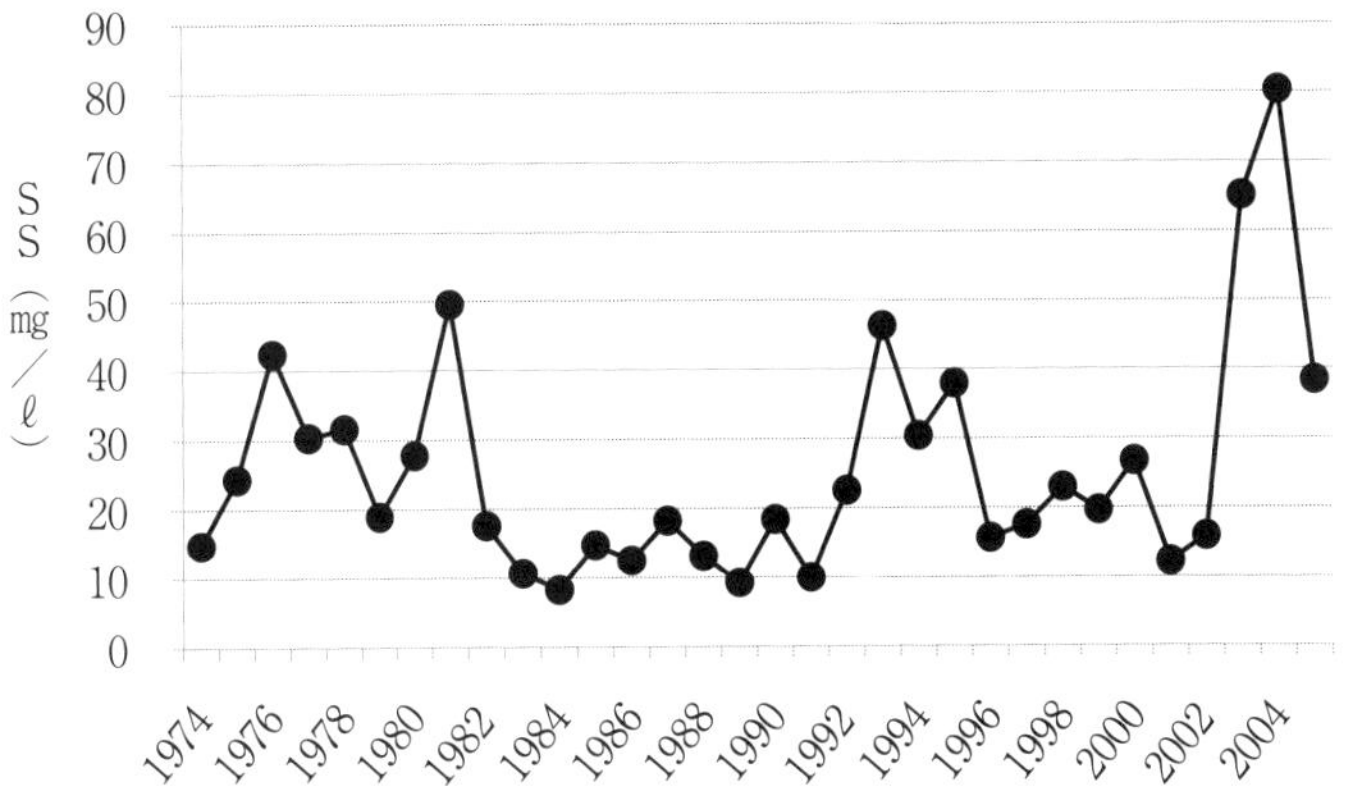

以降は年に四回程度しか調査を行なわないようになったので、二〇〇五年までの月変化を示す（図9）。

四月に約七〇mg／ℓ、九月に約四〇mg／ℓのピークが認められる。四月は多量の雪解け水、九月は台風などの豪雨の影響と考えられる。少ない月でもSSは一〇mg／ℓ以上となっていて、沙流川が常に濁っていることを示している。

年平均値の推移（図10）を見ると、一九七四〜八二年と、一九九二〜九五年および二〇〇三〜〇五年に高い値が見られる。一九六〇年代後半から一九七〇年代にかけて沙流川では川砂採取が大規模に行なわれた。地元住民の聴き取りでは、川砂採取時期は川が濁って、お盆のときなど川砂採取が行なわれないと澄んだとのことであった。一九八二年までの濁りは川砂採取の影響の可能性が高い。二風谷ダム建設は一九八六年から始まった。

その頃の濁りはひどくないが、ダム建設が完了する一九九六年に向けて濁りが多くなり、ダム建設後しばらくは濁りが減少した。

しかし、二〇〇三年の史上最高流量を記録した二〇〇三年から濁りが増加している。これは、この最高流量時にとくに額平川流域で大規模な土砂崩れが起きて、その影響が続いていると考えられる。二〇〇三年には、土砂流出だけでなく、多量の風倒木と思われる樹木が二風谷ダムを埋め尽くしたので、沙流川上流の森林の荒廃による風倒木が史上最大の降雨で流出したと考えられる。二〇〇三年以降高濃度のＳＳが続いているのは、森林崩壊により土砂流出が続いていると推定される。

全体としてみると、一九七四年以降の沙流川はＳＳが高い。これは、第一章で述べたように、川砂採取や鑑賞石の採取に森林破壊が加わって、一九七〇年代にはすでに沙流川は汚濁していたと考えられる。沙流川のシシャモは一九六七年からほとんど漁獲がなくなっているので（第一章図6）、この頃までに沙流川の清流は失われたと推定される。

北海道開発局は、私たちの質問に対して沙流川底質は泥化していないと述べている。調査結果を見ると、ある底質試料では九〇％近くが泥化しているが、他の試料では見られない。この試料は泥の表面から一㎝深のところまでのものなので、底質の表面を示しているが、他の試料は深いところまで採取したものであり、表面の情報は得られない。生物が利用するのは底質の表面であり、沙流川の底質の表面は泥化していて、シシャモなどの産卵に不適と推定される。今後、表層の底質をモニタリングすべきである。

2　サクラマスの遡上・降下障害

「アイヌ文化環境保全対策調査総括報告書」（二〇〇六年三月）の聞き取り調査結果によれば、沙流川上流では川面が真っ黒になるほどヤマメが多く生息していた。北海道開発局はサクラマス保全のために、二風谷ダムが一九九七年に竣工したときに、ダムの横に階段魚道を設置した。北海道において大型ダムに設置された初めての魚道である。開発局は、二風谷ダム魚道の評価は二〇〇四年に開催されたフォローアップ委員会の見解で示されていると述べている。フォローアップ委員会の詳細は第三章の末尾に資料で示しているが、魚道がサクラマス資源の維持に寄与していると評価している。

フォローアップ委員会が述べるように、魚道が機能していればダム上流のヤマメ密度はダム建設前後で大きく変化しないはずである。しかし、北海道開発局の調査結果を調べてみると、第三章で紹介（図12）したように、ダム上流のヤマメ密度はダム竣工後の年以降大きく減少した（佐々木、〔二〇〇七〕）。

ダム魚道をサクラマス親魚がわずかに（〇・五尾／日）遡上していることが認められている。とくに問題なのは、海に下る幼魚（スモルトと呼ばれる）のダムからの降下である。実際には、ほとんどが発電水路経由で降下して、魚道経由で降下したものはわずかに一％程度であった（図10）。

図11　スモルトの二風谷ダムからの降下試験

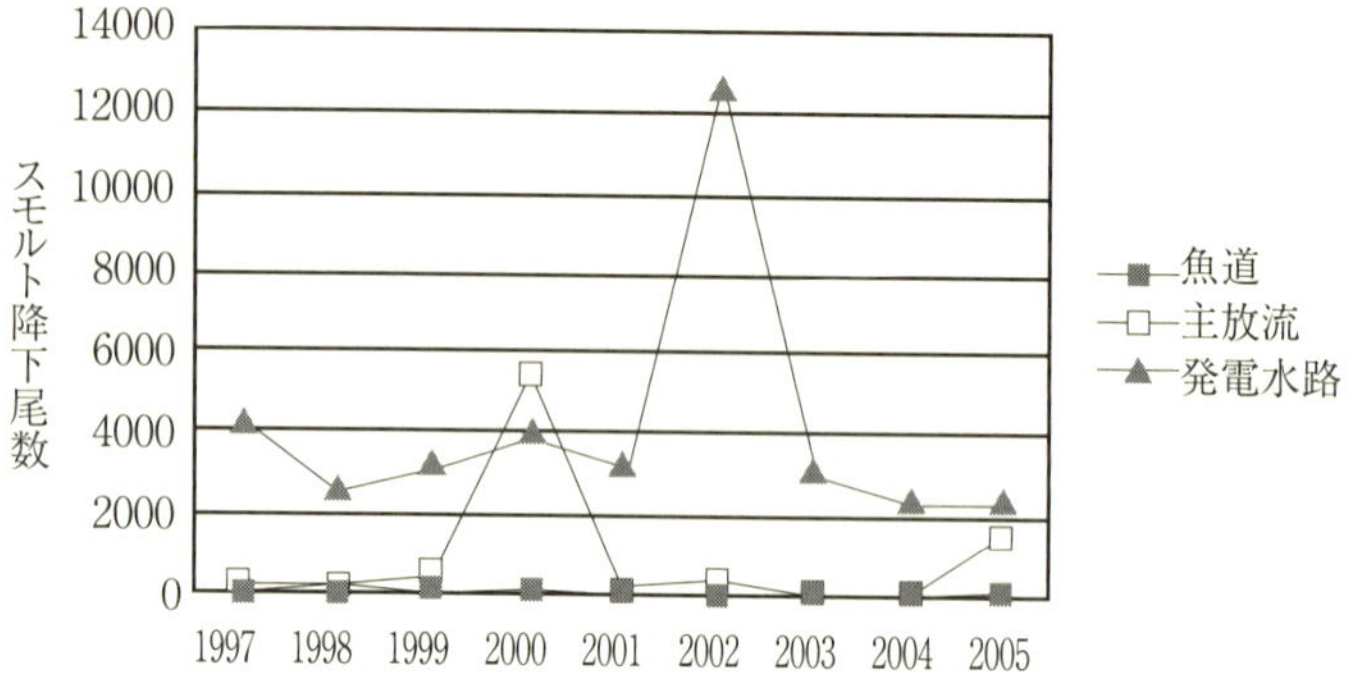

ダム下流でスモルトを採捕して、経路別降下尾数を求めた。ほとんどが発電水路を経由して、タービンによる損傷が起きる可能性が強い。魚道経由の降下は1%にもみたなかった。

第三章で述べたように、開発局は今では二風谷ダム魚道が成果をあげていないことを認めている。

第四節　アイヌ民族問題

第一章第三節の(7)および本章の治水のまとめ（第一節5の(2)）でも述べたが、平取町でもとくに額平川流域はアイヌ民族にとって聖なる流域である。

二〇〇七年三月の二風谷ダム裁判で、「(1)国は、先住少数民族であるアイヌ民族独自の文化に最大限の配慮をなさなければならない。(2)しかし、二風谷ダム建設により得られる洪水調節等の公共の利益がこれによって失われるアイヌ民族の文化享有権などの価値に優越するかどうかを判断するために必要な調査等を怠り、(3)本来最も重視すべき諸価値を不当に軽視ないし無視して、ダム建設を進めた。(4)したがって、ダム建設は違法である。(5)しかし、既に二風谷ダム本体が完成し湛水している現状においては、ダム建設を認めないのは公共の福祉に合致しないので、ダム建設を認める」という判決がだされた。裁判所は、「北海道開発局がアイヌ文化の価値を軽視もしくは無視した」と断定し、開発局は控訴しなかった（すなわち判決を認めた）のに、アイヌ民族にとって聖地である額平川流域に再びダム建設が進めているのは、大きな問題である。

この流域には、アイヌ民族が大切にしているチノミシリ（祈りの場所）など、文化的、精神的に重要な場があり、またアイヌ民族が大切にしてきた動植物が存在する。これらのことは、平取町が発行した「アイヌ文化環境保全対策調査総括報告書」に述べられている。この流域にダムを造ろうとするときには、この流域のアイヌ文化の価値をどのように認識しているのか、そのような認識に立ってもダムが必要という根拠は何か、ダムなしでも治水が可能かどうかを徹底的に検討することが必要である。しかし、そのような徹底的な検討はされていないし、すでに詳しく述べてきたように、平取ダムは二風谷ダムの堆砂の二の舞となる可能性が高く、建設すべきでないと考えられる。むしろ現在、川砂採取や、とくに鑑賞石採取および無計画な森林伐採により荒廃した額平川流域を、アイヌ文化にふさわしい場に回復していくことに予算を使うべきである。森林が整備されれば、アイヌ文化の再生とともに、土砂流出や急激な出水を防ぐことが可能である。

二〇一二年九月十日に示された沙流川総合開発事業平取ダムの検証に係る検討報告書には、治水についても、利水についても、アイヌ民族については判で押したように、以下の文章が述べられている。「信仰の場や植物等の資源確保の場などアイヌの文化的所産に配慮する必要がある。『現計画案』は、平取ダム建設予定地周辺について、アイヌ文化的所産に与える影響について調査を行なっている」。ダム建設がアイヌ民族の文化にどのような影響を与え、影響をなくすまたは緩和するために何を行なうのかを明示せず、ただただ「調査を行なっている」と述べているだけであり、調査の結果どうであったかについてまったく触れていない。繰り返しになるが、開発局は、調査だけは実施したとしても、二風谷ダム裁判で厳しく問われたアイヌ文化の軽視・無視を続けている。日本の貴重な歴史遺産であるアイヌ文化を無視する開発局のダム建設を国民の力で阻止する必要がある。

引用文献

佐々木克之（二〇〇七）「沙流川二風谷ダムダムのサクラマスへの影響とサンルダム問題」、『北海道の自然』（北海道自然保護協会会誌）第四五号、一六―二二頁。

第五章　当別ダムの検証

当別ダム（北海道石狩郡当別町）は、石狩川水系当別川に建設される総貯水容量七四五〇万㎥の多目的ダムである。事業目的は、洪水調節、灌漑用水、水道用水、流水の正常な機能の維持とされている。一九八〇年に北海道が事業着手した。北海道が予備調査を行なったのは一九七〇年にさかのぼり、計画から四〇年以上が経過している。

当初の目的は当別川の洪水調節だったが、一九九二年に札幌市、小樽市、石狩市、当別町に水道用水を供給することも目的とされ、北海道と上記四市町により「石狩西部広域水道企業団」（以下、企業団）が設立された。総事業費は、六八四億円となっているがダム建設に伴う国営灌漑排水事業の一八七億円、水道広域化施設整備事業の約六〇〇億円を含めると一四〇〇億円を超える巨大公共事業である。

ダムには利権も絡むというが、高橋はるみ北海道知事は知事権限により指名停止業者まで参加させて入札を強行した。知事は、二〇〇八年八月に多くの道民の疑問の声を無視して当別ダム本体工事に着手し、昼夜兼行三〇〇人体制で突貫工事を進めた。その結果、ダムの堤体が完成し二〇一二年三月に試験湛水が始まった。

私たちの検証では、ずさんな治水計画によってダムが造られ、水道水について、札幌市の場合は極めて過大な見積もりを行ない、その他の市町村ではダムに依存する必要がないのにダム依存としたため水道料金の値上げとなり、さらにダム湖の水質悪化により、まずくて高い水道水となることが懸念される。

図1　当別川の治水目標

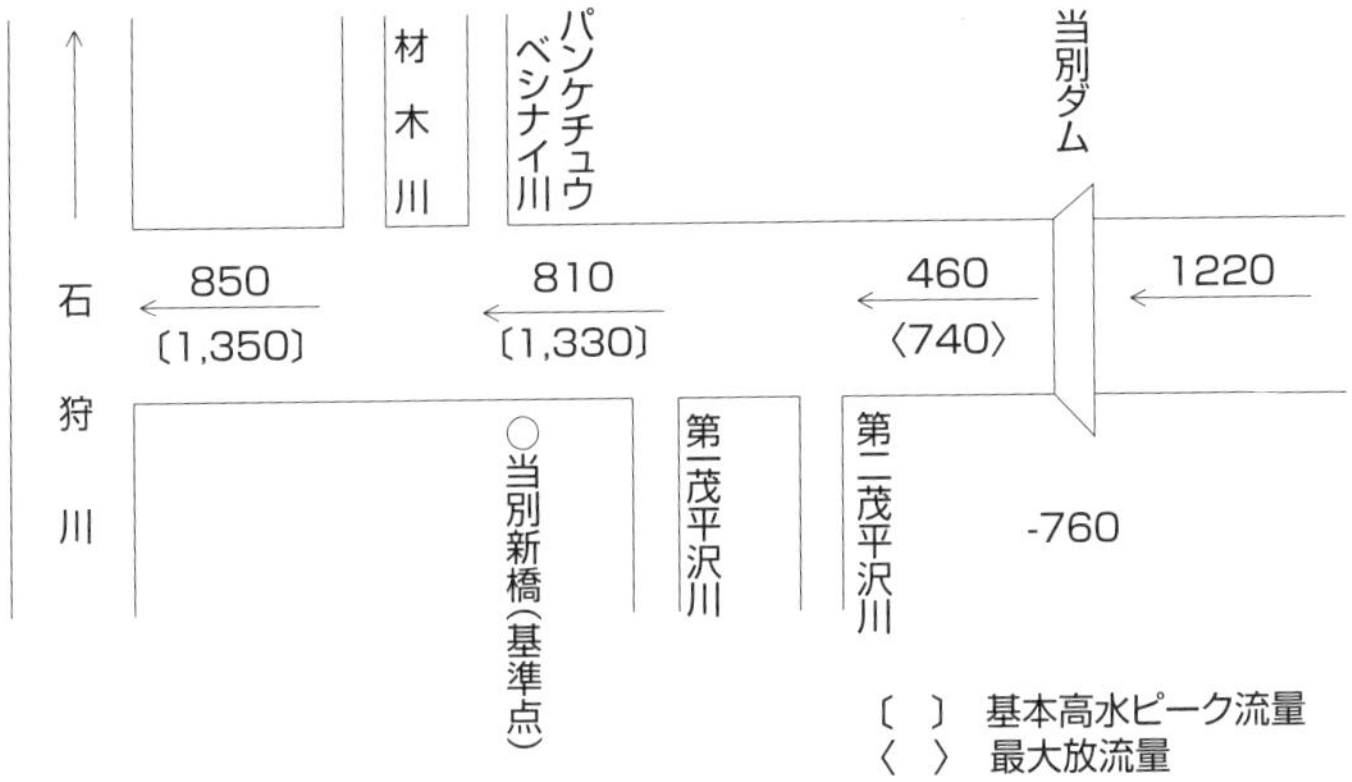

目標流量＝基本高水流量（1,330㎥／秒）、計画高水流量（810㎥／秒）

第一節　治水の検証

1　治水目標

河川整備計画では、「昭和五六年八月の既往最大洪水を踏まえて概ね五〇年に一回程度の確率で発生する洪水に対して、中下流の資産集積地域を防御することを目標とする」として、図1に示すように、基準点（当別新橋）で一三三〇㎥／秒として、当別ダムで五二〇㎥／秒調節して、当別川に八一〇㎥／秒流れるようにすることによって水害を防ぐということになっている。この一三三〇㎥／秒は、いわゆる基本高水流量と同じ性格のものである。

基本高水は、ダム建設や堤防整備の前提として目標とする洪水時の河川の最大流量を意味して、具体的な流量は国や地方自治体が川ごとに決めることになっている。

多くの河川（例えば天塩川）では、基本高水流量が大き過ぎてすぐにこの流量に対応するのが困難な場合が多く、その場合は当面の対応として基本高水よりは少ない目標流量を決めて、その流量で水害を起きないように対処することになっている。当別川の場合は、後述するように、基本高水に相当するもっとも大きい流量が、そのまま目標流量になっている。

2 戦後最大の洪水の検証

当別川の戦後最大の洪水は一九八一年八月五日であった。私たちが、札幌土木現業所（現札幌建設管理部）に、氾濫の原因（破堤、越水、内水氾濫など）を照会したところ、そのことを記載した文書を探したが見つからなかったとの回答を得た。したがって、治水計画を立てる上で、一九八一年洪水の実態把握を行なわずに、整備計画を決めたことが明らかとなった。洪水の実態把握をせずに作成した河川整備計画は机上の空論というべきである。

そこで私たちは調べてみた。洪水後に開催された当別町議会の議事録には、「九月八日に、開発局、道庁、札幌土木現業所に対し、美登位排水機場の増設及び基線川樋門の改修並びに基線川の改修、一八線排水機場の早期新設、八幡排水機場の増強と早期完成材木川の改修と排水機場の早期完成を陳情し、その実現に努力する」と記されている。

この議事録を見ると、ダム建設の要望はなく、排水機場の増設、樋門と河川の改修を陳情していて、内水氾濫対策を強く要望していた。堤防強化の要望が出されていないところを見ると、破

図2　1981年8月洪水による浸水区域

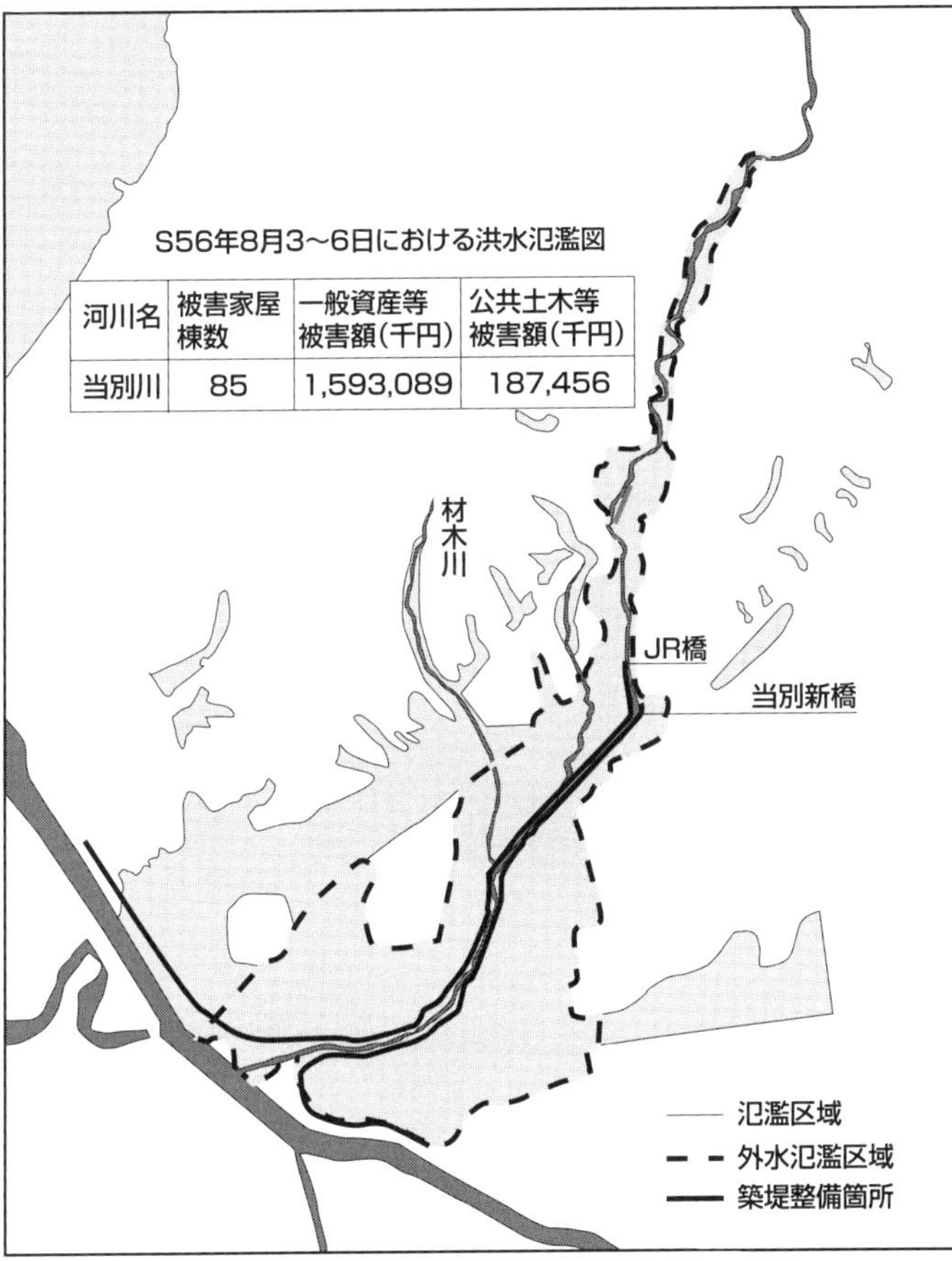

河川名	被害家屋棟数	一般資産等被害額(千円)	公共土木等被害額(千円)
当別川	85	1,593,089	187,456

アミ部分が氾濫域、太い実線が堤防：当別川の流域界、点線部分が外水氾濫域を示す（見にくいが当別川の両側に広がっている）（平成１７年度公共事業再評価　当別ダム建設事業について－知事評価説明書補完資料（平成17 年12 月16 日）－掲載資料）

堤（外水氾濫）はなかったと推測される。

このことは、一九八二年六月に科学技術庁の国立防災科学技術センターがまとめた「昭和五六年八月三日から六日にかけての前線と台風による石狩川洪水被害及び日高地方土砂災害調査報告書」に明らかにされている。そこには「当別川の氾濫は内水氾濫である」ことが明記されている。

ところが、私たちが二〇一二年四月に北海道建設局河川課に行って質したところ、平成十七年の再評価資料に氾濫域が外水によることが示されていると述べた。調べてみると、「平成一七年度公共事業再評価　当別ダム建設事業について―知事評価説明書補完資料（平成十七年一二月十六日）」に、「昭和五六年八月三〜六日における洪水氾濫図　資料三」（図2）があり、当別川流域はすべて外水氾濫としてある。上記のように、札幌土木現業所に尋ねても、当時の文書は見つからなかったと回答を得ており、さらに国立防災科学技術センターまとめでは、すべて内水氾濫と記載し、当時の当別町議会議事録を見ても内水氾濫しか推定できないのに、なぜ再評価では外水氾濫となっているのか、極めて問題である。その後、さらに調べてみると、北海道開発局の石狩川（下流）河川整備計画（二〇〇七年）に、一九六一年八月洪水時には当別川流域は内水氾濫であることが示されている（図3）。

二〇一二年十月に、このことについて当別ダム関係者に聞くと、一九八一年八月の洪水直後に発行された当別町の広報に、「損壊した堤防」という記事があることなどを総合的に判断した、

図3　1961年8月上旬石狩川下流洪水氾濫実績図

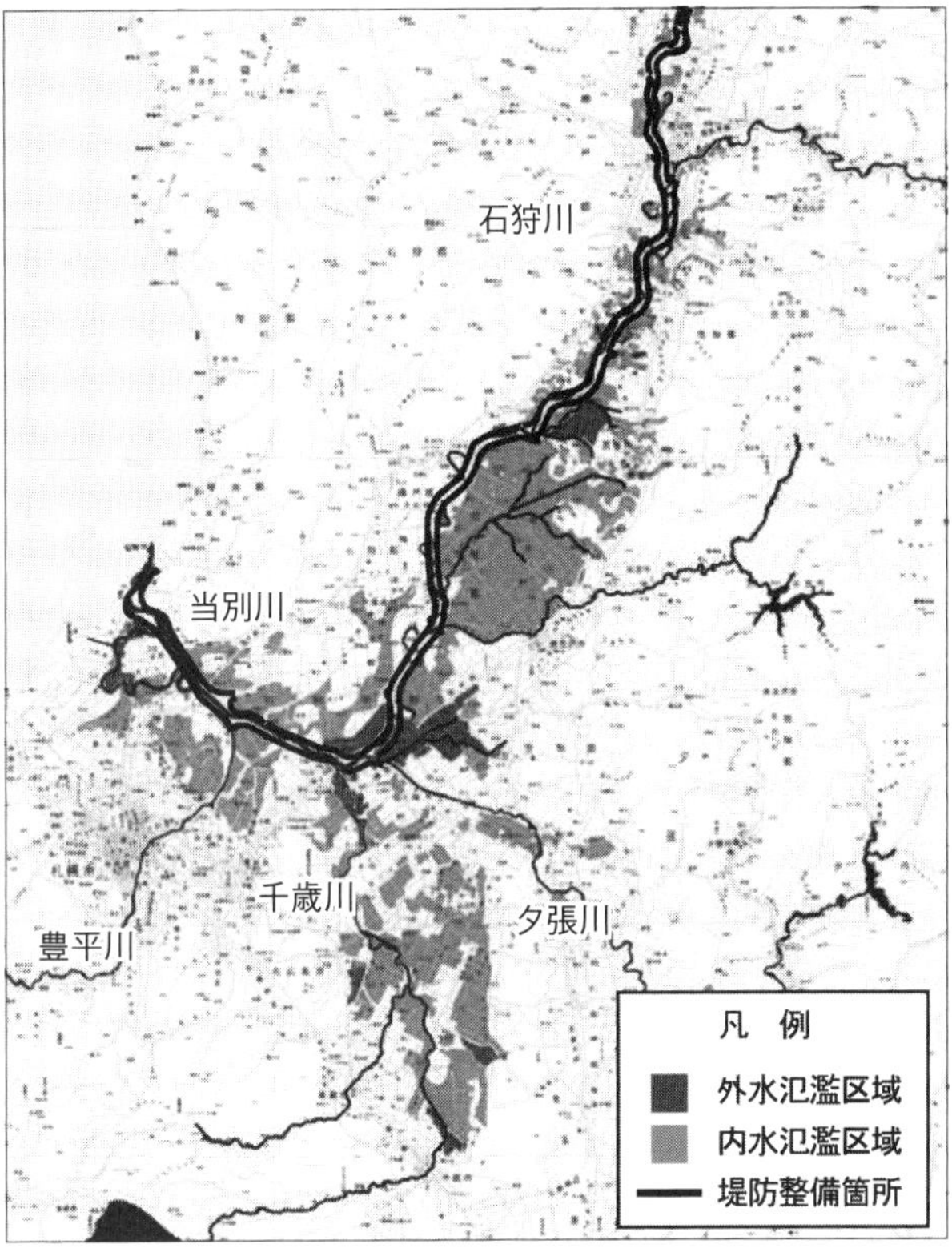

河川名は追加記載

石狩川（下流）河川整備計画（北海道開発局、2007年）より引用

開発局の図は、石狩川について述べているので、石狩川による内水氾濫であり、当別川についてでは述べていないと反論した。しかし、広報は時系列で出来事を述べているが、堤防決壊についてでは記していない。また、開発局の図では、石狩川だけではなく、夕張川、千歳川などについての氾濫状況を示している。何よりも、台風の一カ月後の町議会で、内水対策だけが要望されているのをみると、外水氾濫による問題はなかったと考えられる。

これらの資料を見る限り、図2の外水氾濫記載は、きちんとした根拠がなく、北海道として外水氾濫であってほしい、との願望から生まれた可能性が高い。図2は、北海道の二〇〇五年の資料である。その四年前二〇〇一年一月から開催された「当別川河川整備計画検討委員会」に参加した山田明美委員は、図2と類似しているが、外水氾濫を示す点線のない図がだされたと述べている。二〇〇一年から再評価の二〇〇五年の間に、なぜか急に外水氾濫したことになったわけだ。はっきりしていることは、当別川の治水対策を、戦後最大の洪水であった一九八一年の洪水氾濫の実態を調べることなく検討したことであり、河川整備計画そのものの信憑性《しんぴょうせい》（情報や証言などの、信用してよい度合）が疑われることになる。一九八一年の洪水氾濫が内水氾濫であれば、ダムではなく、当時の町議会の要望通り排水機場を設置することが基本になり、ダムは不要である。ダム建設の要望は、住民要求に基づいたものではなく、北海道による自作自演の可能性がある。

図4　当別川・当別地点の年最大流量の推移

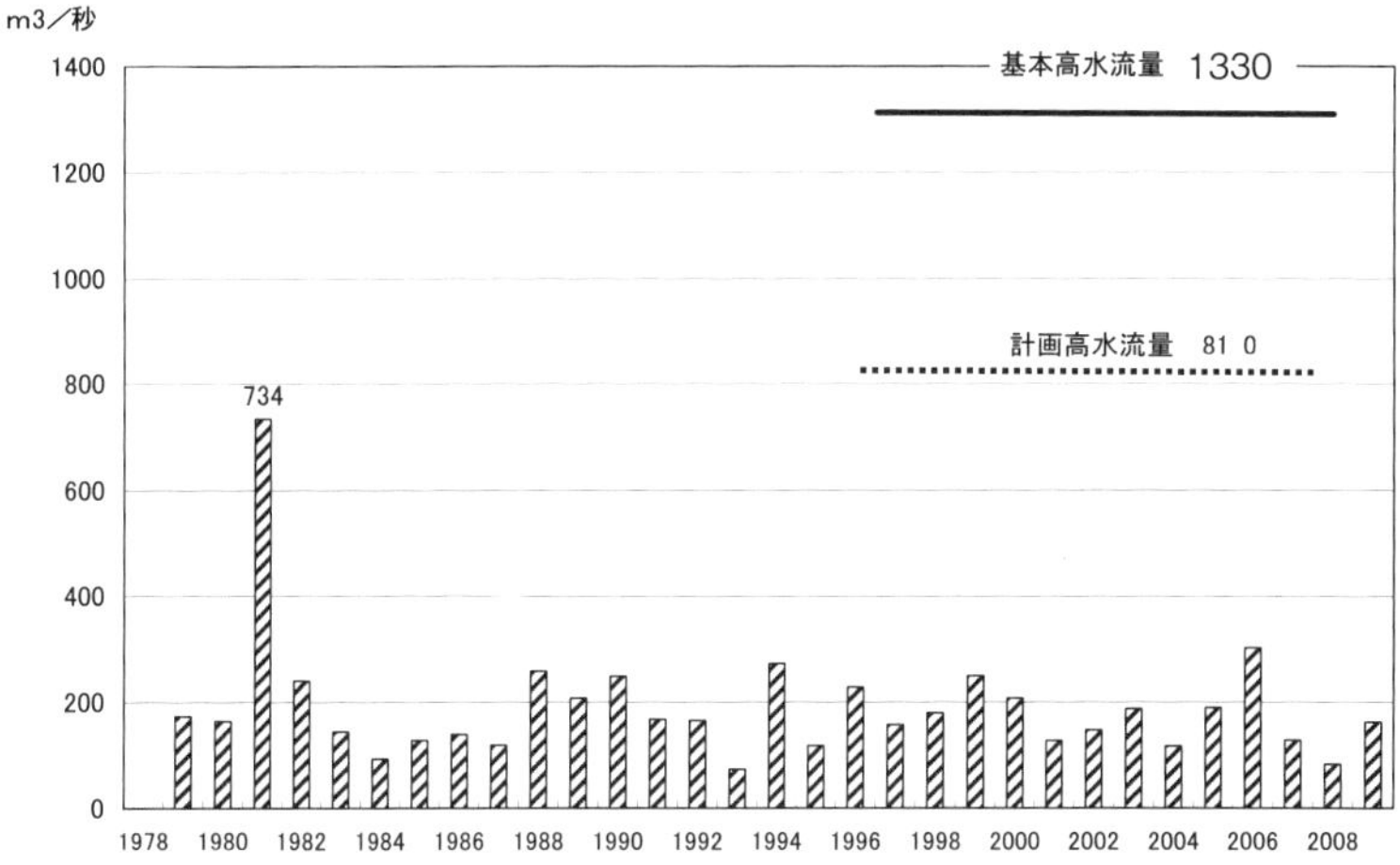

（北海道空知総合振興局の資料より作成）

計画高水流量は、基本高水をダムで調節した後のダム下流の流量をいう。
第3回検証会嶋津資料より引用

3　恣意的に決められた基本高水

当別川の疑似基本高水（正確には、引き伸ばし計算ピーク流量）は、図1に示すように、基準点で一三三〇㎥／秒として、当別ダムで五二〇㎥／秒調節して、当別川に八一〇㎥／秒流れるようにすることによって水害を防ぐということになっている。では、当別川で最大の流量はどの程度だったのだろうか。図4に示されているように、一九八一年の七三四㎥／秒であるので、引き伸ばし計算ピーク流量一三三〇㎥／秒は実績最大流量の一・八倍になる。

北海道は、二〇〇一年一月に開催した「当別川河川整備計画検討委員会

（第一回）」で、当別川の疑似基本高水を次のようにして決めたと述べている。

五〇年に一度の洪水を仮定して、四八時間雨量を二三〇㎜とする（これを計画雨量という）。計算対象の各洪水の四八時間雨量を二三〇㎜に引き延ばして（雨量が一一五㎜であれば引き延ばし率は二三〇／一一五＝二・〇となる）、洪水流出計算を行ない、各洪水のピーク流量を求める。北海道が示した雨量、引き伸ばし率、各洪水の計算ピーク流量を表1に示した。

国交省は基本高水の求め方を以下のように述べている、「基本高水のピーク流量は、過去に生じた複数の降雨（実績降雨群）の雨量を計画雨量まで引き伸ばして、適当な洪水流出モデルを用いて洪水ピーク流量を求める。得られたピーク流量から基本高水を選択するが、どのハイドログラフを基に基本高水を決めるかについては慎重な検討が必要である」。すなわち、いくつかの洪水ピーク流量は得られるが、そこから基本高水を決める方法はあいまいである。

表1をみると、北海道は九つの洪水事例について計算したことを示している。実績最大流量は七五二㎥／秒なのに、基本高水は引き伸ばしによって最大一三二八㎥／秒となった。北海道は、この結果から最も大きい数値の一三二八㎥／秒を疑似基本高水と定めた（実際には一三三〇㎥／秒としている）。なぜこれが疑似基本高水なのかについて、北海道の担当者は「我々といたしましては、流域内の人たちの生命と財産を守るということで、最大流量となっている三番目の最も大きい流量を基本高水とする」と述べている。

そもそも、ある仮定をおいて計算した個々の基本高水流量に妥当性があるのか疑問である。計

表1　引き伸ばしピーク流量の計算結果

No	洪水型	実績雨量（mm）	引き伸ばし率	引き伸ばしピーク流量（㎥／秒）
1	S36.7.25	230.01	1.000	752
2	S37.8.3	160.95	1.429	895
3	S47.9.10	127.16	1.807	1328
4	S46.9.4	129.12	1.781	808
5	S48.8.17	100.09	2.298	1024
6	S50.8.3	155.71	1.477	862
7	S56.8.3	272.75	1.000	712
8	S56.8.21	149.65	1.537	773
9	S60.9.6	107.22	2.145	594

北海道が河川整備計画検討会で示したもの、左から、No（番号）、選ばれた洪水事例（昭和年月日）、実績雨量、引き延ばし率、引き伸ばしピーク流量。引き延ばし率は計画雨量（230mm）/実績雨量で求めている。No.1とNo.2は実績雨量が計画雨量を越えているため、基本高水は実績ピーク流量である。

画雨量を超えたNo.1（昭和三十六年・一九六一年）とNo.7（昭和五十六年・一九八一年）の引き伸ばしピーク流量は、当然ながら実績ピーク流量を用いていて、それぞれ七五二㎥／秒と七七三㎥／秒である。一方、同じ計画雨量のNo.2〜No.6までは、八六二〜一三二八㎥／秒であり、実績に比べて計算で求めたピーク流量は大きくなる傾向がある。

当別川の目標とする流量は五〇年に一度の洪水を対象としている。一九六一年以降すでに五〇年を経ているが、いまだに最高流量は一九八一年の七三四㎥／秒である。北海道が決めた一三三〇㎥／秒はかなり過大な可能性が高い。先に述べたように、国交省のマニュアルでは、基本高水を決める明確な基準はないので、基本高水として北海道が最大流量を選んだのは恣意的であると言わざるを得ない。

基本高水を想定によって求めていることが大きな問題である。自然現象は予測がつかないことは、

3・11東日本大震災で誰もが認識したことである。北海道が計算したことが当たる可能性もあるが、はずれることもある。第二章で述べたように、基本高水が当たる（想定の場所の想定の雨量による想定のピーク流量）のはバクチでうまくいくようなものである。

最近よく起きる集中豪雨がダム下流におきればダムは何の役にも立たない。このような想定で治水を行なうのは、宝くじに当たることを願っていることに似ている。まずは現実を直視して、また地域住民の声を聞いて治水上もっとも危ういところから始めることが確率の上からも妥当である。一九六〇年代までに行なわれた実績最大流量を目標流量に決めれば、当別ダムの必要性はなくなるので、この基本高水を目標流量とすることに決定したのは、ダムを建設する意図によると考えられる。

当別川の洪水については、すでに述べたように住民の要求は内水氾濫対策であった。そのためには、一九八一年洪水の実態を調べて、治水上どこに問題があったかを調べて対応するのが基本である。それなのに、北海道は内水氾濫ではなく、外水氾濫だとして、出発点から異なっている。その上で、住民の安全を守るには想定流量が大きければ大きいほどよいという、まったく具体性のない根拠で基本高水を決めている。そのようにすると、一般論であるが、ダム建設に多額の予算を投入することによって、本来行なうべき堤防強化や河川改修が後回しになり、結果として安全な治水から遠ざかる。このような巨大なダムを造っても一〇〇年近く経過すると莫大な費用を用いて取り壊さなければならない。私たちは、当別ダムの治水計画は、治水ではなく、ダムを造ることしか考えないずさんなものであったと考えている。

4　治水のまとめと私たちの提案する治水対策――当別川治水計画の重大な問題点

過去最大の洪水実績について検討し、計画の見直しを行なう

一九六一年八月の過去最大の氾濫は、基本的には内水氾濫であった。したがって、治水計画は内水氾濫対策が基本となるが、治水計画ではそのことに触れず、実際と異なる外水氾濫であったと述べて、計画を進めた。

現実を見ない治水計画は、見直す必要がある。強引にダム建設を進めて、すでにダムは造られたが、実効ある治水を行なうために、現実を直視する必要がある。具体的には、①内水氾濫対策。②ダム上流および下流の堤防点検と必要に応じた強化。③水質監視を行ない、将来のダム撤去も視野にいれたモニタリングを行なう――こと。

初心に帰った見直し

目標流量を計画流量の八一〇㎥／秒とする

ダムは造られたが、初心に帰って見直すことを提案する。私たちの提案を以下に述べる。

第三章と第四章で述べてきたが、想定による基本高水や目標流量ではなく、実績最大流量に基づく目標流量とすべきである。北海道が決めた目標流量（一二三〇㎥／秒）は、一九八一年の戦後

最大の洪水の実態をまったく検討せずに、恣意的に決められた。一九八一年当時、当別町民は内水氾濫防止の要望を北海道に上げていた。このことを基本に目標流量を決定すべきである。私たちは、実績最大流量が七三四㎥/秒であることを考えると、河川整備計画で計画目標流量とした八一〇㎥/秒を目標流量として対応することを提案する。図5をみると、距離約四〜八㎞の主に国の直轄域は計画目標流量八一〇㎥/秒より流下能力は不足しているので、河川改修などで対応する。茂平橋から直轄区域まででは、ほぼ流下能力は十分である。それより上流の計画目標流量四六〇㎥/秒区域では、ところどころ流下能力不足域があるので、その区域では堤防強化や河川改修で対応する。このように考えると、当別ダムは不要であることがわかる。

堤防整備と河道改修の再検討

すでに述べたように、図5をみると北海道開発局が担当している直轄区域で、目標流量より少なく、氾濫の危険がある。当別川の治水を考えるのであれば、当別ダムを造るより直轄部分の河川改修に予算をつけるべきであった。

想定外の多量の降雨への対応

この点については、第二章第二節2で述べたのと同様な考え方で対処する。「どのような規模で起こるかわからない洪水に対して住民の生命を守るのが治水の目的であり、そのことを基本に対策を講じる。そのためには、ダムに頼らず、流水の分散、河川改修、決壊しない堤防やいざという時の避難などハードとソフトを工夫して対応する。とくに決壊しない堤防の整備が重要である。

図５　当別川の現況流下能力

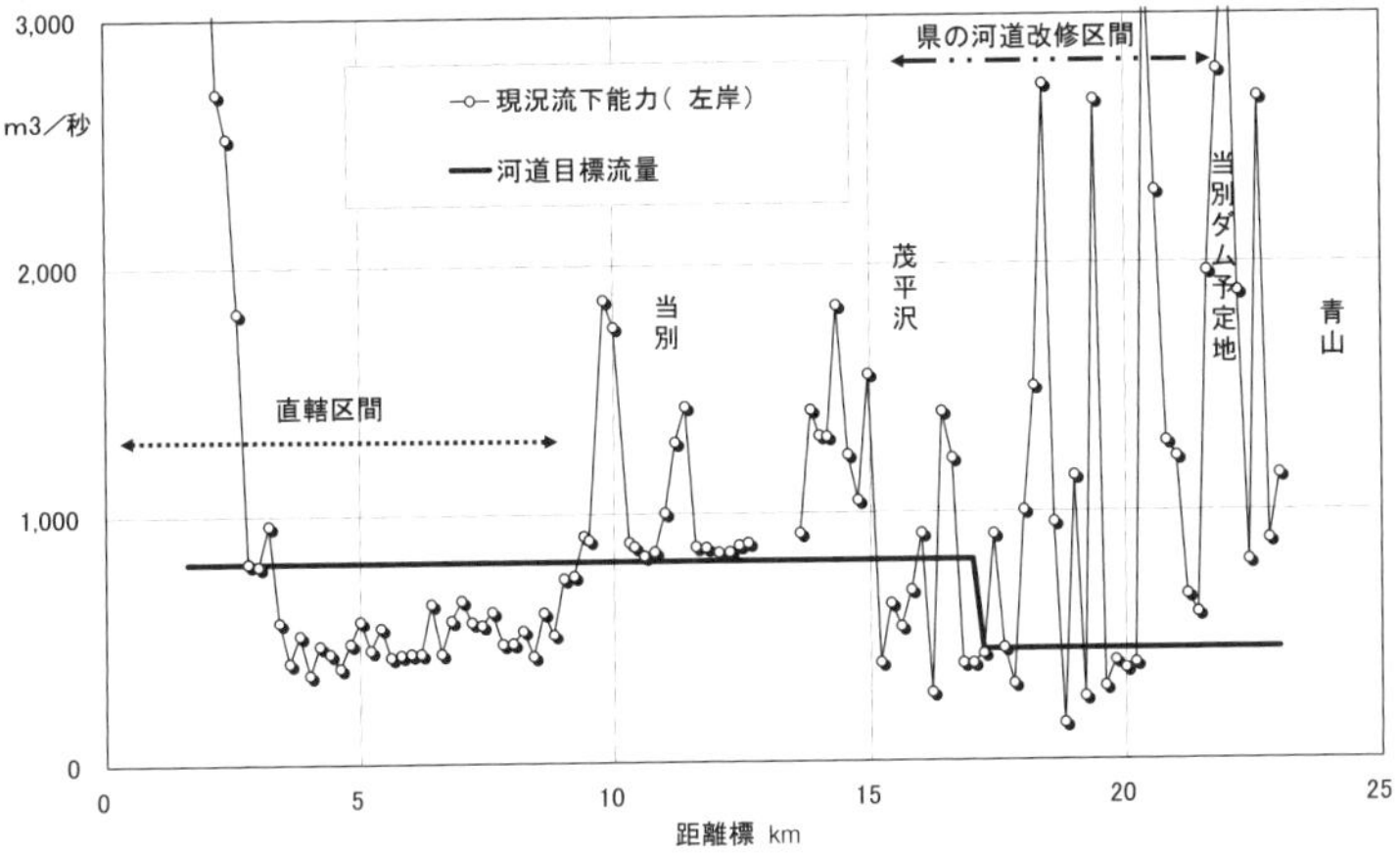

（北海道空知総合振興局の資料より作成）

この図では、当別川が石狩川と合流する地点を距離ゼロとしている。0～7.4ｋｍの間は直轄域であり、国管理となっている。図6～図8の距離－7.4ｋｍをゼロとして比較していただきたい。　（第3回検証会、嶋津資料）

そのことによって、過去最大の流量を越える洪水が起きても、被害を最小にすることができる」

第二節　利水の検証

1　水道水

当別ダム水利権による予定給水量

一九九二年に、札幌市、小樽市、石狩市、当別町に水道用水を供給することも当別ダムの目的とされ、北海道と上記自治体により石狩西部広域水道企業団が設立された。当別川で取水した上水を四市町の水道用水に供給する計画である。最終的な計画給水量は、札幌市四万四〇〇〇㎥／日、小樽市三一〇〇㎥／日、石狩市二万一一〇〇㎥／日、当別町九六〇〇

表2　石狩西部広域水道企業団に参画している各受水自治体の給水量（㎥/日）および給水人口の見直し結果

	1992年度			1999年度見直し		
	給水量	人口	目標年度	給水量	人口	目標年度
札幌市	170,000	2,200,000	2035年	48,000	2,174,000	2035年
小樽市	6,000	150	2015年	6,000	150	2015年
石狩市	39,100	85,000	2015年	39,100	85,000	2027年
（新港分）	（6,500）	（200）	2015年	（6,500）	（200）	2027年
当別町	10,600	25,000	2015年	14,600	32,500	2024年
合計	225,700	2,310,150		107,700	2,291,650	

	2004年度見直し			2007年度見直し		
	給水量	人口	目標年度	給水量	人口	目標年度
札幌市	48,000	2,174,000	2035年	44,000	1893000	2035年
小樽市	4,000	150	2035年	3,100	150	2035年
石狩市	30,600	77,500	2035年	21,000	53,780	2035年
（新港分）	（5,500）	（40）	2035年	（4,960）	（40）	2035年
当別町	11,700	24,400	2035年	9,600	16,860	2035年
合計	94,300	2,276,050		77,800	1,963,790	

安藤（2009）からの引用

㎥／日となっている（表2）。給水予定年度は、二〇一三年度から、小樽市、石狩市、当別町へ水道用水が供給される。しかし、水あまり状態の札幌市へは、一二年後の二〇二五年の予定である。

水道企業団の二〇〇七年度の再評価資料をみると、水道事業の総事業費は七七八億円という高額である。具体的には取水施設、送水施設、浄水施設および配水施設であるが、最も経費が必要なのは送水施設で、約三〇〇億円である。二〇〇七年までの送水施設実績が一七七億円で、残りが一二三億円となっている。

送水施設は、当別ダムから取水（→浄水場へ）→当別分岐点（一部当別町へ）→石狩川を越える→花川分岐点（石狩市と小樽市へ分水）→札幌分岐点（→札幌市へ配水)。送水施設の総延長距離は五三・六kmで、予算は三〇二億円であり、一kmあたり五・六億円（一mあたり五六万円）である。

経過と問題点―計画給水量の大幅減少

当別ダムは、多目的ダムのため、治水は北海道、灌漑用水は開発局、水道用水は石狩西部広域水道企業団と所管が三つに分かれ、各機関はそれぞれ五年に一度再評価を実施している。ところが、再評価委員会のほとんどの委員は事業者側と同様の意見を有することが多く、真に実効性のある見直しが行なわれ得るかどうか疑わしい。

ダム建設の主目的である利水は、人口減などを理由にどんどん下方修正された。一九九二年度の計画当初は給水人口約二三一万人、一日最大給水量二二万五七〇〇m³/日だったが、二〇〇七年度に実施された三回目の再評価では、給水人口約一九六万人、給水量は七万七八〇〇m³/日へと、約三分の一に大幅減量となり、利水の面からも必要のないダムということが明らかになった。とりわけ、札幌市の見積もりの変化は驚くべきである。一九九二年に必要給水量を一七万m³/日としていたが、二〇〇七年には四万四〇〇〇m³/日（二六％）へ一二万六〇〇〇m³/日減少させた。人口見積もりではそれほど大きく変化がない状態でこれほど減少させるのは異常である。他の市町村では、小樽市六〇〇〇→三一〇〇m³/日(五二％)、石狩市三万九一〇〇→二万一一〇〇m³/日(五四％)、当別町一万六〇〇〇→九六〇〇m³/日(九一％)、これら三市町の合計でみた、五万五七〇〇→三万五六〇〇m³/日（六四%）と比較すると、札幌市が見積もりを異常に減少させていることがわかる。当初必要量が二二五七〇〇m³/日であったのが、最終的に七万七八〇〇m³/日（三四%）へ一四万七九〇〇m³/日も減少した主要な原因は札幌市にある。

以下の検証で述べるが、札幌市の水道水の必要性がないことは明白である。この事業が認可されたときに札幌市が必要としたのは一七万m³/日であった。このような過大な見積もりを出さなければ、七〇〇億円を超えるこの水道事業は認可されたかどうか疑問であり、当別ダム建設に果たした札幌市の責任は大きい。

札幌市の過大な水道水需給予測

札幌市は、当別ダム参画を合理化するために、①十分ある保有水源を減らし、②そのうえ、過大な水道水需要予測を作った――いわば、二段構えのしかけによって当別ダム建設を推し進めたと考えられる。①は豊平川水道水源水質保全事業と関連し、②は今後人口が減少するのに、二〇三五年までに現在の水道使用量が三〇%以上増加するという予測である。

2　豊平川水道水源水質保全事業（バイパス事業）

石狩西部広域水道企業団によって設置された事業再評価委員会における札幌市の水道水必要供給量は、一九九二年の認可時には一七万m³/日であった。一九九九年には一挙に四八〇〇〇m³/

日へ減少し、二〇〇四年も四万八〇〇〇㎥／日であった。

このときの札幌市の説明は、「平成四十七年度の札幌市全体の水需用量は、一日最大一〇一万三〇〇〇㎥が見込まれ、札幌市が自ら供給可能な一日最大九六万五〇〇〇㎥を超過する四万八〇〇〇㎥を水道企業団から受水することとしたものであり、現段階においても同量を見込んでいます。」であった。わかりにくいが、保有水源は一〇一万三〇〇〇㎥／日あるが、浄水場の機能が九六万五〇〇〇㎥／日しかないので、四万八〇〇〇㎥／日を当別ダムから給水を受けたいということのようだ。そうであれば、浄水場の機能を高めればよいと考えられるのになぜダムなのか理解しがたい。

二〇〇七年の見直しでは、それまでの必要量四万八〇〇〇㎥／日から四万四〇〇〇㎥／日に減少するとともに、次の一文が入っていた。「給水量については、一日最大給水量の最大値が一〇一万三〇〇〇㎥／日（平成四七）から八七万二〇〇〇㎥／日（平成四七）に変更となる見込みである」。しかし、この変更理由は示されていなかった。

その後、二〇〇七年の札幌市議会建設委員会で、札幌市は豊平川水道水質保全事業のために保有水源から一四万七〇〇〇㎥／日を使ってしまうと説明があり、札幌市の保有水源が一〇一万三〇〇〇㎥／日から八七万二〇〇〇㎥／日へ減少する原因が示された。このことは、開示請求資料における札幌市の以下の見解でも明らかになった。「札幌市全体の既得水源として一〇三万五二〇〇㎥／日を確保しているが、豊平川水道水源水質保全事業で一四万七〇〇〇㎥／日を使用する

図6　札幌市が計画している豊平川水質保全事業の概念図

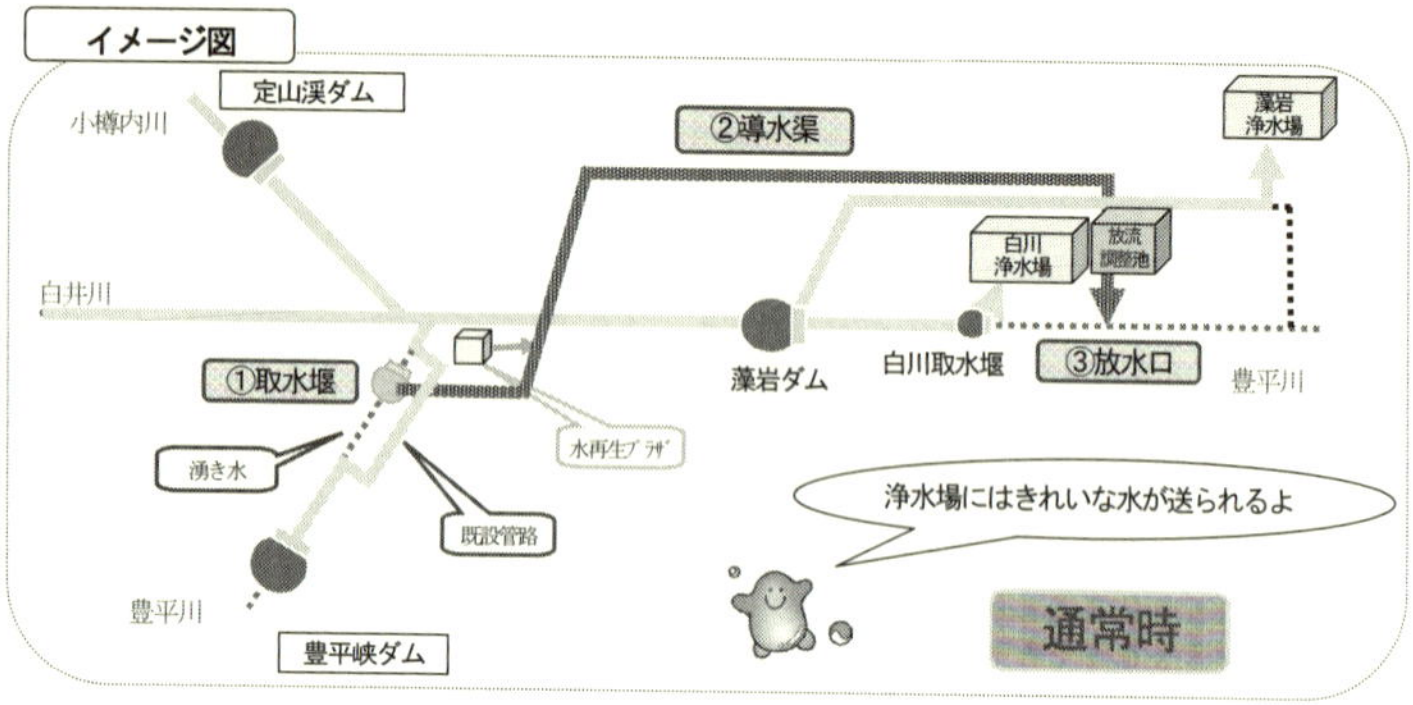

①取水堰：温泉水の下流に堰をつくり、温泉水を下流に流さず、②導水管（直径2m、約10km）を通じて白川浄水場下流で豊平川に流す。豊平峡ダムの水を温泉水を迂回して豊平川に流す。

札幌市「豊平川水道水源水質保全事業の概要」から引用

ため、水道として利用可能な水源量は八八万八二〇〇㎥／日となる。なお、この水源量から浄水場で必要な水量を差し引いた給水可能な水量は八二万八〇〇〇㎥／日である」。この一四万七〇〇〇㎥／日の水利権を失うことがなければ、札幌市は当別ダムに参画する根拠がなくなるので、当別ダムのためにわざわざ水利権を放棄して水質保全事業を始めた可能性を指摘したい。

札幌市の豊平川水道水質保全事業は以下のように説明されている。札幌市の水源の大部分は豊平川上流の豊平峡《ほうへいきょう》ダムと定山渓《じゅうざんけい》ダムにある。豊平川上流を水源とする豊平峡ダムの下流には温泉地で有名な定山渓があり、その下流で小樽内《おたるない》川を水源とする定山渓ダムからの水と合流して、下流の白川浄水場で上水が整えられて、市内に配水されている。札幌市（水道局）は、定山渓温泉付近の河川中に高濃度のヒ素が存在しているので、定山渓温泉下流に堰をつくり、堰から約一〇㎞の導水管を通じて白川浄水場下流の豊平川に放流し、さらに定山渓温泉上流の豊平川の水を、定山渓温泉を迂回する導水路を通じて定山渓温泉の堰の下流に流すことによって豊平峡ダムの水が豊平川に流す事業（図6参照、総工費一八七億円）を始めようとしている。

白川浄水場では、ヒ素を含め水質は監視員が交代で二四時間モニターしていて、水質が異常値を示せばただちに対策がとられるようになっている。過去にヒ素濃度が高くて浄水場の取水をストップしたことは一度もない。定山渓温泉のヒ素などの濃度がある程度高くても、いくつかの支流が豊平川に流入するので、ヒ素などは希釈され、さらに浄水場でヒ素が除かれるからである。私たちは、過去に一度も基準を超えたことがないのに、多額の予算をつぎ込むことは問題であるとして反対している。この事業は二〇一二年四月現在はまだ認可されていない。

3　札幌市の過大な水道水補給量予測

総務省からの札幌市水道水予測に対する指摘と私たちの対応

総務省では、毎年度、各行政機関が実施した政策評価について、評価の妥当性に疑問が生じた場合、評価の内容に踏み込んだ点検を行なっている。二〇〇九年三月に「札幌市が二〇〇八年度に行なった再評価における水需要予測は、直近一〇年間の実績値は横ばいであり、近年の実績値の動向を踏まえて推計を行なうべき」と指摘した。だが、総務省は、札幌市の「一世帯当たりの人数の減少によって一人当たりの水道水使用量が増加する」などの根拠のない厚生労働省の説明を最終的には納得して、札幌市の推計を妥当とした。

私たちは、札幌市の水道水需要予測の根拠について検討した。その結果、家庭用水道水、および非家庭用水道水の需要が増加するとする根拠は、現実を無視したものであることを、以下に述べるように明らかにした。札幌市の需要予測を妥当とした総務省や厚生労働省は、監督官庁としての責任の果たし方に疑問が残る。とくに総務省においては、実績とあまりにも大きく乖離している札幌市の予測について、実績値に基づいて厳密な再検証を行なうことが必要である。

私たちは、総務省が厚生労働省の説明を是認したことを取り消し、科学的な推計を行なうよう、二〇一二年四月二十五日に、以下の内容の要望書を総務大臣に提出したが、現在のところ回答はない。

総務大臣宛て要望事項

——貴総務省は、二〇〇九年三月、札幌市の水道使用水量推計について「札幌市の水道水使用水量が近年横ばいなのに、二〇三五年まで増加する根拠として、一人一日あたり使用水量が増加し続けることを根拠としていることについて、その妥当性に疑問がある」との見解を示しました。これに対して、厚生労働省は、「世帯数当たりの人数の減少傾向にあり、それに伴い今後使用水量が増加していくことが見込まれる」と回答しました。貴省は厚生労働省の説明を了解しましたが、以下に述べるように、厚生労働省の説明は架空の根拠に基づくものであり、実際には、当初

図7　札幌市給水量の実績と予測

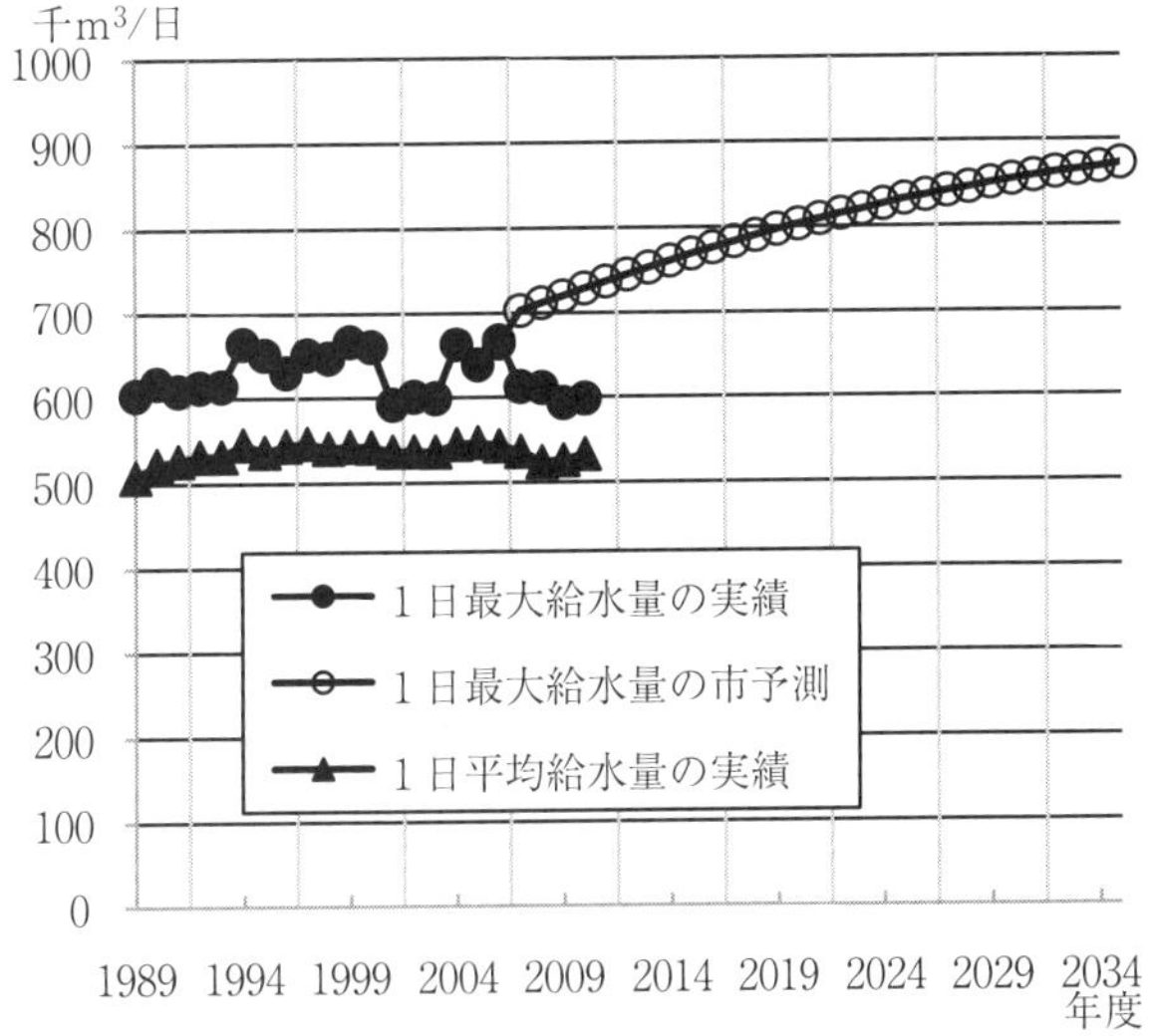

札幌市は2006年以降の予測を行なったが、2011年段階で予測値は実測値を10万㎥／日以上過大となっている。

第一回検証会　嶋津資料

に貴省が示した見解のとおり、水道水使用量は増加せず、逆に減少しています。貴省におかれましては、私たちの検討結果を分析し、札幌市の水道水需要予測について再検討し、科学的見地から改めて厳密な再々評価を行なわれることを要望します。

　また、札幌市は、水道水需要予測の結果、現在の保有水源八二八〇〇〇㎥／日では将来に不足すると予測して当別ダム参画を決めています。札幌市は、現在計画している豊平川水道水源水質保全事業について「札幌市全体の既得水源として一〇三五二〇〇㎥／日を確保しているが、豊平川水道水源水質保全事業で一四七〇〇〇㎥／日を使用するため、水道として利用可能な水源量は八八二〇〇〇㎥／日になる。なお、この水源量から浄水場で必要な水量を差し引いた給水可能な水量は八二八〇〇〇㎥／日である。」と述べております。すなわち、この事業で一四七〇〇〇㎥／日を失った結果、将来四四〇〇〇㎥／日が不足することになるので、当別ダムに参画するという関係になっています。したがって、架空の根拠に基づいた予測から始まる事業は、その目的・必要性が大いに疑問視されますので、大きな問題となります。

貴省におかれましては、以上の二つの問題について再々評価ならびに慎重かつ厳密な検討を行なっていただきたく、強く要望いたします。（総務省宛てには具体的資料をつけたが、省略）。

札幌市の将来の過大な水道水需要予測批判

札幌市は、現在の保有水源は一日八二万八〇〇〇万㎥であるとしている（第三章第一節で述べたように、豊平川水道水源水質保全事業が決着するまでは一〇一万三〇〇〇㎥／日ある）。図7に一九八九年以降の一日最大給水量の実績と、札幌市の予測を示した。実績を見ると一九八九年から二〇一〇年までの二二年間の間、六〇～六五万㎥／日で推移している。札幌市は二〇〇六年以降の予測を行なっているが、予測の翌年の二〇〇七年には七〇万㎥を超え、二〇二五年には保有水源の八二万八〇〇〇㎥を四万㎥超える八三万二〇〇〇㎥となり、水道水が不足するので当別ダムに参画するとしている。

図8　札幌市の一人一日最大給水量と一人一日平均給水量の実績と札幌市の予測

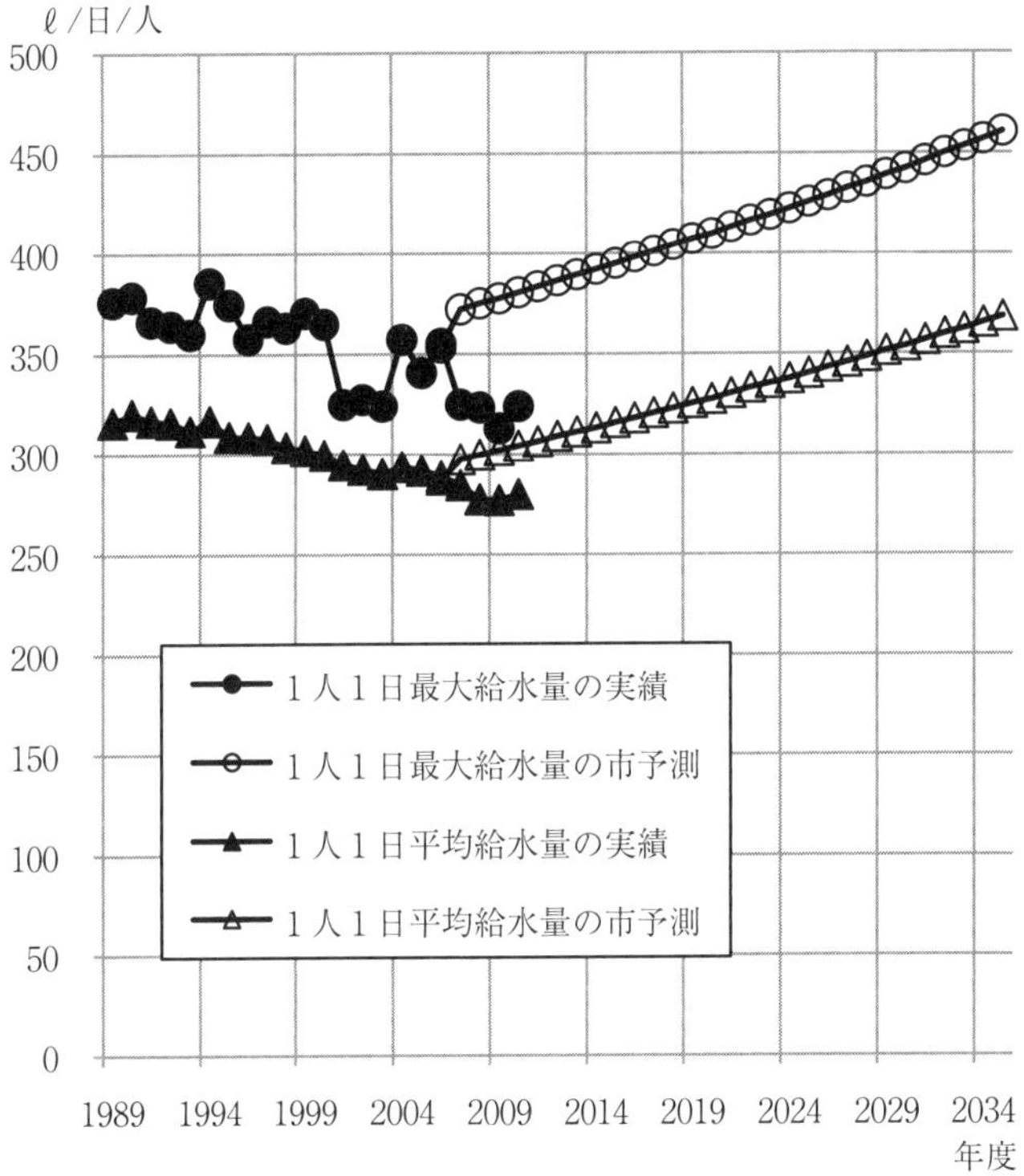

図を見ると、札幌市の予測は明らかに過大であり、上述したように総務省が指摘したのは当然である。しかし、総務省は、厚生労働省の「一世帯当たりの人数の減少によって一人当たりの水道水使用量が増加する」などの説明を最終的には納得したとしている。

そこで、一人当たりの水道使用量の実績と予測を図8に示した。一見して明らかであるが、一人当たりの給水量は一九九〇年以降減少傾向にあるのに、予測は増大傾向にあり、予測値は疑問視される。一人一日最大給水量は二〇〇〇年以降二〇〇八年の間は変化がなく、平均約三〇〇ℓ／日であるのに札幌市の予測では、二〇三五年には四五〇ℓ／日を超えるとしている。第二章図1に示されているように日本の平均一人一日最大給水量は二〇〇〇年にピークとなり約四五〇ℓ／日、二〇〇七年には約四一〇ℓ／日に減少しているのに、札幌市の予測では現在の約三〇〇ℓ／日から四五〇ℓ／日に増加するとしていて、納得できるものではない。札幌市は、一世帯あたりの人数が減少すると、一人当たりの水道水使用量が増加すると主張しているので、その点も吟味した（図9）。一九九四年から二〇〇六年の間を見ると、世帯あたりの人数は直線的に減少している。一方、家庭一人当たりの水道水使用量は、世帯当たりの人数が減少しても、二〇〇～二〇五ℓ／日／人で推移していて、増加することはないので、札幌市の考えが誤りであることが示された。総務省は、札幌市の説明をよく吟味しなかったことは明らかである。一人当たり使用する水量が減少する背景には、トイレや洗濯機の改善の結果、節水となったからである。第一回検証会で嶋津氏は、一九九〇年にトイレ一回流すと約一〇ℓの水を消費したが、二〇一〇年には約四

図９　札幌市における世帯あたりの人数と家庭用水１人当たりの使用量の実績と予測の推移

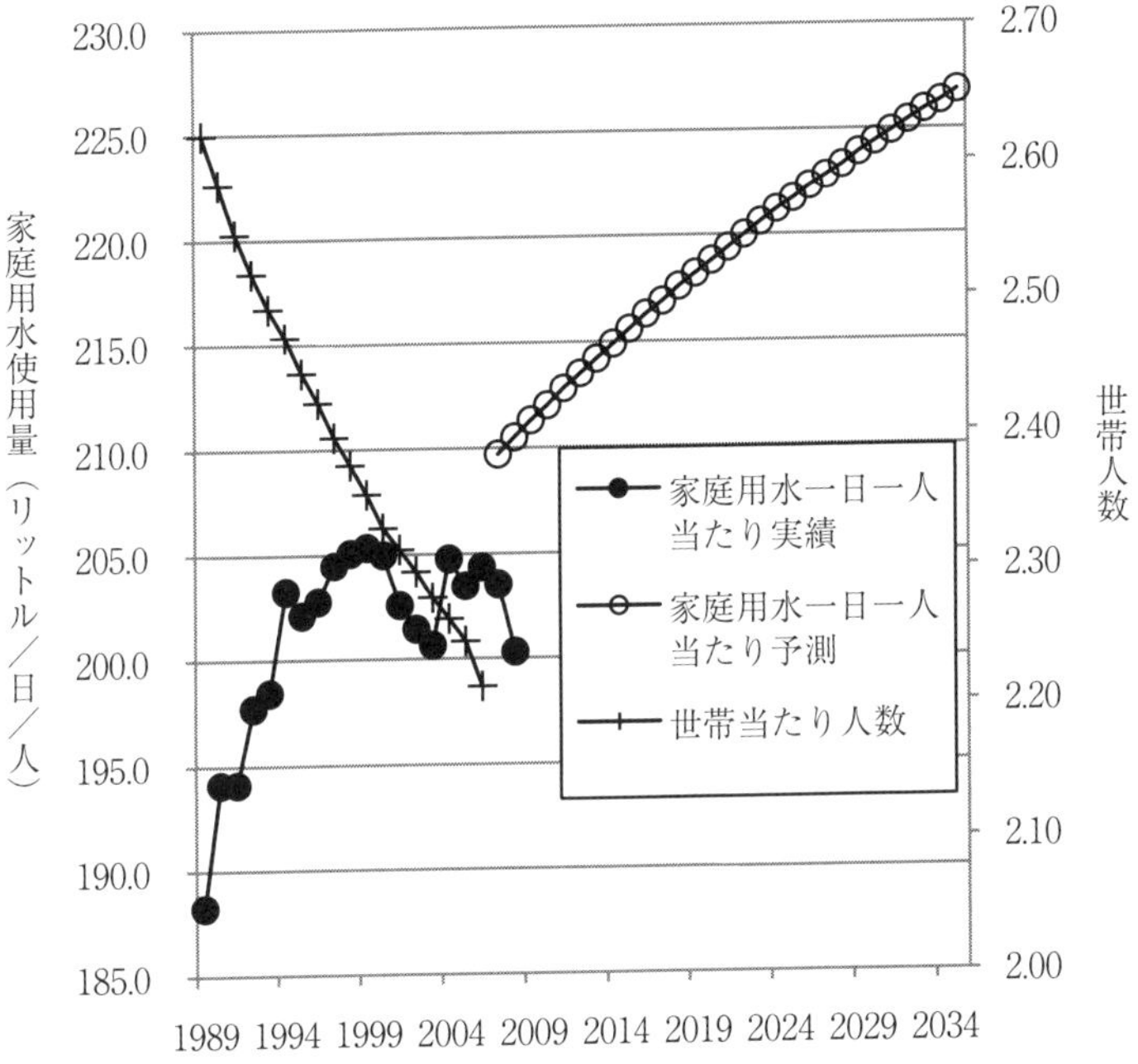

図10　札幌市の１日１人当たりの非家庭用水使用量の実績と予測

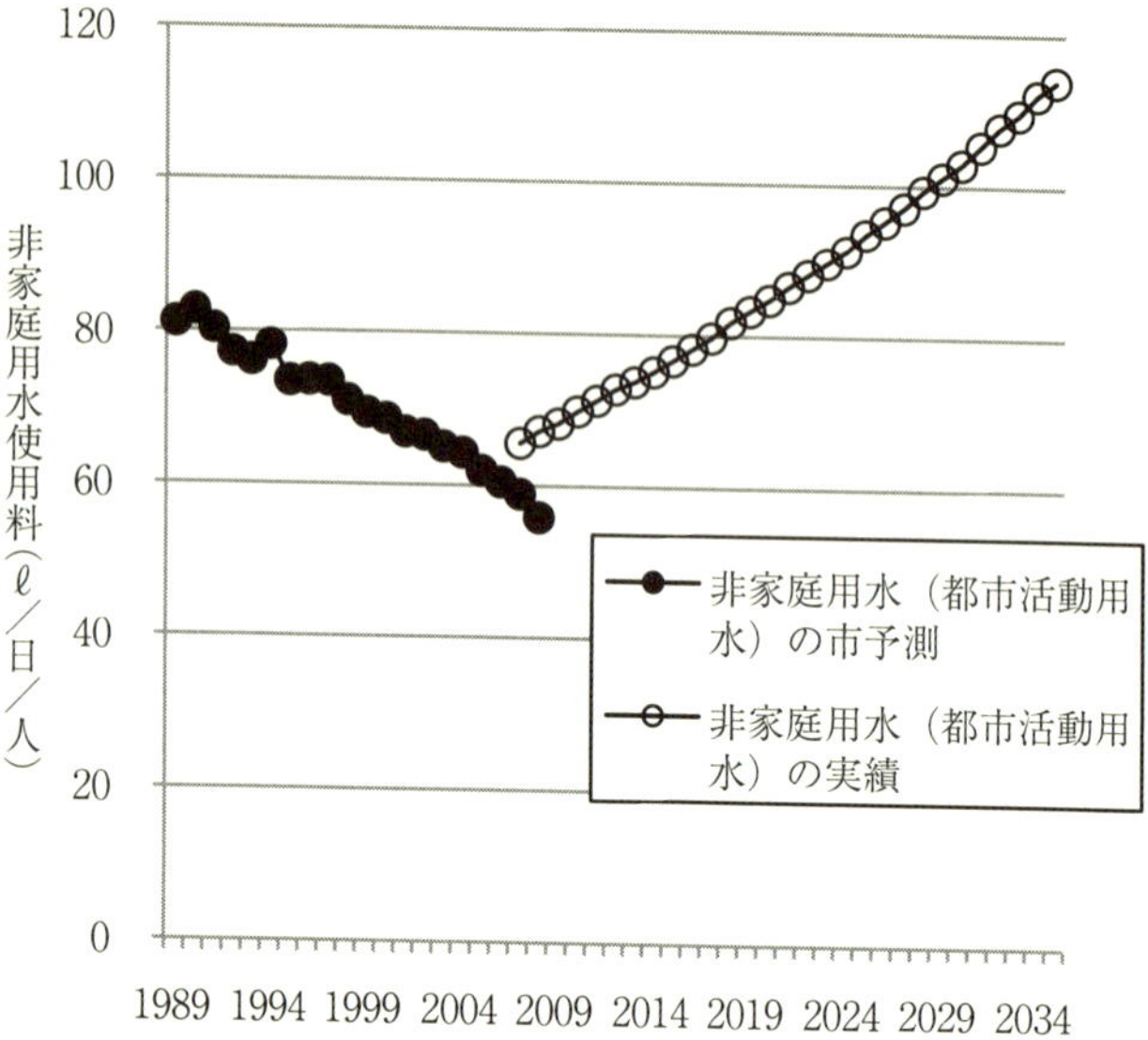

リットルに減少していることを示した。

　さらにもう一つの問題がある。札幌市は、非家庭用水（企業その他の使用量）の使用量が実際には減少傾向にあるのに、予測では増加するとした（図10）。

　この予測の根拠を札幌市は、非家庭用水と市内総生産とは関係があるので、市内総生産の予測に基づき非家庭用水の予測を行なったと回答した。たしかに、図11を見ると、非家庭用水と市内総生産の間には、見かけ上比例的関係があるように見える。そうすると、図10で示した将来の非家庭用水の予測が増加傾向にあるのは札幌市が今後市内総生産は増加す

図11　非家庭用水と札幌市内総生産の推移

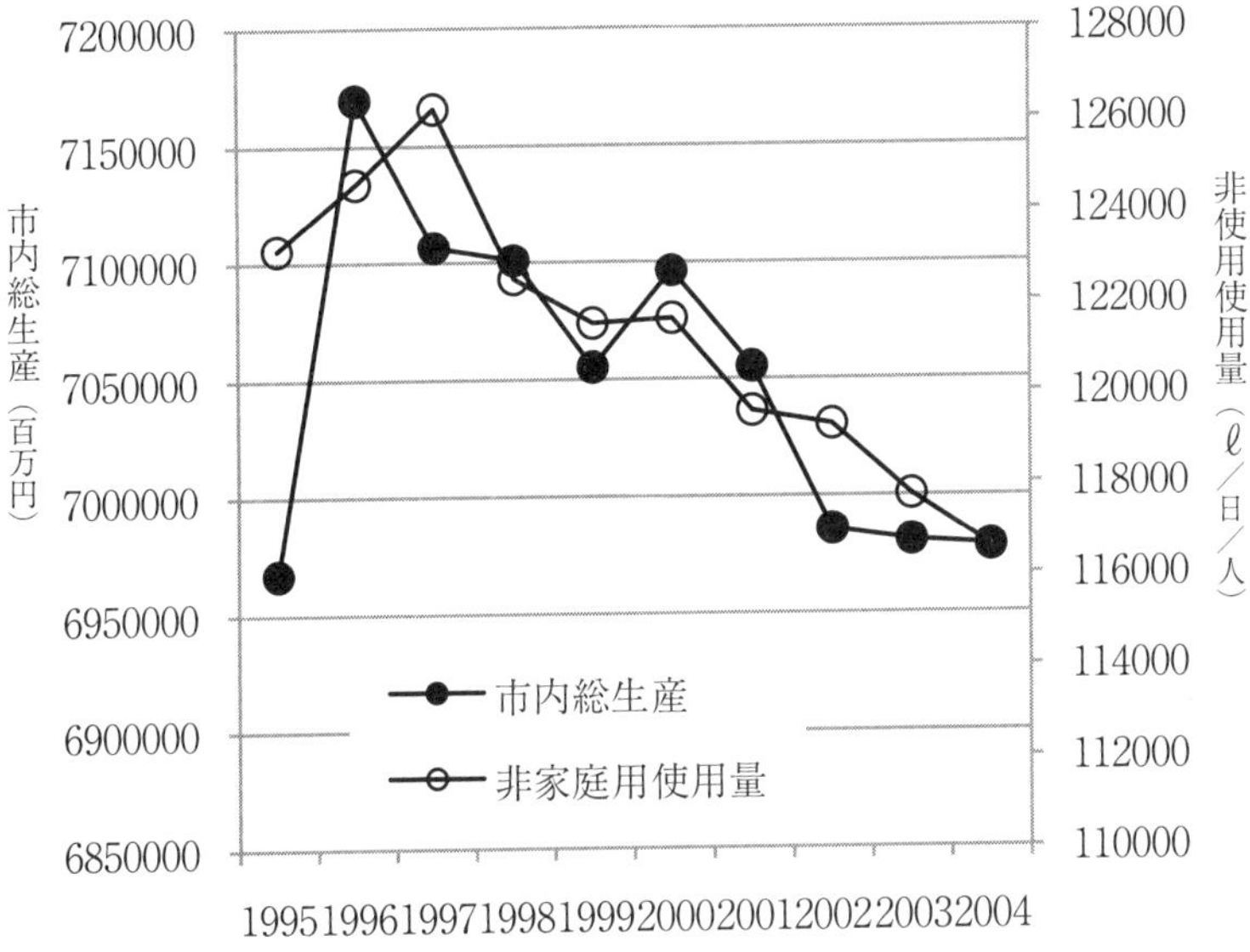

ると予測したためであることになる。

しかし、実態は図10を見ても図11を見ても、一九八九年以降、非家庭用水は減少傾向にあり、札幌市が示した経済状況（「札幌市まちづくり戦略ビジョン」から引用）では、二〇〇〇年から二〇〇八年にかけて経済成長率が約二％減少しているので、図10で示されている札幌市による非家庭用水使用量が増加するという予測は根拠のないものと結論づけられる。

第二節3で述べたように、総務省は、改めて実績とあまりにも大きく乖離している札幌市の予測について、実績値に基づいて厳密な再検証を行なう責任があり、私たちはそれを強く要求する。さらに、札幌市の水道水需給予測が破たんしているため、札幌市は当別ダム事業からの撤退を求める。

4　札幌市の財政に与える影響

第二節2で述べた水質保全事業の予算額は一八七億円である。さらに当別ダム参画のために費用が必要となる。札幌市は、現在の水道水は足りているが、一一年後の二〇二五年から水道水源が不足するので、当別ダムから四〇〇〇m³／日（約八〇〇〇人分）を皮切りに、目標年度の二〇三五年には四万四〇〇〇m³／日（約九万人分）を受水するとしている。そして、これまでダムの建設財源として借り入れをしてきた企業債の元利償還を行なうこととなるが、札幌市の負担額は一二五億円のうち約五〇億円と推計している。毎年、四億円を超える負担金を一二年間にわたって支払い続ける。さらに、水道事業は独立採算の公営企業のはずだが、実態は二〇一〇年度の札幌市水道事業会計において、一般会計からの繰入金が約二〇億円ある。本来は、福祉や教育に使われる予算であり、結果として市民へも負担が強いられる。市はこれまでに三回の事業再評価を行ない、その都度、利水の必要性や妥当性を検証しながら進めてきており、さらに「将来水源の確保」だけではなく、「水源の分散化」や「送水ルートの二重化」を図るとともに、今後、必要となる浄水場の大規模改修における活用を目的としていると説明している。

だが、三回の事業再評価は、事業主体者が選考した推進派の座長のもと、ダムを前提とした見直しが実施されただけで、真の再評価とはいえない。一度走り出した公共事業は、必要性に疑問があっても市民の反対があっても、目的を次々と変えてまでも事業を進めるというのが行政の手法のようだ。私たちが納める税金が適切に使用されているかどうか、監視が必要である。

5　札幌市水道計画のまとめ

札幌市は、一九九二年に今後一日最大給水量一七万㎥／日が必要となるとして当別ダム計画と連動する石狩西部広域水道企業団の水道用水供給事業に参画することとした。しかし、二〇〇四年の再評価では必要水量を大幅に減少して、四万八〇〇〇㎥／日が必要と述べた。さらに、二〇〇七年には必要水量を四万四〇〇〇㎥／日とし、水利権が不足する根拠として豊平川水道水源水質保全事業によって水利権を失うことをあげた。時間的経過を考えると、まず当別ダムに参画することを決めて、その後それを正当化するために水質保全事業を計画したと推測される。

具体的に時間を追って経過を見ると、札幌市は一九九二年に必要給水量を一七万㎥／日としたが、一九九九年の再評価で四万八〇〇〇㎥／日へ大幅に下方修正した。同じ一九九九年に、豊平川水道水源保全事業（バイパス事業）に着手して、一〇三万五二〇〇㎥／日の保有水源から一四万七〇〇〇㎥／日を放棄して保有水源を八二万八〇〇〇㎥／日にしようとした。この事実が札幌市議会で明らかになったのは二〇〇七年の再評価のときであった。市民には八年間も知らされていなかったことになる。このようにして当別ダム建設が進められ、すでにダムは完成した。しかし、バイパス事業は二〇一二年六月現在まだ認可されていないので、札幌市の保有水源は一〇三万五二〇〇㎥／日のままであり、当別ダム参画の根拠がないことになる。一九九九年に事業に着手しながら、八年間も市民に明らかにせず、さらにバイパス事業は決まったものとして市民に説明して、当別ダム計画を推進したことは、市民を冒瀆したものとして厳しく批判したい。バイパス事業が認可されなければ、札幌市は実体のない根拠に基づき当別ダムに参画したことになり、札幌市民をだましたことになる。

さらに札幌市の水道水需給予測は極めて過大である。人口も減少し、節水技術の進歩が明らかなのに、二〇三五年に向けて札幌市の水道水需要は約三〇％も増加すると予測した。このような経過を見ると、なにがなんでも当別ダム建設に参画しようとする、札幌市の執念を感じる。しかし、いくら執念が強くても、事実を無視した計画では市民の納得は得られない。札幌市は、一九九二年度から企業団に参画し二〇〇八年度までに六六億円出資し、二〇〇九年度以降七一億円出資する予定となっている。

しかし、今後も企業団に参画し水源施設に巨額の税金を投じて、毎年発生する施設の維持管理費などを負担するということは、水道料金の値上げとなって市民へ跳ね返ってくることは明白な事実だ。二〇一三年度から給水を予定している石狩市と当別町は、すでに水道料金を値上げすると公表している。札幌市はこのような無駄な公共事業に執念を燃やしながら、二〇一二年最初の市議会では、保育料の値上げなど子育てには冷たい政策を進めた。企業団の構成団体である北海道をはじめ、各自治体の財政が厳しい中、緊急性のない当別ダムの建設を強行したことを市民参加のもとで検証し、当別ダムの今後について検討することが必要である。

6　石狩市、小樽市および当別町の水道水問題

石狩市

現在使用している地下水と札幌市からの分水の水道水源を全廃して、石狩西部広域水道企業団（当別ダム）から二万一一〇〇㎥／日の受水に切り替えようとしている。石狩市の現在の一日最大給水量は約一万七〇〇〇㎥／日、給水能力は二万二〇〇〇㎥／日で、そのうち七〇八〇㎥／日を札幌市からの分水、地下水からの給水が約一万五〇〇〇㎥／日である。石狩市は、地下水源を全廃する理由として、①地盤沈下を引き起こす。②塩水の混入のおそれ。③地下水施設の老朽化の三つをあげている。

しかしながら、現在の一日最大給水量が約一万七〇〇〇㎥／日であり、将来人口減が予測されているので、当別ダムから受水するという二万一一〇〇㎥／日は過大である。また、地下水についての石狩市の懸念は当たらない、すなわち、①実際には一九九〇年以降を調べてみると年間一cmを超える地盤沈下は起きていない。②井戸水の塩化物イオン濃度は、五～五〇mg／ℓで、水道水質基準の二〇〇mg／ℓを大きく下回っているので問題ない。③についても、ダム事業に参画することを決めていたので水道施設の更新を怠ってきた結果であり、今後時間をかけて徐々に更新していけばよいだけである。地下水は、飲み水としてもっとも優れたものであり、モニタリング

さえ行なっていけば問題はない。

石狩市の方針は、現在大きな問題を惹き起こしている。石狩市の食品加工会社は一九八〇年代から地下水を使っていたが、当別ダムからの受水が始まると、地下水を使うことが禁じられ、料金は五～八倍になるとの見通しが出された。これを受けてこれらの会社は石狩市や北海道に対して水道料金を低く抑えるよう要望した。しかし、北海道は「ダム完成までに理解を得たい」としている。さらに、私たちが指摘していた、地下水取水による地盤沈下について道立総合研究機構地質研究所は「目立った地盤沈下などの兆候はない」(新聞報道)と述べた。また、「コープさっぽろ」は、石狩工場(年間出荷高約五〇億円、パートを含む従業員五六〇人)で地下水が使えず、水道料金が上がるということで、江別へ移転を検討している。そうなれば、地域経済へ与える影響も大きいと考えられる。

石狩市の水道料金を、札幌市、当別町、栗山町の料金とともに表3に示した。石狩市の場合、現在でも水道料金は高額であるが、さらに値上げとなる。栗山町の水道料金を示したのは、ダム湖取水の水道水料金をみるためである。以後の第四節2で述べるように、北海道は、当別ダム湖の水質が、くりやま湖(栗山ダム)と同じとなると予測している。ダム湖に依存する水道料金は高いことがわかる。

私たちは、石狩市の水道について以下のように考える。

(1)現在使用中の地下水源を切り捨てない水道行政が進められていれば、現保有水源のままで将

表3　札幌市、石狩市、当別町および栗山町の1か月水道料金表

	現料金（円）		新料金（円）	
	10㎥	15㎥	10㎥	15㎥
札幌市	1386	2436		
石狩市	1900	2898	2219	3382
当別町	2520	3410	2761	3736
栗山町	2535	3139	2915	4175

口径13㎜として、1カ月使用水量を10㎥と15㎥の場合を算出した。いずれも消費税込みの値である。石狩市と当別町の新料金は、現段階では予定値であり、近々議会で承認される見込み。石狩市は2013～2016年の間の新料金で、その後は別途考えるようである。栗山町は2012年から新料金となる。当別町は、当別ダム参画のために現行の料金では2013～2026年の間の平均赤字額が約2億5000万円/年（現在は黒字）と見積もられているので、新料金に移行すると思われる。表の新料金は2013～2019年のものであり、2020年に再度値上げを考慮している。小樽市は、10㎥と15㎥ともに1337円である。

図12　当別町の1日最大給水量の推移

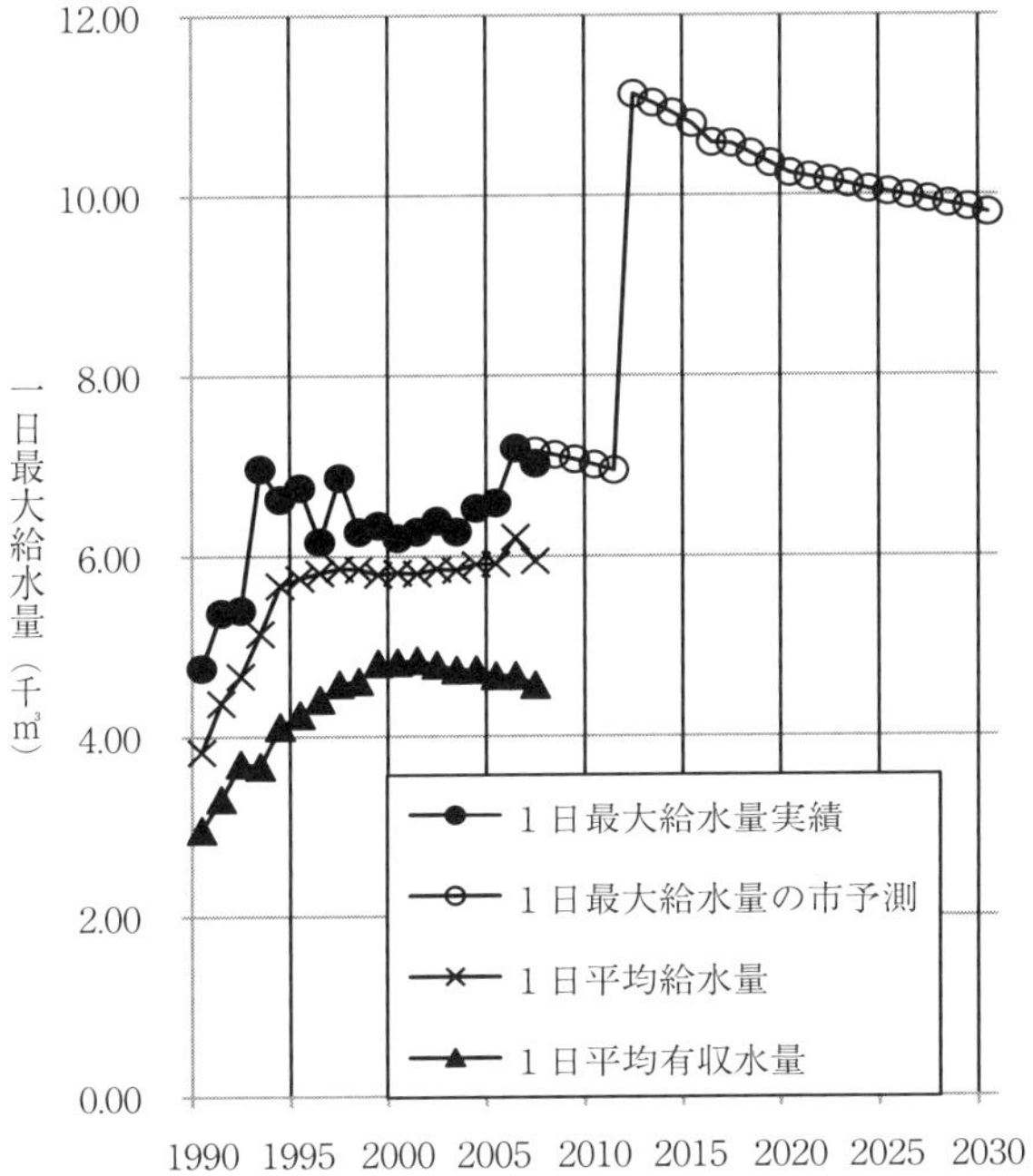

来において水需給に不足をきたすことはなく、当別ダムの水は不要のものであった。

(2) 現時点においても地下水施設を年数かけて徐々に更新していく施策に切り替えれば、当別ダムの水を必要としない。

石狩市は思い切って当別ダムに頼らず、地下水利用に踏み切ることが、石狩市の現在と将来にとって必要なことであると考えられる。

小樽市

石狩湾新港銭函地区では三一〇〇㎥／日の水利権を当別ダムによって得て、石狩西部広域水道から水道水を得ようとしている。小樽市は現在の最大給水量は約六万㎥／日であるが、給水能力は一〇万八〇〇〇㎥／日で、約四万㎥／日の余裕がある。従って、石狩西部広域水道からではなく、小樽市から水道水を供給することにより解決できる。

当別町

現在の当別町水道の保有水源（当別川）は以下のようになっている。

安定水利権一五八四㎥／日（〇・〇一八㎥／秒）、暫定水利権六三三六㎥／日（〇・〇七三㎥／秒）合計七九二〇㎥／日（〇・〇九一㎥／秒）。当別町は、今後は九六〇〇㎥／日必要としている。

図12に、当別町の実績と予測を示した。実績は、安定水利権と暫定水利権をあわせた七九二〇㎥

／日以下となっている。しかし、当別町は、当別ダムの完成予定の二〇一三年から一日最大給水量が一万一〇〇〇m³／日を超えると予測している。当別町がそのように考える根拠は、企業等が地下水（井戸）から水道に切り替えるだろうという予測である。しかし、おそらくダムに依存した水道料金は高いし（当別町水道料金については表3に示した）、水質もよくないので、二〇一三年から一日最大給水量が一万一〇〇〇m³／日という予測が当たる可能性は低いと考えられる。実際に、二〇一三年度の一日最大給水量は、上半期六六三一m³／日、下半期六三九六m³／日、平均六五一三m³／日で、予測量（一万一〇〇〇m³／日）の五九％であった。当別町は、給水人口の将来予測を行なっている。二〇一一年には二万二〇〇〇人と予測したが、実際には一万九三〇〇人であった。このように給水人口予測が過大であり、水道水需要予測も過大である。

当別町の水道水は、暫定水利権（六三三六m³／日（〇・〇七三m³／秒）も含めた七九二〇m³／日（〇・〇九一m³／秒）で十分であり、今後の人口減を考慮すると当別町が要望している九六〇〇m³／日は過大である。問題は暫定水利権である。国土交通省等の河川管理者は、河川の渇水時の流量の一部は既得水利権として使われ、残りは魚類等の生息のために必要なものであるので、河川からの新たな取水を求めるものは新規のダム計画に参画して、水利権を得ることが必要と考えている。河川からの取水を新たに求めるものはダム計画への参画を条件に、ダムが完成するまでの暫定水利権が許可される。このような考えのもとで当別町には暫定水利権が与えられている。

私たちは、「暫定水利権が与えられている現状で河川環境に問題が起きていないので、暫定水利権を安定水利権に変えることに問題はない」と考えている。具体的に検証してみよう。図13に、最近一〇年間（一九九八〜二〇〇七年）で最も渇水した二〇〇三年の一月〜十二月の間の流量推移を示した。この年の最も渇水したときの流量は図から読み取ると約一・八m³／秒であるので、暫定水利権流量〇・〇七三m³／秒は、最も渇水したときの渇水流量の四％に過ぎない。したがって、暫定水利権を認めている現在、河川環境にほとんど影響を与えないのは当然である。私たちは、河川環境に影響を与えないので暫定水利権を恒久水利権とすべきであり、そうすると水道水のためのダムは必要がないと考えている。

7　流水の正常な機能の維持

河川整備計画では、サケ、エゾウグイ、ハナカジカの生息および灌漑のために、一・九〜三・四m³／秒の正常流量が必要と述べている。これらの魚種が渇水時にどのような影響を受けるのかは明らかにされていないが、渇水のため減少したという報告はないので、具体的根拠に基づかない正常流量は考慮すべきでない。

表4に当別川茂平沢橋における正常流量を示した。一番左の欄は時期、A欄は正常流量、B欄はその中の魚類のための流量である。魚類のための必要流量を除いた値をC欄に示した（一・一六〜二・五八m³／秒）。近年最も渇水した二〇〇三年の当別川の水量の推移が図13に示されているが、表4のC欄の値と比較すると、七月一日〜七月十日の一〇日間のみ正常流量二・〇m³／秒は

図13　当別川の渇水流量と暫定水利権流量

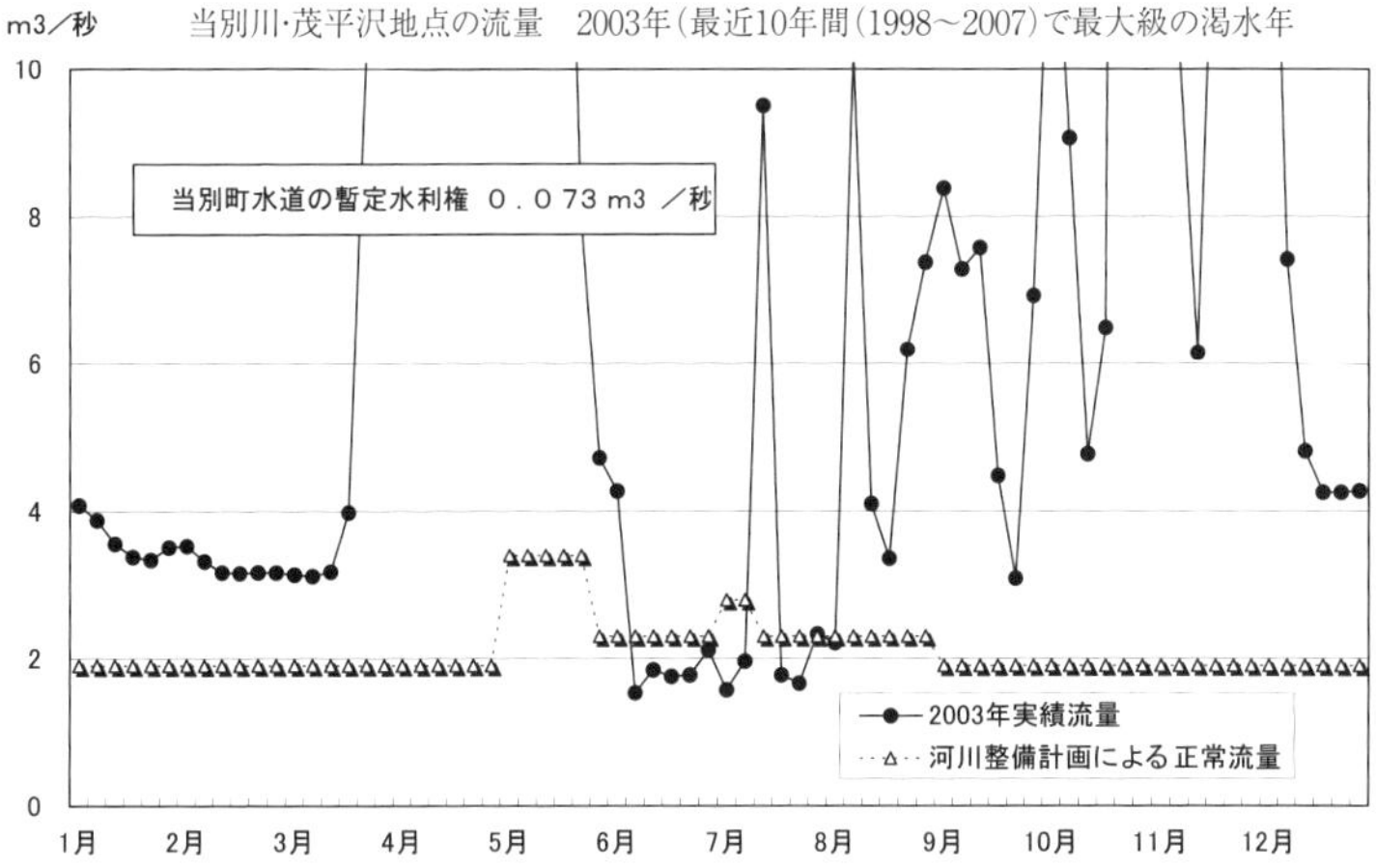

第1回検証会、嶋津資料

表4　当別川茂平沢橋における正常流量（㎥／秒）

	A	B	C
12/1 ～ 4/30	1.88	0.72	1.16
5/1 ～ 5/25	3.37	0.787	2.583
5/26 ～ 6*30	2.32	0.787	1.533
7/1 ～ 7/10	2.81	0.787	2.023
7/11 ～ 8/31	2.32	0.787	1.533
9/1 ～ 11/30	1.88	0.72	1.16

A：正常流量、B：魚類などのための必要流量、C：A－B（魚類などのための必要流量を除いた必要流量）

わずかに不足するかもしれないが、それ以外の時期の当別川流量は正常流量以上である。実際に、この時期に水道水などが不足するという問題が生じていないので、流水の正常な機能の維持のために当別ダムが必要とする根拠はない。

8　灌漑用水

当別町では北海道開発局が当別地区国営灌漑排水事業を行なっている。目的は用水路や揚水機などの整備で、受益面積は三三二四ha（水田三一九四ha、畑一三〇ha、事業費は一八七億円、工期は一九九四〜二〇一三年度であり、不足する用水を当別ダムに依存するとしている。

河川整備計画を見ても、現在当別町の農業用水が既存の青山ダムからの取水だけでは、具体的にどの程度不足しているのかを示す根拠は見当たらなかった。そこで、上記開発局事業の受益面積を足掛かりに現状を調べた。当別町の最近の水田作付面積および転作実施面積の推移を図14に示した。近年の水田作付面積はおよそ一七三〇haである。一方、開発局が用意した灌漑施設は水田三一九四haへ受水するとしているので、現状からみれば開発局の灌漑排水事業の目標は相当に過大である。この結果をみると、現在水田への灌漑用水の不足があると考えにくい。

平成十七年度公共事業再評価

「当別ダム建設事業について―知事評価説明書補完資料（平成十七年十二月十六日）」に、以下の

図14　当別町における水稲作付面積と転作実施面積の推移

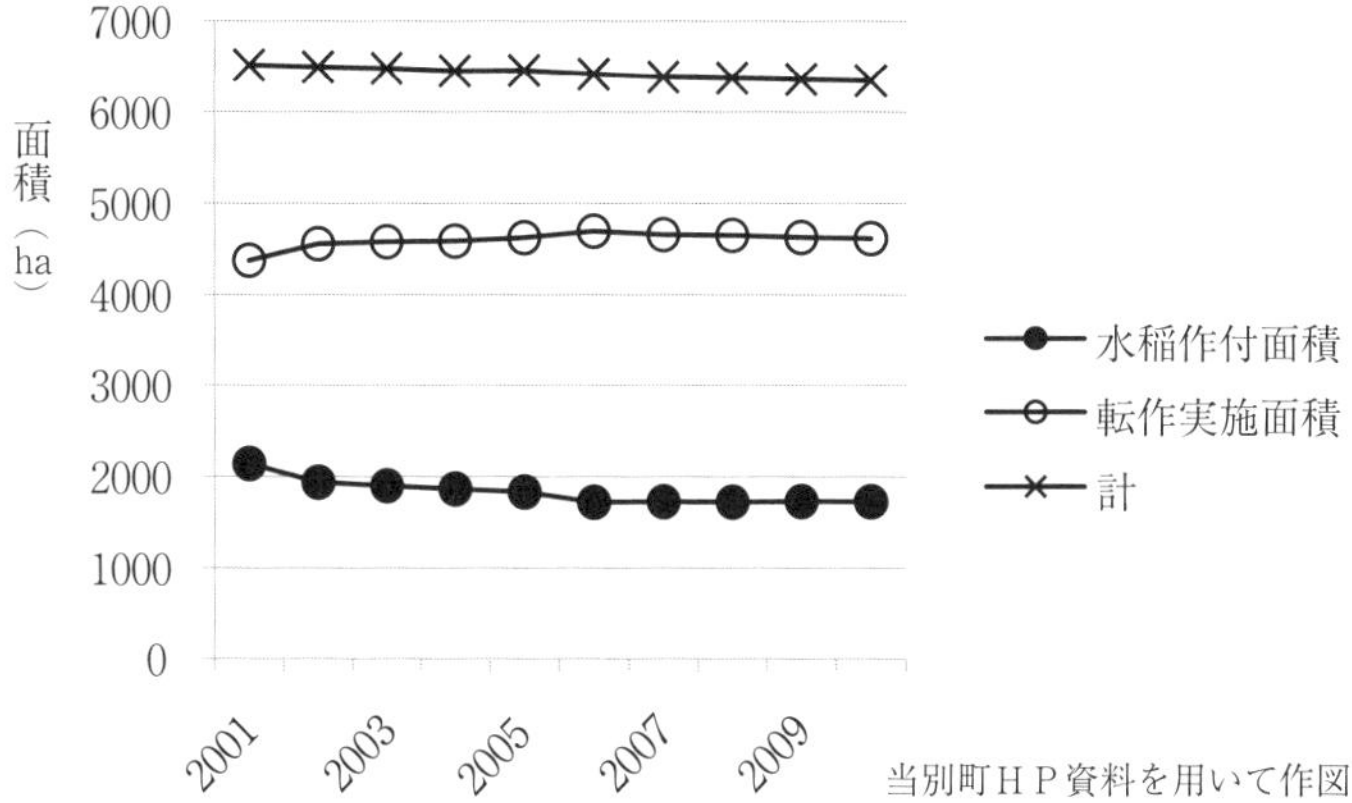

当別町ＨＰ資料を用いて作図

ことが記載されている。

転作の対応

「かんがい用水については、水田転作や田畑輪換による用水量の変動などを見込んでおり、当別地区における一定期間の水稲作付面積を基準に、地区の水利用の実態や地域の営農方針等を検討し、水稲作付率六九％（転作率三一％）で計画したものです。なお、この作付計画は施設の更新整備と当別ダムからのかんがい用水の安定供給を受けることを前提としています。現状では高い転作率（二〇〇四年、町全体で約七〇％）となっていますが、この事業計画については、地域農業の実態を踏まえつつ、中長期的な視点にも留意して、当別町などの関係機関との調整や受益農家の同意を得て進めているものです」

これを読むと、「灌漑排水事業では転作率を三一％で計画したものであるが、現状の転作率は約七〇％（二〇〇一～二〇一〇年平均で七二％）であり、灌漑用水が不足することはない。しかし、今後は中長期的に稲作面積を増加させることを進めていくので、新規の灌漑用水が必要となる」という意味に受け取れる。これでは、現在灌漑用水が不足しているので当別ダムから受水するというのではなく、将来必要になるかもしれないから当別ダムが必要ということになる。このように、将来必要になるという確固とした根拠もなしに公共事業を進めるべきではない。全国には、必要もない農業道路、船舶が入ってこない大型港など、無駄といわれる公共事業が多くあり、これが現在の日本の膨大な赤字国債を産んだ要因の一つとなっている。「必要なもの」は検討の対象となるが、「必要になるかもしれないもの」は検討の対象にすべきでない。

第三節　当別断層

当別ダムのダムサイトから二・二㎞に当別断層（当別断層・当別川左岸山地の延長八㎞、当別断層b・当別川左岸山地から新篠津村武田付近まで延長一二㎞）が存在する。この断層は当別ダム貯水池に平行するように走り、さらに当別断層bは当別ダム貯水池の東岸の一部にかかっている場所がある。地震が発生した場合、地すべりや土砂崩れなどにより大量の土砂がダム貯水池へ流れ込み、ダムが決壊して下流域が土石流や洪水などの大災害に見舞われる危険性が高いと危惧される。さらに当別ダムはその形式がこれまで造成実績のない台形ＣＳＧダム（セメントで固めた砂礫＝ＣＳＧ

による台形ダム）であるため、重力式コンクリートダムと比べて強度、耐用年数および大規模地震に対する安全性などが劣ると指摘されているので、大災害の危惧が増大する。私たちが、当別断層に起因する地震のダムへの影響を質したのに対して、北海道は一九八四年五月に国が策定した「ダム建設における第四紀断層の調査と対応に関する指針（案）」を安全性の根拠とし、ダムサイトから三〇〇m以内に要注意断層が存在しないことを確認できれば良いとして安全対策を講じていない。

しかしながら、政府の地震調査委員会は二〇一一年六月九日に、今後は「過去の地震の規模や活動について高精度に評価をするため、津波堆積物調査、海域における活断層調査などの成果をより積極的に活用し、将来おきる地震を予測する」と述べて、発生例がなくても地震を想定する地震予測手法の見直しを明らかにした。

道は、国の見直しに沿って、当別ダム周辺に存在する活断層に関する地震の影響について再調査を行ない検証すべきと考える。すでにダムは建設されたが、再調査による検証結果を明らかにして、今後の対応策をたてるよう要望する。

第四節　当別川の環境問題

1　当別川と当別ダムの水質

第一章で紹介したように、青山ダム建設後、地元の人は当別川が濁り、魚も少なくなったと述べている。当別川の近年の濁度（SS）は約二〇㎎／ℓもあり、濁りの強い河川である。当別川の底質の資料は見いだせなかったが、現地を視察すると、川底の小石にうっすらと泥が堆積していて、泥化している。当別川の環境調査で示される魚類の中には、海と川を行き来するサクラマス（放流されたヤマメは見られる）やサケは見いだされない。頭首工《とうしゅこう》（河川から用水を引き入れる施設）の影響もあるが、底質が泥化していて、産卵場も失われていると推測される。

当別ダム湖の水質予測

当別ダムの水深は比較的浅いため、富栄養化によって水質が悪化して、水道水に悪影響を与える可能性がある。植物プランクトンが大量に発生すると、浄水場での処理が必要となり、水道料金が値上がりする。

北海道は水質予測について以下のように述べている。「栄養塩としては、リン（P）と窒素（N）が考えられるが、当別川のN／Pは平均で二七程度であることから、当別ダム貯水池ではリンが富栄養化の要因と考えられる。リンの負荷量から富栄養化の程度を予測できるボーレンバイダーモデルに基づき、富栄養化の可能性を検討した」

解説すると、植物プランクトン体の平均的な窒素とリンの比、N／Pは七前後なので、当別川のN／Pはこれと比較するとかなり大きな値である。したがって、Nが十分でもPが不足する可能性が高いので、Pを用いて植物プランクトンの増殖を考え、富栄養化の予測を行なったという

表５　当別ダムの富栄養化予測の基礎データ

	年間流入量	年間リン流入負荷	総貯水容量	湛水面積
	Q（㎥/年）	TP（g/年）	V（㎥）	A（㎡）
10カ年平均	430.186.352	9,660,459,.65	57,200,000	5,800,000

	回転率	平均水深	水量負荷	単位面積当たり年間TP
	α＝Q/V	Z=V/A（m）	Zxα（m）	TP/A（g/㎡・年）
10カ年平均	7.52	9.9	74.2	1.67

ことである。

ボーレンバイダーモデルでは、次の関係式から［P］を求める。

関係式：ℓ＝［P］×（１０＋aH）→［P］＝ℓ／（１０＋aH）

ℓ：単位面積あたりのリン負荷量（g／㎡／年）、H：平均水深（mダム体積／湛水面積）、α：年間回転率（回／年、年間流入量／ダム体積）

ダム湖の水質悪化はリン濃度で決まる。リン濃度が高いとアオコなどの植物プランクトンが増殖して、水質が悪化するからである。窒素やリン濃度が高いことを富栄養化と言う。ダム湖のリン濃度を予測しようとする一つがボーレンバイダーモデルである。理論的というより経験的なモデルである。ダム湖のリン濃度は、リンの流入負荷量（ℓ）が多く、水深が浅くて、流入する河川水量が少ないとダム湖のリン濃度が高くなるというモデルである。

このモデルでは富栄養化を防止するためには、［P］を〇・〇一mgＰ／ℓ以下に保つ必要がある。〇・〇二mgＰ／ℓを越えると富栄養化による利水上の問題が生じるとされている。

表５に、このモデル計算に必要な北海道のデータを示した。平

成六年から十五年までの一〇年間の平均値を示している。当別ダムの回転率は七・五二（年間に七・五二回水が入れ替わるに等しい河川水量が流入）は平均的であるが、水深（H）は浅いので富栄養化しやすいと考えられる。北海道による水質予測では、当別ダムの水質は中栄養であり、水温が低いので富栄養化による利水障害が生じる可能性が低いとした。

北海道から示されたデータに基づいて［P］を求めた（図15）。当別ダムの平均予測［P］は〇・〇一九八mg／ℓとなり、利水上の問題が発生するとする〇・〇二mgP／ℓに極めて近い値であった。

道は、既設ダムについてのデータも示しているので、そのデータに基づいて［P］を求めた（図16）。その結果、二風谷ダムは飛び抜けて高い［P］（〇・〇七二mg／ℓ）であり、二番目に高いのが鹿の子ダム［P］（〇・〇二二九）、三番目が当別ダム［P］（〇・〇一九八）、四番目が栗山ダム［P］（〇・〇一九〇）であった。二風谷ダムのリンの予測濃度は〇・〇七二mg／ℓであり、平成十五年以降の実測値の平均値を見ると約〇・〇五五mg／ℓなので、予測値よりわずかに低い。二風谷ダムについては前に述べたように、pHが増加しているなど、富栄養化の状態となっている。鹿の子ダムの全リン濃度は不明であるが、CODが約四mg／ℓ、クロロフィルaも約五mg／㎥で、かなり富栄養化していると考えられる。栗山ダムの系統的な水質データは見つからなかったが、札幌建設管理部に聞いたところ、二〇〇九年七月と九月の値は、pHが七・九と六・八、CODが六・五と六・七mg／ℓ、全リンが〇・〇二四と〇・〇二三mg／ℓであった。わずかなデータで確定的なことは言えないが、全リンは予測値より少し高い。七月にpHが高いのは、植物プランク

図15　北海道提示資料から算出した当別ダムのリン濃度

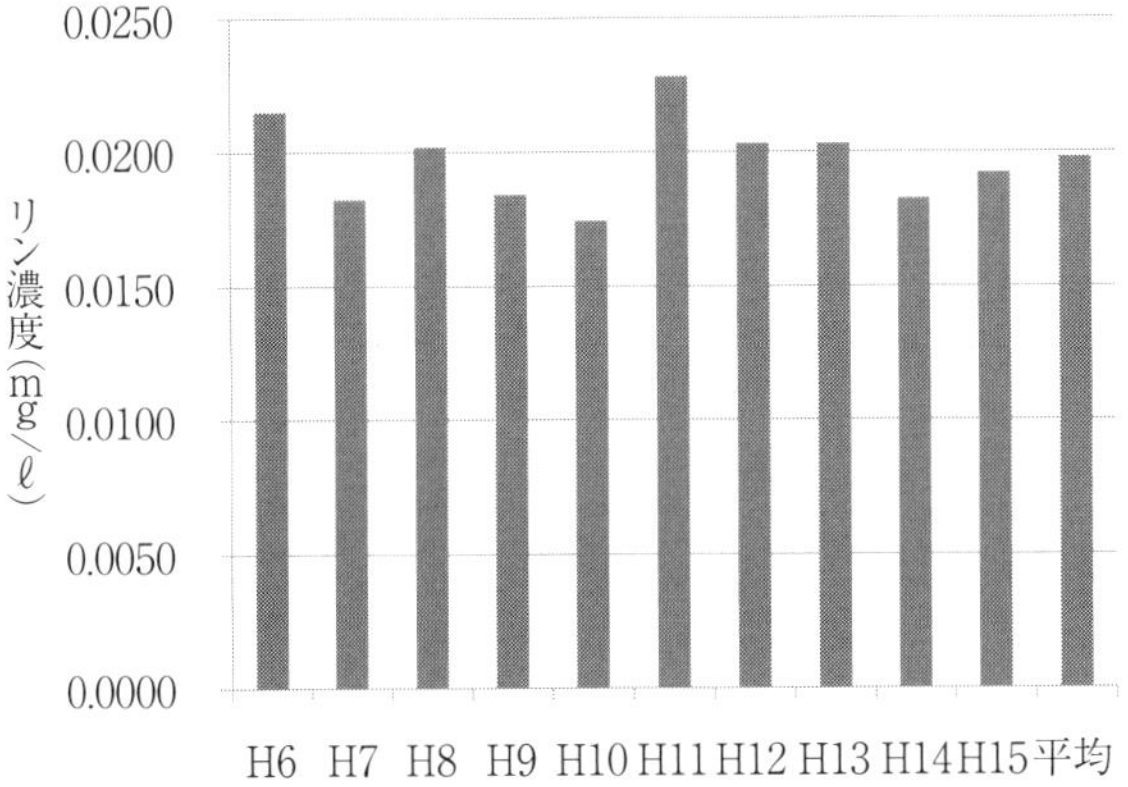

嶋津氏：2009年北海道自然保護協会記念講演より引用

図16　北海道内既設ダムのリン濃度の予測一覧

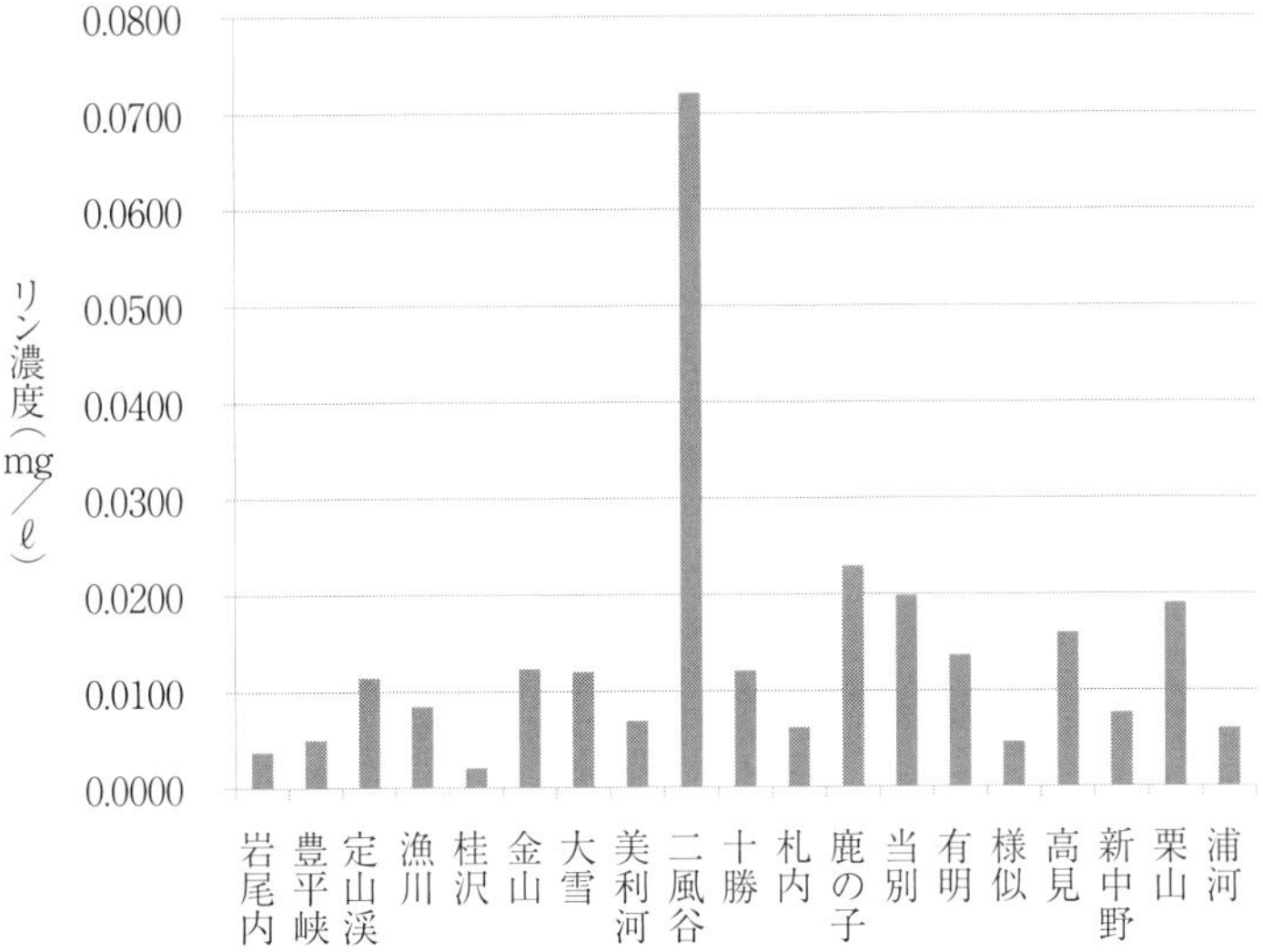

トンが多いことを示している可能性がある。また、CODも高い値である。インターネット情報のある調査によれば水道水一〇㎥の場合の道内水道料金ランキングで、栗山町は第七位となっているので、栗山ダムの水質がよくないため上水道の処理費がかさんでいる可能性が考えられる。

このように見てくると、当別ダムの水質が、北海道が述べているように「水温が低いので富栄養化による利水障害が生じる可能性が低い」との予測は説得力をもたない。道は、当別ダム湖の予測水質と同程度の既設ダム湖（鹿の子ダム・栗山ダムを含む）の水質を調査して、当別ダム湖の水質問題を検討すべきである。

先にも述べたように、当別ダムの水道水は二〇一三年から運用されるため、表3に示したように、石狩市の水道料金は当面二〇％の値上げとなる。当別町の水道料金は、二〇一二年六月二十九日の北海道新聞の報道によれば、二〇一三年度から一〇％未満の値上げを行ない、さらに二〇一九年度からさらに値上げをする。当別ダム湖水が富栄養化によって植物プランクトンが増殖すれば、その処理費用のためにさらに値上がりの可能性がある。石狩市が地下水を用いて、当別町がわずかな水利権を北海道が認めれば、市民・町民へのこのような負担は生まれなかったはずである。

2　当別川の環境改善

現在の当別川では、放流魚を除くと海と川を行き来する魚類（サケ、サクラマス、ウナギなど）

はほとんど見あたらず、それ以外の魚種数も少ない。その原因としては青山ダム建設以後の濁度の大きい河川となったこと、頭首工《とうしゅこう》（一カ所）や多数の治山ダムがあること、さらに過去に川砂採取が行なわれたこと、および多数の治山ダムが造られたことがあげられる。当別ダムが完成すれば、河川環境はさらに大きく悪化することは自明である。

昔の魚類の豊富な当別川を取り戻す提案

⑴道は当別ダム建設事業を一度凍結し道民参加のもと、環境のみではなく治水や利水について検証を早急に行なうこと。⑵その間は当別ダムの湛水をしないこと（残念ながら二〇一二年三月に試験湛水された）。⑶青山ダムなどによる水質悪化の改善策を検討すること。⑷当別ダム下流の頭首工を必要性が乏しいものは撤去し、撤去しない頭首工や治山ダムには魚道をつけること。⑸将来展望としては、森林の整備、多数ある治山ダムを検証し、不必要な治山ダムは撤去すること。このようなことを進めると、魚影の見える、子ども達が親しめる河川に変化する。

3　終わりに

二〇一二年十月に、すでに完成した当別ダムを見に行った。予備調査から四二年という長い年月を経て、当別町の山の奥深く自然豊かな青山地区が、札幌市や石狩市の将来不足する水源確保のためという大義名分のもとに、人々の暮らしのいっさいが湖底に沈められた。ダムサイトには、事業を強硬に推進した高橋はるみ知事の石碑があったが、「いったい誰のためのダムなのか」という疑念をあらためて抱いた。

すこし前に大雨があり、ダムはほとんど満杯であった。ダム水は濁りとともに緑がかっていて、植物プランクトンの発生が感じられた。すぐ近くには新しい浄水場が完成していた。近く稼働するとのことであるが、とくに夏季になると植物プランクトンが多く発生する可能性があり、水道水の水質維持のためにさらに予算をつぎ込む可能性もある。新しい浄水場の横に空間があり、二〇二五年から札幌へ上水を送るための浄水場建築予定地である。札幌市の水道水が不足することは考えられないので、無駄な浄水場である。すくなくともこの浄水場の建造は阻止し、近い将来には、何らかの方法で、当別川を、昔のように子どもたちが遊ぶことのできる川にしたいと考えながら、ダムサイトを離れた。

引用文献

安藤加代子（二〇〇九）「当別ダムによる環境破壊」、『北海道の自然』第四七号（北海道自然保護協会）、二三二―二三八頁

第六章　止まらないダム建設のからくり

一九六四年に改正された河川法には、⑴基本高水を設定する。⑵流水の正常な機能の維持をはかる、の二つの項目が導入された。これは、それまでの河川改修などの治水対策が功を奏して、治水のための経費が少なくなったことと、当時の高度経済成長による財源の存在から、より大きなダム建設を図るために導入された可能性がある。

流水の正常な機能というあいまいな考えを導入することによって、わずかな水利権による新たな水道水を確保しようとすると、ダム建設に参画しなければならなくなり、これもダム建設を推進する梃《てこ》として用いられている。

一九九〇年代後半になって導入された事業再評価の動きの中で、公共事業の是非を問うために、事業の効果とかかった費用を比較する費用対効果が検討されるようになったが、国民には不可解な方法で検討され、ダム建設が是認される手段となった。

本来は地域住民の要望にそって行なわれるべき治水や利水が、住民の声を反映しない方法で進められ、結果としてダム建設が進められている。

二〇〇九年の総選挙で、民主党は「コンクリートから人へ」のキャッチフレーズを掲げ、マニフェストには「ダムによらない治水」を示し、政権交代を成し遂げた。このことで分かるように、現在の国民はダム建設に疑問を感じている人が多い。

私たちが取り組んでいる天塩川水系のサンルダムを推進しているのは北海道開発局である。第三章で示したように、その北海道開発局が一九九八年に天塩川流域のすべての約五〇〇〇世帯に行なったアンケート結果で住民は、洪水などについて「安全」と「ある程度安全」と回答したのが八九％で、今後の治水対策を進めてほしい項目の中で「ダム建設を望む」と回答したのは七％であった。しかし、流域すべての自治体首長はサンルダム建設を進める立場を明確にしている。なぜ、自治体関係者の考えがこのように住民アンケート結果と乖離しているのか疑問を感じる。また、ダムに対して批判的世論が大きいにもかかわらずダム建設が止まらないのは何故なのか。この章では、私たちから見ると必要がないダム建設が進められるからくりを解明する。

第一節　河川法とダム

ダムは河川法という法律に基づき建設されるので、河川法を検討する。旧河川法は一八九五年（明治二十九年）に制定されたもので、利水（農業用水、水道用水、灌漑用水など）についての具体的な規定はなかった。一九六四年（昭和三十九年）の河川法の改正によって、治水について基本計画を定めることに加えて、利水が加わり、その中に正常流量という項目が加わった。これらの改正がダムをつくる仕掛けとなった。

一九六四年改正河川法の第一六条には、「河川管理者は、その管理する河川について、計画高水流量その他当該河川の河川工事の実施についての基本となるべき事項（以下「工事実施基本計画」という。）を定めておかなければならない」と記されている。また、河川法施行令（河川法で定めたことを実施するための政令）第一〇条二には以下のことが記されている。

1　河川の整備の基本となるべき事項

イ　基本高水（洪水防御に関する計画の基本となる洪水をいう。）並びにその河道及び洪水調節ダムへの配分に関する事項
ロ　主要な地点における計画高水流量に関する事項
ハ　主要な地点における計画高水位及び計画横断形に係る川幅に関する事項
ニ　主要な地点における流水の正常な機能を維持するため必要な流量に関する事項

これらのことが意味することを順次考えていく。

2　治水

一九六四年の河川法改正前までは、各水系は既往最大の洪水流量に対応できるように、治水計画が策定されていた。

河川法改正後は、各水系ごとに治水安全度（一／一〇〇（一〇〇年に一回の洪水）とか一／二〇〇）を定め、その安全度に相当する洪水流量を基本高水流量とすることになった。

このことにより、治水計画の目標流量は従前よりはるかに大きくなり、より多くのダム建設を進めることが必要となった。目標流量が大きくなったのは、治水安全度などを想定して計算する

からである。私たちはこの「想定すること」に大きな問題があったと考えている。

私たちの考えに近い考えが、杉浦茂樹（「高度経済成長時代の河川政策」、『国際地域学研究』第一三号、二〇一〇年三月）に示されているので、関連部分を抜粋した。

「昭和三〇年代までは基本的に既往最大洪水、といっても近代の技術でもって観測された最大の流量であるが、これを対象としていた。しかし、超過確率主義へと転換したのである。

この流量規模は既往実績よりかなり大きいのが普通であった。……つまり計画対象流量を机上による年超過確率で求め、これを河道負担とダム等による貯水池に振り分けて河川区域内で処理しようというものである。……それまでの実際に生じた洪水を丹念に検討しこれを基に定めていく既往最大主義とは、思想的に大きく異なるものであった」

ここにも述べられているように、基本高水の導入は、大きな規模の流量を仮定することによってダム建設に道を開くとともに、机上の計算のため、実際に生じた洪水を丹念に検討することもしなくなった。私たちは、私たちが検証した三つのダムにおいて、事業者が実際に生じた洪水を丹念に検討していないことを知り、その原因が基本高水の設定にあることを実感している。

第二章第二節に、宮本博司さんのお話しを紹介したが、必要部分を下記に再録する。

国交省の考え　自然現象は、想定した頃、想定した場所で、想定した範囲内に起こる。したがって、想定に基づいてダムを造れば洪水を防ぐことができる。

宮本さんの考え　いつ、どのような規模で起こるかわからない洪水に対して住民の生命を守るのが治水の目的であり、そのことを基本に対策を講じる。そのためには、ダムに頼らず、流水の分散、河川改修、決壊しない堤防や、いざという時の避難などハードとソフトを工夫して対応することである。

国交省の考えは上記第一〇条二に示されている。基本高水―計画高水流量―計画高水位は国交省の想定である。何年に一回起きるという洪水（基本高水）を想定し、ダムによって計画高水位（これ以下の水位であれば堤防は壊れないという水位）以下になる計画高水流量まで減らすことによって、河川水は氾濫せず、水害が起きない、というのが国交省の考えで、それが法律に書き込まれている。国交省は、「自分たちは自然をきちんと把握できている」という考えに立っている。一方、宮本さんは、「自然は想定どおりにはならない、人は自然を完全に理解することはできない」という立場である。

私たちは、三つのダムの検証を通じて、「河川法によるダム建設は、現実を直視せず、想定の世界を作り出し、そのことによって国民に理解させない方法を用いて、ダム建設を進めている」ことを理解した。想定によるダム建設の致命的欠点は、具体的洪水被害の実態に基づかず、恣意的に造りたいダムを造ることである。三つのダムの問題点を簡単に示す。

サンルダム

(1) サンルダム建設をもっとも強く主張している下川町市街地は、サンル川との合流点より上流の名寄川沿いに位置しているので、治水上サンルダムとは無関係である。この矛盾について北海道開発局のパブリックコメントで意見を出したが、開発局からの回答はなく無視されたままにある。これは現実を直視しようとしない例である。

(2)　名寄川の目標流量（洪水を想定した流量）は、実績最大流量より一・三五倍多いが、ダム建設を予定していない名寄大橋ではほぼ実績最大流量である。この一・三五倍の目標流量は、想定による被害額がもっとも多いという理由で決定されている。想定した流量による想定した被害額で目標流量を決めたことになる。私たちは、想定ではなく過去最大流量の洪水の実態に即して、実績値を基本に目標流量を決めるのが正しいと結論づけている。

沙流川水系（二風谷ダムと平取ダム）

(1)　計算で求めた基本高水ではなく、実績最大流量が目標流量となっている。すなわち、想定ではなく現実から出発している。

当別ダム

(1)　当別川の戦後最大の水害が生じた一九八一年の雨量は二七三㎜で、洪水ピーク流量は七三四㎥／秒であった。しかし、ダム事業者の北海道は、計画雨量を二三〇㎜として、いろんなケースを計算したとして九通りの流量を計算して、その中からもっとも多い流量を基本高水流量とした。この基本高水流量は一三三〇㎥／秒であり、実績最大流量の一・八倍もの流量と計算されている。一九八一年には雨量は計画雨量を越えているのに、そのときの洪水流量を目標流量にせず、一・八倍もの流量を計算で算出して目標流量とした。想定の基本高水は、目標流量を過大化する打ち出の小槌のようなものである。

(2)　北海道は、当別川流域の一九八一年洪水が内水氾濫であることが明らかにされているにも関わらず、外水氾濫として河川整備計画を進めた。実績最大流量時に堤防が破堤していないのに、その流量の一・八倍もの流量を想定したのは、ダムを造るためということになる。本来、実績最大流量を基本に内水氾濫対策に重点を置くべきである。

基本高水を導入した背景

第三章図3に示したように、河川管理者による努力によって堤防決壊による氾濫が大きく減少してきた。そのため、戦後最大流量を目標流量とすると、ダム建設は不要となってきた。そこで、国交省はダムを造るために、一九六四年の河川法改正時に、恣意的に流量を決めることができる基本高水の考えを導入したと考えられる。サンルダムと当別ダムで紹介したように、戦後最大実績流量を目標流量にすることに何ら問題がないのに、サンルダムでは一・三倍、当別ダムでは一・八倍の流量を想定した。一方で、沙流川水系では実績最大流量を目標流量としている。サンルダムを計画している名寄川と当別ダムを計画している当別川では、過去最大流量を目標流量とすれば、いずれもダムを建設する必要がない。一九六四年の河川法改正以前には、目標流量を過去最大実績としていたので、法律を改正しなければ、サンルダムも当別ダムも造ることができなかった。そこで基本高水の考えを導入したと考えられる。

五分でわかる説明

私たちが聴いた宮本博司さんの講演では、私たちがダムは不要と訴える場合に、五分でわかる話をしなければならないし、ダムを造ろうとしている行政も国民に五分で、ダムの必要性を語らなければならない。そうすることができなければ、眉唾物と考えなければならないとのお話しであった。

私たちは、目標流量は実績最大流量とすべきであり、あとは現在堤防が不備な個所や内水氾濫が起きる箇所などを改修し、東日本大震災のような大規模な災害の場合にも被害を最小にする努力（考え方は減災、主要には宮本さんが第二章で述べたように堤防強化）が必要であると、五分で述べることができる。一方、ダム事業者の説明は、基本高水だけでもたくさんの時間を要し、かつわかりにくいので、このような説明では眉唾の可能性が高い。

3　ダムの増量剤である「流水の正常な機能の維持」

冒頭に述べた河川法施行法第一〇条の二に、「主要な地点における流水の正常な機能を維持するため必要な流量に関する事項」が述べられている。これも、基本高水と同様に一九六四年河川法改正時に入った項目である。この考え方は、渇水になった場合に、いろいろ不都合が生じるので、ダムの貯水した水を放流して河川流量が一定流量以下にならないようにする、またそのためにダムが必要である、というものである。この一定流量を「正常流量」と呼んでいる。正常流量の定義は第二章で説明した。問題点について詳細は、佐々木（二〇一二）を参照していただきたい。「正常流量を維持しなければならない」ことの具体的根拠や事例は示されていない。正常流量のほとんどの流量は、現実の根拠から設定されたものではなく、想定の産物である。国交省は想定に基づきダムを造ろうとしているが、**「想定でなく、現実を見よ」**というのが私たちのキャッチフレーズである。

4 「想定」という虚構に基づくダムづくり

一九六四年の河川法改正は、対応すべき洪水流量（目標流量）を、過去最大流量という明瞭なものから、基本高水という想定による流量を導入して、目標流量を過大化して、ダム建設を推進した。また、それまでなかった「流水の正常な機能の維持」という想定による正常流量を導入して、ダム容量の過大化を図った。一九六四年と言えば、東京オリンピックの年であり、当時の日本は高度経済成長期のため、公共投資が大幅に増加した時期である。その流れに乗ってダムを造るために考え出されたのは、基本高水であり、流水の正常な機能の維持であると考えられる。

この考えを作り出したのは、実際に起きた問題を解決する立場でなく、想定という方法であり、いわば、多くのダムは、事実ではないことを事実らしくつくり上げるという意味での虚構の産物である。私たちは、虚構ではなく現実から出発すべきであると強く主張し、虚構からできている現在の河川法の根本的再検討を訴える。

第二節　費用対効果の検討

費用対効果とは、支出した費用にたいする得られた効果を意味する。ダムにかけた費用に対してどれだけ効果があるのか金額で表して、かけた費用より効果の金額が上回ると予測されれば、ダムは建設する価値があるということになり、建設が認められる。したがって、費用対効果によってダムは建設する価値があるかどうかを金額から示すことになり、国民に理解されやすいはずである。ダム検証会の講師をされた嶋津氏は、実際に行なわれている費用対効果について、マニアックであると表現した。マニアックは、日本語では偏執狂、すなわち凝りに凝っているという意味で、嶋津氏は、一般国民にはさっぱりわからないものという意味で使ったと考えられる。

私たちが繰り返し述べているように、税金をつかう公共事業を行なう事業者は、国民に対して説明責任をもち、わかりやすく説明しなければならない。しかし、費用対効果は極めてわかりにくいもので、それだけに疑いの目でみなければならない。

1　費用対効果算定の歴史

サンルダム計画の調査は一九八八年に始まり、一九九三年に事業に着手してすでに二〇年近く経過した。このように長年経過している事業については、その必要性に疑問が生じる。一九九七年に北海道の堀達也知事は、そのような事業を、「時のアセス」と名付けて再評価することとした。

この動きを受けて、国は一九九八年から公共事業の見直しをすることとなり、以下に該当する事業を再評価することとなった。すなわち、⑴事業採択後五年経過して未着工の事業、⑵事業採択後一〇年経過して継続中の事業、⑶再評価実施後五年経過した事業（二〇一〇年度から直轄ダムは三年）、⑷社会経済情勢の急激な変化、技術革新等により再評価の実施の必要性が生じた事業、である。この内容は、二〇〇二年度から政策評価法（行政機関が行なう政策の評価に関する法律）に基づく評価制度になった。このような再評価の考えは国民から支持されたが、残念ながら実際の再評価は形骸化している。

再評価の視点としてはいくつかあるが、とくに重視されるのは投資効果であり、そのために、ここでとりあげる費用対効果の分析が求められている。費用対効果とは、投資した資金に対して得られた成果（便益。便利で有益なこと）の割合を意味して、具体的には費用便益比を求めて判断する。治水と利水に関する費用対効果のマニュアルの資料を、この章の最後に掲載する。

ダム事業における費用便益比は、次のようにして求める。

費用便益比＝B／C（一般にビーバーシーと呼ばれる）であり、この比が一・〇以上であれば事業は継続、一・〇未満であれば事業は中止となる。ここで、Bは得られる利益（便益）であり、Cはダム事業費である。事業費は実際に支出される金額なので、あまり問題はない。問題は便益である。私たちは、ダム事業ではこの便益が想定によって過大評価される仕組みとなり、ダム建設を有利に進める手段となっている、と考えている。

2　洪水被害軽減の便益

ダムの効果には治水と利水があるとされている。治水はダムによって洪水を防ぐ効果であり、利水には水道水や灌漑用水の効果に加えて「流水の正常な機能の維持」という効果も含まれている。ダムの治水効果は、なぜか洪水被害軽減と流水の正常な機能の維持を合せて求められ、水道水や灌漑用水の利水については別途求めるようになっている。以下には、まず洪水被害軽減の効果、ついで流水の正常な機能の維持の効果について説明し、最後に治水の費用便益比について述べる。

治水の費用便益計算方法とその問題点

ダムの便益は、ダムがない場合と比べてダムがあった場合の洪水による被害の軽減額として求めることになっている。過去の大きな洪水による被害額（仮にAとする）が生じた河川にダムを建設して、この被害を防ぐことができるとするならば、便益はAと考えるのがわかりやすい。しかし治水の便益のマニュアルはそうなっていない。

便益計算の手順は次のように行なわれるが、一般国民にはほとんど理解できない。

①河川を多くのブロックにわけて、それぞれで破堤し、氾濫すると仮定する。②一／五、一／一〇、一／二〇、一／三〇、一／五〇、一／八〇、一／一〇〇の規模（五年に一回から一〇〇年に一度の洪水規模）の洪水流量を計算で求める。③それぞれの洪水流量時の破堤に応じた氾濫面積をシミュレーションで求める。④ダムがある場合とない場合の氾濫面積に応じて被害額を算出し、ダムによる被害軽減額を算出する。⑤それぞれの規模の被害軽減額を、確率を考えて整理し、全体の平均値を求める。⑥現在価値化して費用便益とする。

解説

(1) 洪水の時に、川のいたるところで堤防が切れることを想定して、その結果の氾濫面積を求める（想定に基づき計算することをシミュレーションという）。

(2) ダムがあるときとないときの氾濫面積をシミュレーションして、それぞれの被害額（土地・家屋・農業・その他）をシミュレーションする。

(3) 洪水が起きる確率を考慮してさらに計算して、ダムによる洪水被害軽減額（ダムなしの被害額ーダムありの被害額）を計算する。

(4)　最後に、計算した年の値を、評価する年の値に換算する（現在価値化という）。

問題点

ここで注目すべきは、①〜④までは、想定の上に成り立っていることである。私たちは、この想定を虚構、すなわち事実ではないことを事実らしくつくり上げること、として批判している。この想定は事実に近いものであればよいが、実際には事実とはかけ離れている。

①の問題点……すべてのブロックで氾濫することはありえない。あるところで破堤して氾濫すれば、その下流の流量は減少して破堤しにくくなる。

②……〇〇年に一回と想定しても、予想どおりの流域に予想どおりの雨が降る可能性は実際には極めて低い。同じ自然現象はほとんど二度と起きないのである。

③、④、⑤……①は誤りであり、②が当たる可能性が低いので、それらに基づく氾濫面積③と氾濫面積に基づく被害額④および被害軽減額⑤の想定が起きる可能性は低い。

⑥……過去の被害額を現在の額に変換する作業であるが、物価の変動を正確にいれるならば問題ないが、場合によっては年率四％と固定して計算している場合があり、これは正確ではない。

繰り返しになるが、整理すると次のようになる。

(1)　①で示されているように河川のすべてのブロックで破堤して、氾濫すると想定しているが、現実には、上流で破堤して氾濫すれば、氾濫した分だけ下流の流量は減少して、破堤しなくなるので、現実にはすべてのブロックで氾濫することはありえず、現実を反映しないモデルであり、被害額は必ず過大になる。

(2) 以下に述べるように過去の洪水被害額と比較すると数倍から一〇倍以上の被害額を想定することになる。これも非現実的である。

(3) 公費を投入する費用便益計算には説明責任が伴う。シミュレーションや確率計算など国民にわかりにくい非現実的計算を行なうべきでなく、国民がすぐにわかる手法を用いるべきである。

サンルダムの治水の便益

河川の至る所で堤防が決壊すると仮定する

図1は、天塩川流域委員会で示された浸水域想定図である。天塩川の場合、河川の両岸に合わせて一〇一個のブロックとそれぞれに破堤する場所（図1ではXで示されている）が決められ、一〇一の全てのブロックで破堤することを想定して浸水想定区域を求めている。しかし、現実の洪水では上流で破堤・氾濫すれば、下流の流量は減少して破堤しない。河川工学の専門家による、このような氾濫面積シミュレーションは現実を無視した架空のものであり、被害額を大きくすることを目的とした恣意的なものと言わざるをえない。

被害額を過去の実績被害額より過大に設定されている

図1　浸水想定模式図

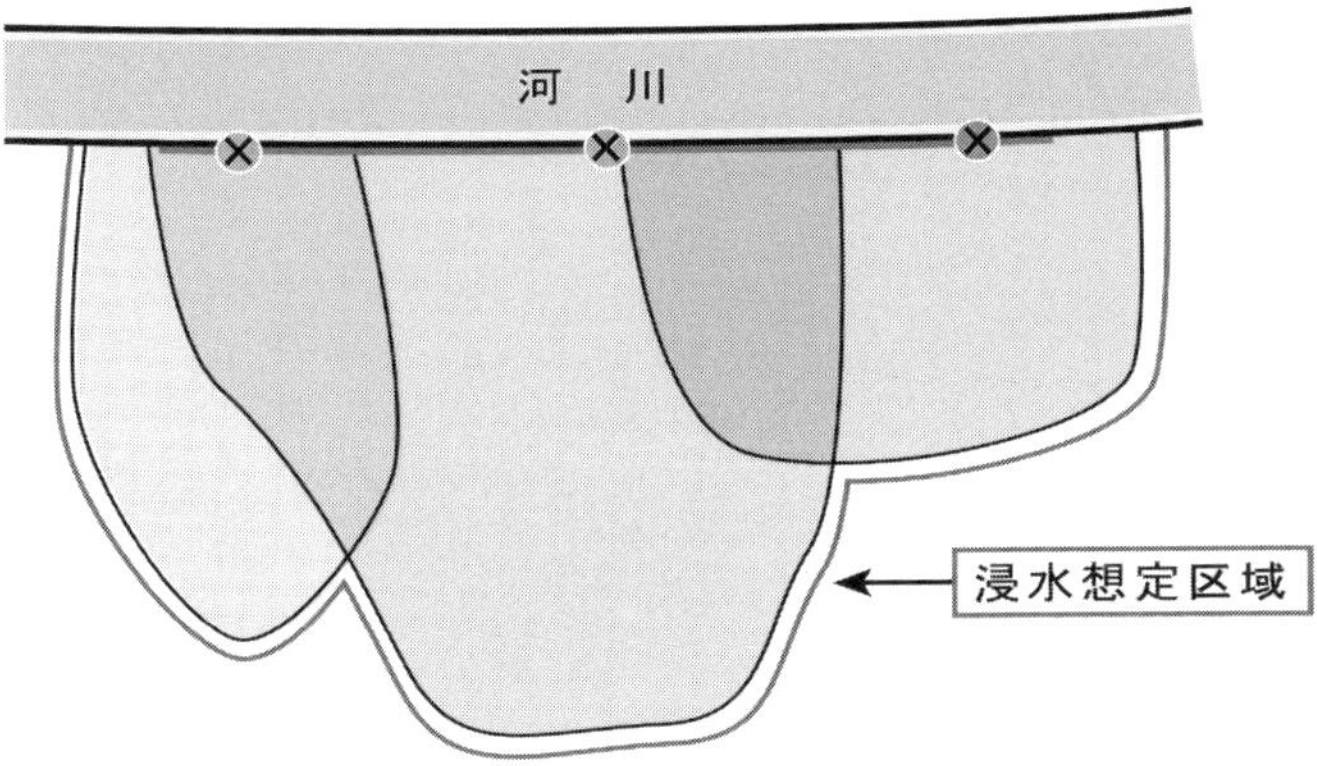

図の×で示されている場所で破堤するとしている。図には示さないが、河川の反対側でも同様に破堤する、としている。実際の洪水ではこのようなことは起きない。

天塩川流域委員会資料

実際の被害額とシミュレーションによる想定被害額を見てみる。天塩川河川整備計画では、戦後最大規模の洪水流量により想定される被害の軽減を図ることを目標としている。戦後最大規模の洪水は、一九七三年八月、一九七五年八月および一九八一年八月の洪水であり、水害統計によれば被害額はそれぞれ、二四・四四億円、六九・六五億円および五六・〇一億円である。

北海道開発局は、すでに述べたシミュレーションによって各洪水規模における想定被害額を計算で求めた（表1）。現在考えられている河川整備計画には明記されていないが、せいぜい五〇年に一度の洪水が想定されているので、そのときの想定被害額は二九九四億円とされている。これは、現在価値化の額である。現在価値化については

表1に説明を載せた。

図2に国交省がデフレーター（価格変動による影響を取り除いた数値）による被害額を、図3に一九九〇年以降のデフレーターによる実際の被害額と開発局が想定した被害額を示した。

水害統計による、当時の被害額は、一九七三年八月が二四億四四〇〇万円、一九七五年八月が六九億六五〇〇万円、一九八一年八月が五六億一〇〇〇万円であった。図2のデフレータにより、補正された被害額は、一九七五年が約一二〇億円、一九八一年が八〇億円弱であり、当時の被害額と比べるとそれぞれ、一・七二倍、一・四三倍である。一方、費用対効果でもちいられる割引率四％で二〇〇九年の現在価値化するとどうなるか計算した。一九七五年の場合は三四年経過しているので、現在価値化額は、、二四・四四×（一・〇四）の三四乗となり、二六四億円に、一九八一年の場合は二八年経過しているので、五六・〇一×（一・〇四）の二八乗となって、一六八億円となる。デフレータによる現在価値化と比べると、一九七五年は二六四／一二〇＝二・二、一九八一年では一六八／八〇＝二・三となり、実際に近い現在価値化の約二倍額であった。しかし、開発局が想定した被害額はデフレータによるものでも割引率四％の現在価値化の額でもなく、それらよりもずっと大きな額である。

図3には、シミュレーションによる五年に一度と一〇年に一度の想定被害額も示してある。一九九〇年から二〇〇五年の一五年間で最大の実際の被害額が約四〇億円なのに対して、想定被害額は五年に一度の洪水で約六七億円、一〇年に一度の洪水で約九七億円と計算している。開発局

表1　天塩川・名寄川流域の被害額とサンルダムによる被害軽減額予測

流量規模	被害額1	被害額2	被害軽減額
	百万円		
1/5	6,713	6,655	58
1/10	9,714	9,110	604
1/20	40,809	28,800	12,009
1/30	102,568	69,528	33,040
1/50	299,499	210,566	88,933
1/80	920,085	343,958	576,127
1/100	1,009,171	606,729	402,442

注）ともに現在価値化しているため、その当時の被害額より大きな値となっている。

被害額1：サンルダムがない場合、被害額2：サンルダムがある場合。被害軽減額は、被害額1－被害額2から求める。1/5は5年に一度起きると想定される洪水、1/10は10年に一度。

出典：北海道開発局の資料「平成20年度天塩川サンルダム建設事業のうちダム実施設計外業務（費用対効果検討編）（2009年3月）」

現在価値化　例えば金利が5％の場合、今日の100円は1年後の105円と同じ価値であるという考えをもとに、将来の金額を現在の価値に置き換えることである。その割合（この場合5％）を“割引率”という。来年の100円を現在の価値に置き換えると、100/（1+0.05）＝95.2円となる。逆に、去年の100円の現在の価値は100×（1.05）＝105円となる。10年前に100円を貯金すると、100×（1.05）^{10}＝162円になり、10年後の100円を現在価値化すると、100/（1.05）^{10}＝61.4円となる。このように、将来の費用を現在価値化すると小さく、過去の費用は大きくなる。ダム関係では、割引率を4％として計算している。

場合によっては、デフレーター（物価の変動などを加味して計算する）によって現在価値化することがあり、こちらの方が現実的である。

の被害想定額がいかに過大なのか明瞭である。

戦後最大の洪水被害額は一九七五年の六九・六五億円なので、その後三五年を経た二〇一〇年の現在価値化額は、六九・六五X（一・〇四）三五となり、二七四・八億円となる。デフレーター（図2）によればその半額以下の約一二〇億円である。いっぽう、開発局の想定は二九九四億円（表1）なので、デフレーターによる現在価値化の約二五倍、四％割引率による現在価値化の現在価値化額の一〇・九倍も高額である。このように見ると、洪水被害想定額は現実をみない虚構（事実ではないことを事実らしくつくり上げること）と言わざるをえない。このことは、以下のように会計検査院も指摘している。

会計検査院の指摘

会計検査院法第三六条の規定による意見「ダム建設事業における費用対効果分析について（二〇一〇年十月二十八日付け、国土交通大臣あて）」

「調べた三九ダムのうち二八ダムは、五年に一回発生すると想定している洪水被害額が過去一〇年間に一度も発生していない。このうち二〇ダムの最大被害額は一／五想定被害額の一〇％にも満たない」

サンルダムの治水便益

このように、過大な浸水想定などによって、想定被害額は天塩川の場合三～二五倍過大な額となっている。実際の便益計算は上述の「(1)治水の費用便益計算方法とその問題点」のとおり複雑

図2　天塩川流域の過去の水害被害額のデフレーターによる現在価値化額

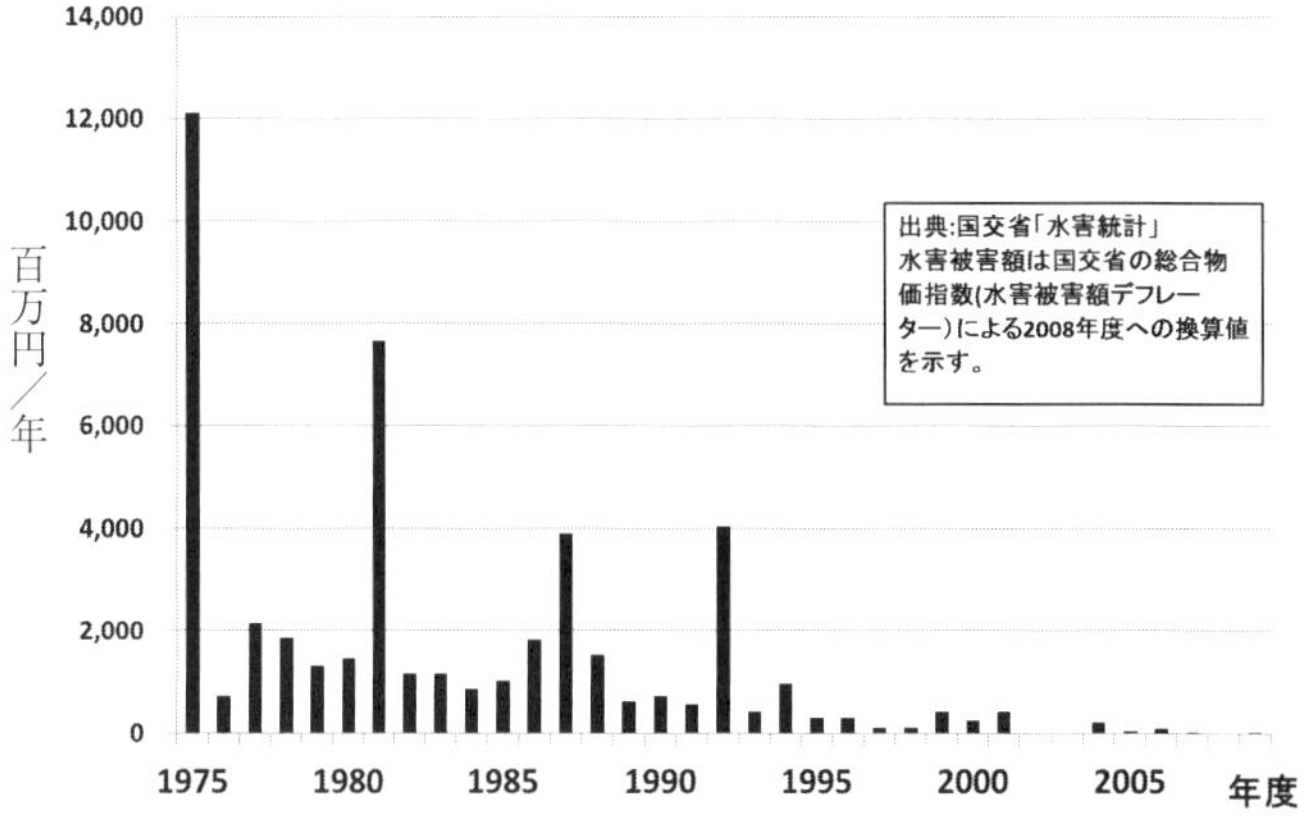

第5回検証会、嶋津資料

図3　1990年以降の実際の被害額（現在価値化）と開発局の想定被害額

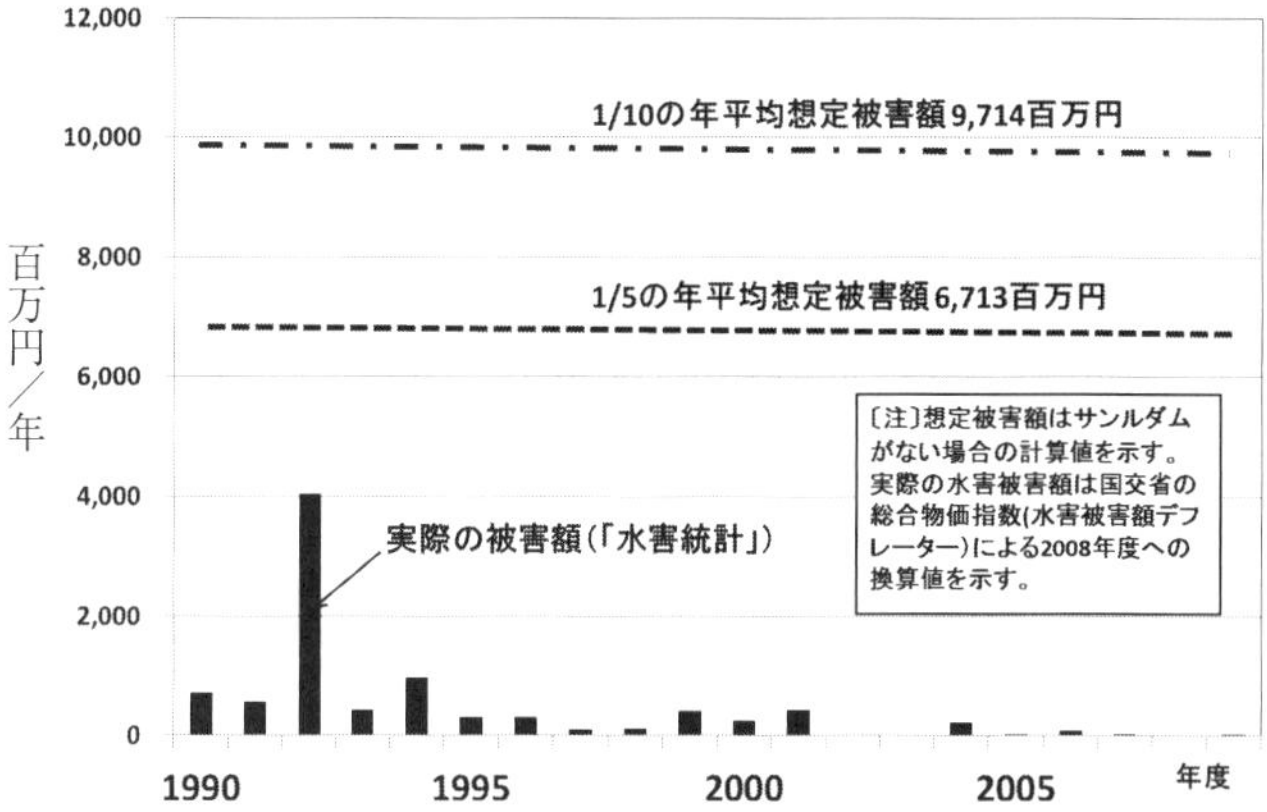

第5回検証会　嶋津資料

なので省略する（関心のある方は、北海道自然保護協会HPの「これまでの活動」の二〇一一年七月十一日付、「北海道における三ダム事業（サンルダム・平取ダム当別ダム）の必要性検証結果と提言 その五―費用対効果―」を参照していただきたい）。

北海道開発局はサンルダムの治水の便益（ダムによる被害軽減額）は八八二億円（二〇〇八年再評価）または一〇四六億円（二〇一一年再評価）としている。私たちは、一九七五年の戦後最大の洪水被害額六九・六五億円をデフレーターによって現在価値化した一二〇億円を、ダムにより洪水被害を生じさせない便益と考えて、ダムの便益とするのがずっとわかりやすいと考えている。そうだとすれば、治水マニュアルにより計算した二〇〇八年再評価の洪水被害軽減額八八二億円は、八八二／一二〇＝七・三五倍も過大であり、二〇一一年再評価の洪水被害軽減額一〇四六億円は、一〇四六／一二〇＝八・七一倍過大である。

平取ダムの治水の便益

計算方法は、サンルダムと同じである。表2に平取ダムによる沙流川および額平川流域氾濫被害軽減額の予測を示した。

次に、実際の被害額と開発局が想定した被害額を比較してみる。最大の被害額は二〇〇三年八月の台風一〇号来襲時に生じた。デフレーター（物価補正などで現在の価値に転換）で二〇〇八年に換算した被害額は一三〇億円弱である。一方、想定被害額（表2）は、五〇年に一度の洪水五

表2　平取ダムによる沙流川流域氾濫被害軽減額の予測

流量規模	被害額1	被害額2	被害軽減額
	百万円		
1/20	5,933	101	5,832
1/30	19,194	155	19,039
1/50	53,008	4,676	48,331
1/100	211,538	118,354	93,138

被害額1：平取ダムがない場合、被害額2：平取ダムがある場合。被害軽減額は、被害額1－被害額2から求める。そのほかは表1に同じ。
出典：沙流川総合開発事業平取ダムの関係地方公共団体からなる検討の場第5回資料の「費用便益費」参考資料（室蘭開発建設部HP）

図4　沙流川の実績水害被害額

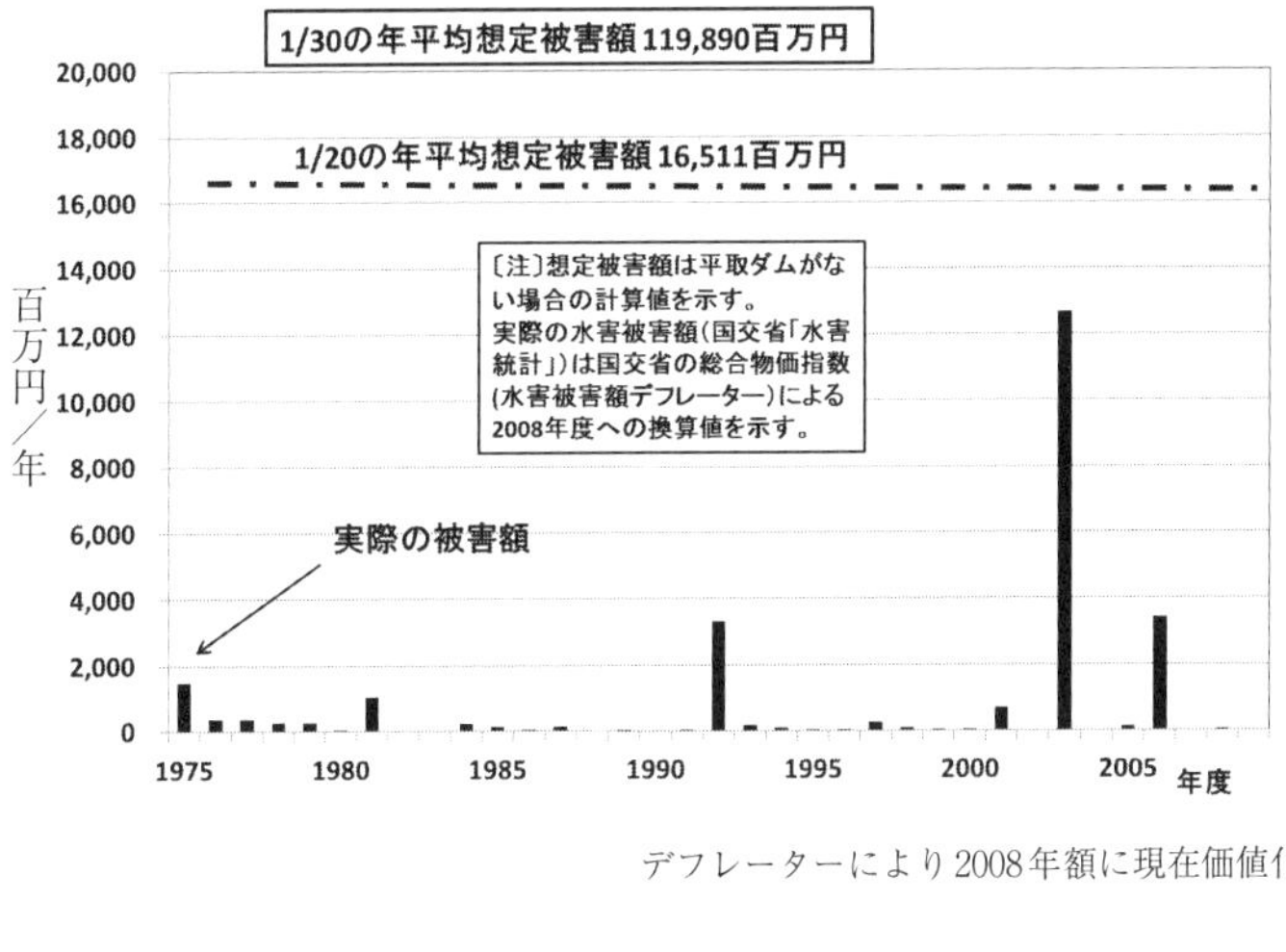

デフレーターにより2008年額に現在価値化

三〇億円、一〇〇年に一度の洪水では二一一五億円と想定している。二〇〇三年八月の洪水は一／一〇〇の洪水であり、開発局の想定では二一一五億円であるので、実際の被害額は約一三〇億円であり、一六倍過大となっている。実際に一／一〇〇の洪水被害額が明らかになっているのに、それに目もくれず、想定で求めた過大な被害額に固執するところに、費用対効果の偽装の本質が現れている。

このように過大な洪水被害額を用いてマニュアル通り計算して、開発局は平取ダムの便益は五六二億円と算出した。私たちは、二〇〇三年の台風時の被害額をデフレーターにより現在価値化した約一三〇億円を、ダムですべて被害が起きないとして便益とするのがわかりやすいと考えている。そうすると、治水の便益を五六二／一三〇＝四・三倍過大に見ていると判断される。

当別ダムの治水の便益

表3に、当別ダムによる氾濫被害額および軽減額の予測を示した。当別ダムでは五〇年に一度の洪水を想定しているので、被害想定額は一三二四億円、被害軽減額は一二〇〇億円としている。戦後最大の一九八一年洪水時の被害額は、デフレーターによって二〇〇八年の値にして約三五億円である（図5）。一九八一年洪水は五〇年に一度に相当すると考えられるので、想定と実際の被害額は、一三二四／三五＝三七・八倍にもなるので想定はあまりにも過大である。

私たちは繰り返し述べているように、被害軽減額は、戦後最大の被害額をなくすことが単純明

表3　当別ダムによる当別川流域氾濫被害軽減額の予測

流量規模	被害額　1	被害額　2	被害軽減額
	百万円		
1/4	0	0	0
1/5	446	0	446
1/10	1,481	334	1147
1/20	15,642	1,105	14537
1/30	55,983	5,294	50689
1/50	132,421	12,374	120047

被害額1：当別ダムがない場合、被害額2：当別ダムがある場合。被害軽減額は、被害額1－被害額2から求める。そのほかは表1に同じ。

出典：第5回検証会、嶋津資料

図5　当別町の水害被害額

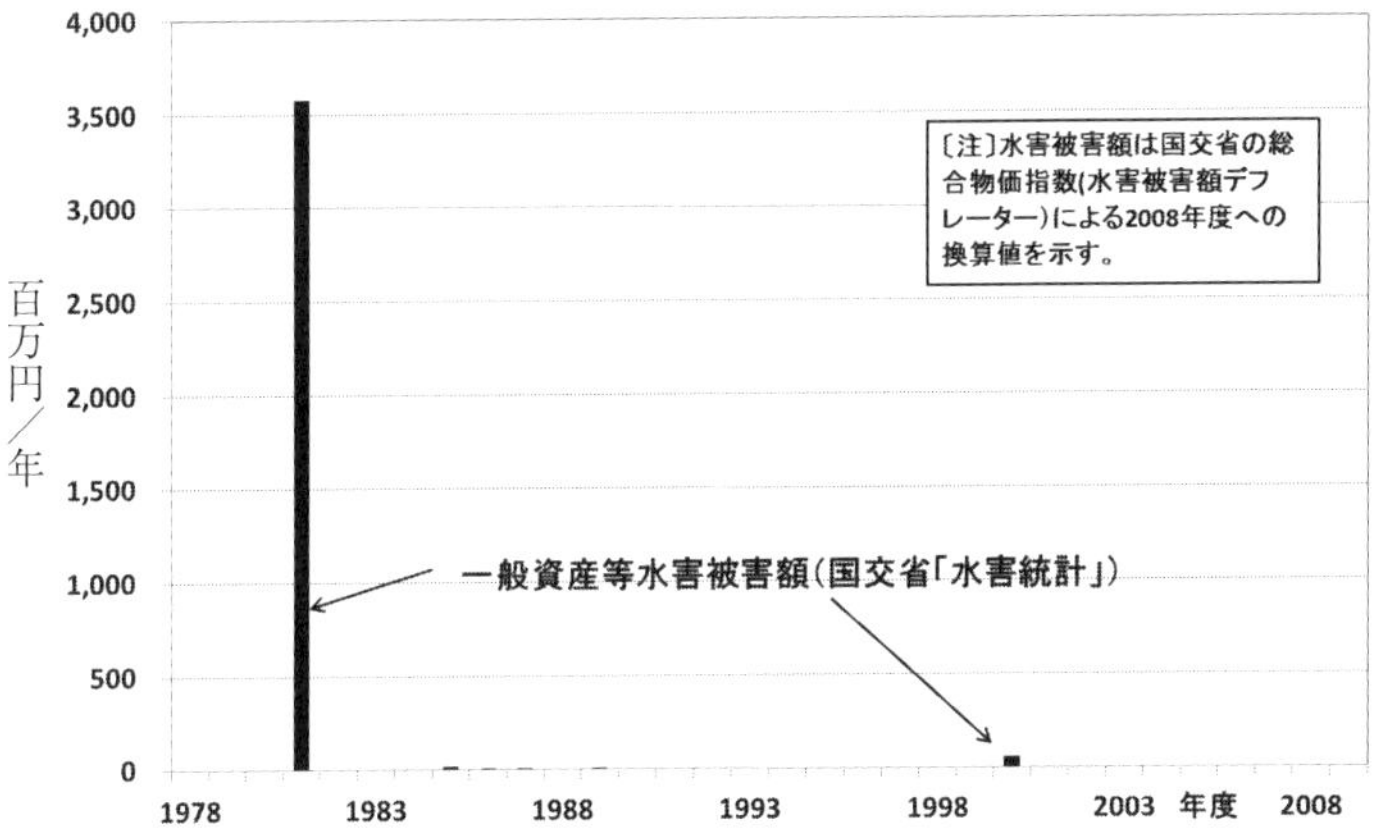

1981年洪水被害額が最大、物価変動などを考慮して（デフレーター）2008年額にしてある。

快であり、当別川の治水の便益は、デフレーターによる現在価値化額の三五億円と考えている。北海道は、複雑な計算を行なって、治水の便益を三五三億円としているので、私たちの考える被害額の約一〇倍を想定していることになる。すでに述べたように、当別川の治水では基本高水を実績最大の一・八倍流量にしていて、被害想定額も極めて過大に見積もり、過大想定のオンパレードである。

治水の費用便益計算の問題点のまとめ

(1) マニュアルのシミュレーションのすべてのブロックで氾濫すること実際にはありえず、現実を反映しないモデルである。

(2) その結果、過去の洪水被害額と比較すると数倍から一〇倍以上の被害額を想定することになる。これも非現実的である。

(3) このような非現実的被害額から算出された被害軽減額も、非現実的である。

(4) 公費を投入する費用便益計算では、国民にわかりにくい非現実的計算を行なうべきでない。

(5) 過去の最大被害額を生じさせないと考えて、この過去最大被害額を被害軽減額として採用すると、国民はダムの効果を明瞭に理解できる。

(6) そのような考えに基づけば、現在価値化を考慮して、

①サンルダムの治水便益は、一〇四六億円ではなく一二〇億円(一〇四六／一二〇＝八・七倍

過大）
②平取ダムの治水便益は、五六二億円ではなく一三〇億円（五六二／一三〇＝四・三倍過大）、
③当別ダムの治水便益は、三五三億円ではなく三五億円（三五三／三五＝一〇倍過大）
とするのが妥当である。

3　流水の正常な機能の維持便益

「流水の正常な機能の維持」便益計算の問題点

「流水の正常な機能の維持」とは、渇水で川の水の流れが少なくなったら、川で生息している魚などの生物に悪影響を与える、また灌漑用水が水田に流れにくくなるなどの理由をあげて、河川水が一定量（正常流量と言う）以下にならないように維持するためにダムが必要という考えである。これについては、第三章、第四章および第五章で、サンルダム、平取ダムおよび当別ダムについて、灌漑用水を除いて必要がないことを述べてきた。したがって、少なくともこの三つのダムについては「流水の正常な機能の維持」の便益はないと考えている。

しかし、三つのダムについて便益がだされているので、その問題点を簡潔に指摘する。

身代わりダム建設という考え

最初に、愛知県設楽《したら》町に建設計画のある設楽ダムについての報道（二〇〇九年十月十一日付、東

京新聞）を紹介する。

「国交省は、『流水の正常な機能の維持』は生き物を守る環境保全の効果、と説明する。だが、実際は効果を計算できないため、六〇〇〇万トン（容量では六〇〇〇万㎥：筆者注）級のダム建設費にあたる一二六九億円を効果として計上した。……国交省によると、効果を身代わりダム建設費で代用することを公的に裏付けた計算マニュアルや通知はない。同省は環境保全の効果の試算はできないとした上で、『水を確保するにはダムでためるしか方法がない。その建設費を効果額とすることが妥当』と主張する」

設楽ダムの建設予定費は二〇七〇億円、総貯水容量は九八〇〇万㎥で、そのうち正常流量の機能維持の貯水容量は六〇〇〇万㎥である。そこで、正常流量の容量のダムを建設したと仮定して、そのためのダム建設費を、総額二〇七〇億円に正常流量割合（六〇〇〇万㎥／九八〇〇万㎥）を乗じて求めた結果が一二六七億円となる。なお、この報道には、さらに「建設費を支出と効果に計上する手法は、農水省も用水やダム事業で用いていたが、『費用が効果という理屈はおかしい』との専門家の批判もあり、一年前に廃止した」という内容が記事となっている。先に述べたように、「流水の正常な機能の維持」は、少なくとも魚類については実績に基づかない想定のものなので、その効果を示すことができないのは当然である。本来、その効果を明示できなければ、そのための効果を計算できないため、苦し紛れに得体の知れない「身代わりダム建設費」を考えついたことになる。

図6　サンルダム、平取ダムおよび当別ダムの総貯水容量と建設費の関係

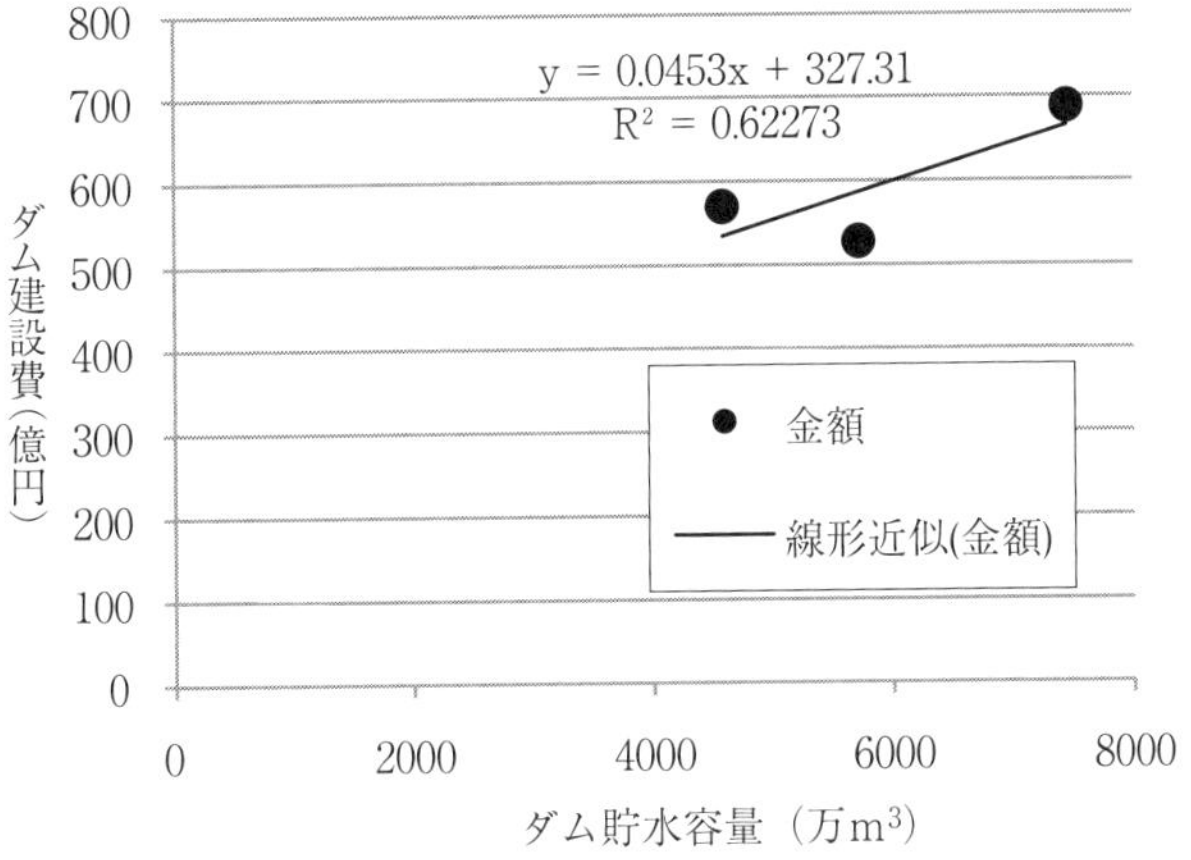

この場合の計算を再確認する。設楽ダムの総貯水容量は九八〇〇万㎥で、このうち「流水の正常な機能の維持」の容量は六〇〇〇万㎥なので、建設費二〇七〇億円を比例配分して、流水の正常な機能の維持の便益を一二六七億円とした。この考え方で、三つのダムの費用対効果を調べた。

サンルダムの流水の正常な機能の維持の便益費

サンルダムの流水の正常な機能の維持の便益の再評価は、二〇〇八年と二〇一一年に行なわれた。

二〇〇八年再評価

サンルダムの総貯水容量は五七二〇万㎥であり、流水の正常な機能の維持の容量は一五〇〇万㎥である。ダム建設費は五二八億円なので、流水の正常な機能の維持の身代わりダム建設費は、五二八X（一五〇〇／五七二〇）＝一三八億円となる。

再評価では、身代わりダム建設費を三六七億円

としているが、その根拠は示されていない。

ダムの建設費は、ダム本体工事にかかる前に必要な経費（b）と、ダムの容量に比例する費用（（容量をXとするとaX）があるので、ダムの大きさ（X：総貯水容量：万㎥）と建設費（Y：億円）との間には、Y＝aXの関係ではなく、Y＝aX＋Bの関係となる。サンルダムに加えて平取ダムと当別ダムの三つのダムでXとYの関係を見た（図6）。得られた関係式は　Y＝〇・〇四五三X＋三二七　であった。この式を用いてサンルダムの流水の正常な機能の維持の容量一五〇〇万㎥をXに入れると、Yは三九五億円となり、開発局が示した身替りダム建設費三六七億円と比較的近い値になった。設楽ダムと同じ計算で求めた値一三八億円と比較すると開発局が示した身代わりダム建設費は約二・六倍の三六七億円にしている。

この三六七億円から出発して五〇年間の便益が現在価値化して求められている。三六七億円を五〇年で割ると、七・三四億円／年となる。ダム建設は六年後完成を見込んでいる。七・三四億円の六年後の現在価値化は、七・三四／（一・〇四）六で求められ、五・八億円となる。七・三四／（一・〇四）Xを、Xが六から五五まで積算すると一二九・六億円になるので、流水の正常な機能の便益は一三〇億円としている。現在価値化による計算によって、最終的には一三八億円に近い便益費となった。

二〇一一年再評価
二〇一〇年十月に、会計検査院が、国土交通省に対して不特定容量（「流水の正常な機能の維持」

と同じ意味）の便益計算が、各ダムによって異なる問題を指摘した。これを受けて国土交通省は、ダムができてからではなく、ダムができるまでの期間の現在価値化で計算するように省内各部局に通知した。

サンルダムの再評価では、一九八八年にダム事業が始まり、二〇一三年に完成見込みを踏まえて再評価することとなった。このときの流水の正常な機能の維持の建設費は三七〇億円（二〇〇八年は再評価では三六七億円）とされた。一九八八年から毎年の建設費を現在価値化して二〇一三年までの積算した値を流水の正常な機能の維持の便益とした。この場合は、現在からa年前の建設費をy円とすると、現在価値化による建設費Yは、Y＝y×（一・〇四）×aとなり、これを一九八八年から二〇一三年まで計算して積算して求めた便益は四四八億円となった。この場合の身代わりダム建設費は三七〇億円なのに、便益は四四八億円となった。新しい現在価値化の方法では、便益／建設費は必ず一・〇を超えることになり、サンルダムの場合は四四八／三七〇＝一・二一と計算された。

流水の正常な機能の維持の便益が二〇〇八年再評価では一三〇億円、二〇一一年では四四八億円であり、同じ便益が計算方法で大きく異なることになった。流水の正常な機能の便益が実際には存在しないので、あれこれと考えて、ある方法ではA円、違う方法ではB円となったことを示している。計算方法によって便益が変わることは、結果として流水の正常な機能の便益が実際には存在しないことを、図らずも露呈したと言える。流水の正常な機能の維持に効用があったと仮定すると、その効用は計算方法で大きく異なるものであるはずがない。元々、流水の正常な機能の維持の効果は具体的に説明できないため、どのようにも悪用できることを天下に示したと言える。

平取ダムの流水の正常な機能の維持の便益費

平取ダムの洪水調節容量は四五八〇万㎥、流水の正常な機能の維持容量は九一〇万㎥、建設費は五七〇億円なので、設楽ダムと同じ方法で身代わりダム建設費を求めると、

五七〇×（九一〇／四四五〇）＝一一七億円となる。

平取ダムの費用便益費計算では、流水の正常な機能の維持便益は、当初、身代わりダム建設費として計算して一七九億円、サンルダム二〇〇八年再評価と同じ方法で現在価値化して五八億円としたが、その後サンルダム二〇一一再評価と同じ方法によって二九七億円とした。

当別ダムの流水の正常な機能の維持の便益費

当別ダムの建設費は六八八億円、総貯水容量は七四五〇万㎥、流水の正常な機能の維持容量は二五四〇万㎥なので、設楽ダムと同様に計算すると、身代わりダム費は、

六八八×（二五四〇／七四五〇）＝二三五億円と算出される。

しかし、当別ダムの流水の正常な機能の維持の身代わりダム建設費は四六八億円としている。

サンルダムで求めた計算式に流水の正常な機能の維持の容量をY＝〇・〇四五三X＋三二七の式に入れると、四四二億円になるので、そのような関係で四六八億円になったか、サンルダム二〇一一年再評価と同じ方法で過去からダム完成時までの現在価値化して求めた結果が四六八億円前後になるので、どちらかの方法で求めたと考えられる。

4　治水と流水の正常な機能の維持の開発側の費用便益と私たちの費用便益

サンルダム

事業者：北海道開発局

①二〇〇八年再評価

サンルダム建設事業の総費用（現在価値化）

総費用(c)　六二九億円

①洪水調節の便益　八八二億円

②流水の正常な機能の維持の便益　一三〇億円

③残存価値　一三億円

総便益(b)　一〇二五億円

B／C＝一〇二五／六二九＝一・六三

②二〇一一年再評価

総費用(c)　六八一億円

①洪水調節の便益　一〇四六億円

②流水の正常な機能の維持の便益　四四八億円

③残存価値　一二億円

総便益　一五〇六億円

B／C＝一五〇六／六八一＝二・二

私たちの考え

総費用(c)、開発局と同じ六二九億円

総便益(b)、

治水便益は、戦後最大の洪水被害（一九七五年、六九・六五億円）を、デフレーターで現在価値化した一二〇億円が妥当と考える、流水の正常な機能の維持の便益はないので、〇円

B／C＝一二七五／六二九＝〇・四八

費用対効果は一・〇を下回る。

平取ダム

事業者：北海道開発局

総費用(c)　六七九億円

総便益
①洪水調節の便益　五六二億円
②流水の正常な機能の維持の便益　二九七億円
③残存価値など　八億円
総便益(b)　八六七億円
B／C＝八六七／六七九＝一・二八
私たちの考え
総費用(c)、　六七九億円
総便益(b)、　二〇〇三年の台風時の被害額約一三〇億円を二〇一三年の現在価値化した一九二億円をダムによってなくすと考えて治水便益一九二億円、流水の正常な機能の維持　〇円
B／C＝一九二／六七九＝〇・二八
費用対効果は一・〇を下回る。

当別ダム
事業者：北海道
総費用(c)、　三九九億円
①洪水調節の便益

洪水被害軽減便益　　　　　　　　　　　毎年平均二一・六五億円
施設完成後の五〇年間について計算　平均二一・六五億円×五〇年間　一〇八三億円
一〇八三億円を現在価値化　→　　　　　　　　　　　　　三五三・四億円
②流水の正常な機能の維持の便益
身替り建設費　四六八億円　現在価値化　→　　　　　　四五八億円
③残存価値　　　　　　　　　　　　　　　　　　　　　三・五億円
総便益(b)　　　　　　　　　　　　　　　　　　　　　八一五億円
B／C＝八一五／三九九＝二・〇四
私たちの考え
総費用(c)、　　　　　　　　　　　　　　　　　　　　三九九億円
総便益(b)、一九八一年氾濫被害額を現在価値化した三五億円をダムによって起きないようにすると考えて治水便益三五億円、流水の正常な機能の維持　〇円
B／C＝＝三五／三九九＝〇・〇九
費用対効果は一・〇を下回る。

私たちが見積もった当別ダムの費用対効果が極めて小さいのは、上述したように、洪水による推定被害額が実際の被害額に比べて極めて高額に加えて、流水の正常な機能の維持の便益も高額

のためである。サンルダムではおよそ一〇倍、平取ダムでは一五〜一八倍の想定被害額なのに対して、当別ダムでは約三八倍の想定被害額であることが関係している。

なお、流水の正常な機能の維持は、治水とは関係ないのに治水の便益に入れているので、この分を除いてB／Cを計算するとサンルダムの場合のB／C＝一・五であるが、平取ダムの場合のB／C＝五六二／六七九＝〇・八三、当別ダムB／C＝三五三／三九九＝〇・八八となり、いずれもダム建設が認められない結果となった。このことからも、費用対効果の計算は不明朗である。

5　環境問題の費用対効果

ダム建設は、二風谷ダムのようにサクラマスの減少を惹き起こすので、ダムは効果だけでなく、被害（マイナスの効果）も生じさせる。現在の費用便益計算ではこのことは考慮されていない。被害は補償が基本なので、被害額は建設費と同様に費用(c)になり、結局環境破壊があれば、B／Cはさらに小さくなる。きちんと費用便益を求めるとするならば、ダムによって惹き起こされた環境悪化も考慮すべきである。

6　費用対効果のまとめ

(1)　費用対効果の説明は、大多数の国民には理解できないことである。
(2)　洪水によって河川の至る所で氾濫するというモデルが誤りのため、治水の便益が過大となっているが、誤りである。

(3) 流水の正常な機能の維持の便益は、魚類が渇水により障害を受けるという根拠のない想定によるもので、便益は認められない。この便益を主張するならば、根拠を示さなければならない。

(4) 治水の便益を、過去の最大被害額をなくすというわかりやすいものとすべきであり、そうすると、三つのダムすべてで費用対効果は一・〇以下となる。

(5) ダムによる環境破壊や魚類など生物への悪影響もマイナスの便益として計算すべきである。

第三節　水利権問題

1　極めてわずかな水道水量のためにダムを建設しなければならない不思議

「新たに水道水を確保するために、ダム事業に参画する」ということが言われる。名寄市と下川町は、そのためにサンルダム事業に参画、平取町と日高町は平取ダム事業に参画、札幌市、小樽市、石狩市は当別ダムに参画している。当別町は、当別ダムに参画することを条件に水利権を得ている（暫定水利権）。水道水（工業用水やかんがい用水も同じ）のために、なぜダム事業に参画しなければならないのだろうか。

図7　真勲別における1968～2002年の間の正常流量以下の日数／年

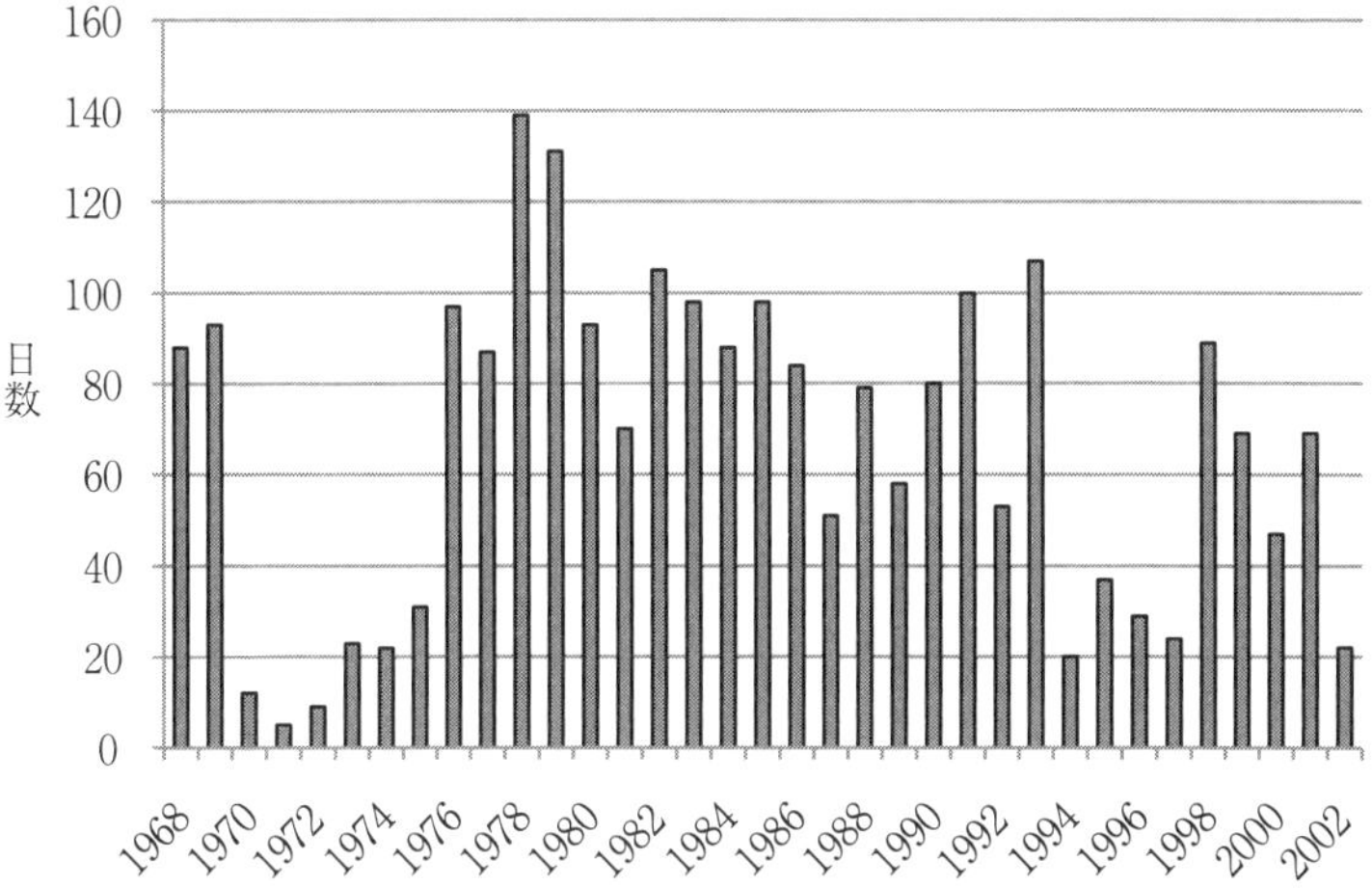

開発局資料

サンルダムの場合

河川水はいろいろな目的に利用されるので、利用しすぎて河川水が不足する事態を避ける必要がある。そのために、これ以上利用してはいけない基準値が設けられている。いくつかの説明があるが、サンルダムなどではこの基準値として正常流量が用いられている。

サンルダムに関係する名寄川では、本章第一節2で述べたように、名寄川の真勲別《まくんべつ》地点の正常流量を、灌漑期（五～八月）は六・〇㎥／秒、非灌漑期（九～四月）は五・五㎥／秒としてある。すなわち、名寄川真勲別ではこの流量以下にしてはならないということである。

実態を見ると、一九六八～二〇〇二年

の間の年間の正常流量以下の日数を棒グラフにしたものを図7に示した。正常流量以下の日数は、年平均六六日で、一〇〇日以上の年が四年あった。このようにしばしば正常流量以下の流れなのに、渇水で困難を極めたという記事はほとんどないし、サクラマスが減少したことも記載されていない。

近年でもっとも渇水であった二〇〇七年七月の流量を図8に示した。正常流量以上は一日しかなく、平均流量は三・九㎥／秒であったが、取水制限や断水などは生じなかった。また、サクラマスが減少したという報告もなかった。このような実態を見ると、名寄川の正常流量は虚構の上に計算されたものと言わざるをえない。

上記の「流水の正常な機能の維持」の項で述べたが、どうしても必要なのは水道水や灌漑用水であり、その流量は灌漑期に一・二㎥／秒、非灌漑期に〇・七㎥／秒であり、一〇年に一度の渇水流量は二・五八㎥／秒なので、ダムによる正常流量は必要がないことになる。

下川町は〇・〇〇一五㎥／秒、名寄市は〇・〇一七㎥／秒の水源が不足しているので、サンルダムによって水利権を得たいとしている。しかし、一／一〇渇水でも約二・六㎥／秒の流量があるので、この渇水流量と比較して下川町の水道水はわずか〇・〇六%、名寄市は〇・六六%の水量で十分であり、なぜそのためにサンルダム建設しなければならないのか、とても考えられない。非常に僅かの水量のためにダムが必要というのであれば、水利権問題は、ダムを建設するために考えられた国交省の悪知恵といって差し支えないのではないだろうか。

図8　真勲別地点における2007年7月の流量の推移

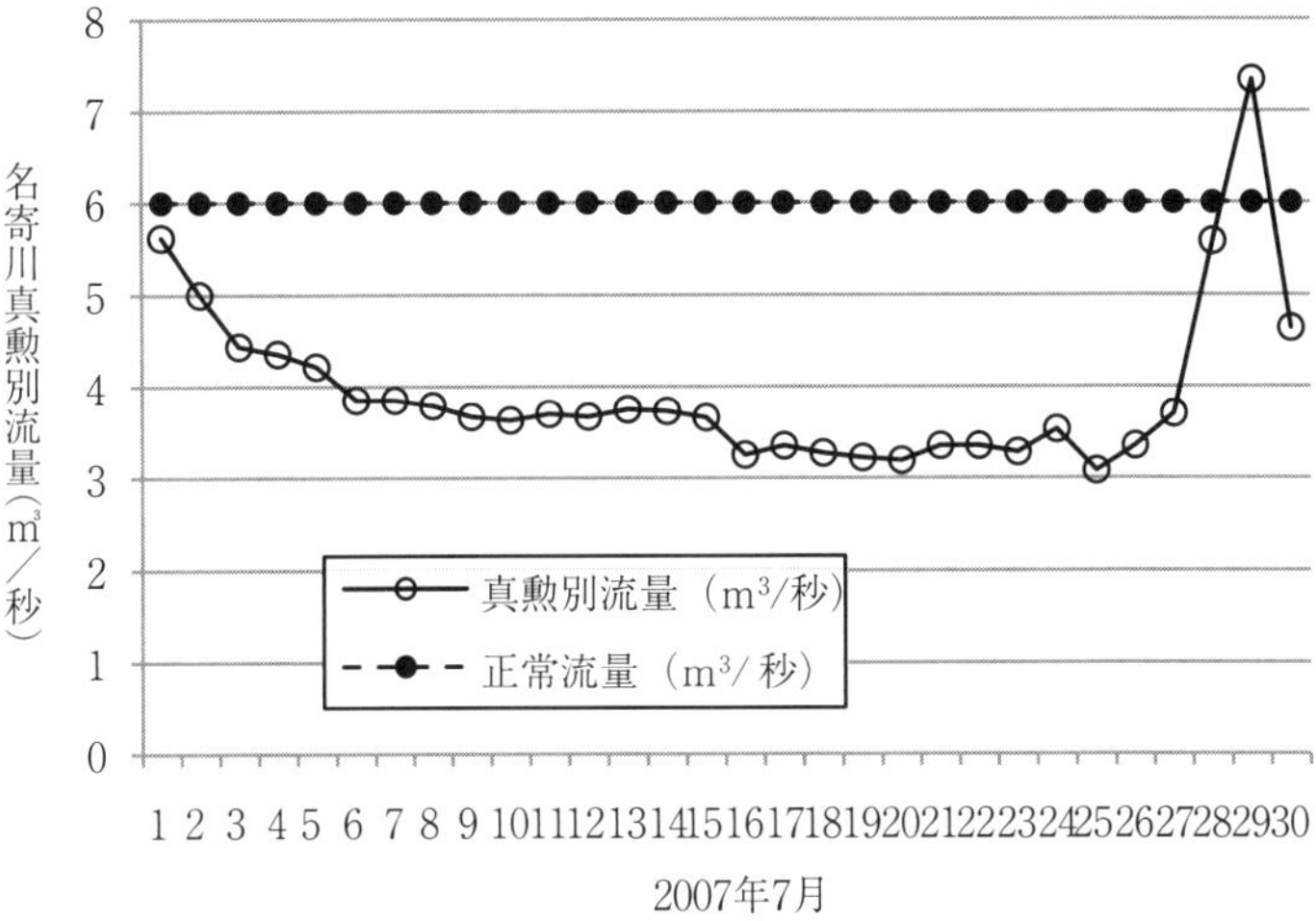

平取町と日高町の場合

水道水のために平取町は一四〇〇㎥／日（〇・〇一六㎥／秒）、日高町は一二〇〇㎥／日（〇・〇一四㎥／秒）の水利権が不足しているので、平取ダムが必要と述べている。近年でもっとも渇水であった一九九四年の七～八月にかけての最小流量は六～七㎥／秒であった（第四章図10）。最小流量を六㎥／秒として計算すると、日高町の水道水はその〇・二七％、日高町のそれは〇・二三％であり、このような極めてわずかな水量のためにダムを造らなければならないというのは疑問である。

当別町の場合

当別町では、当別ダムに参画することを

図9　日高町の渇水被害予測日数

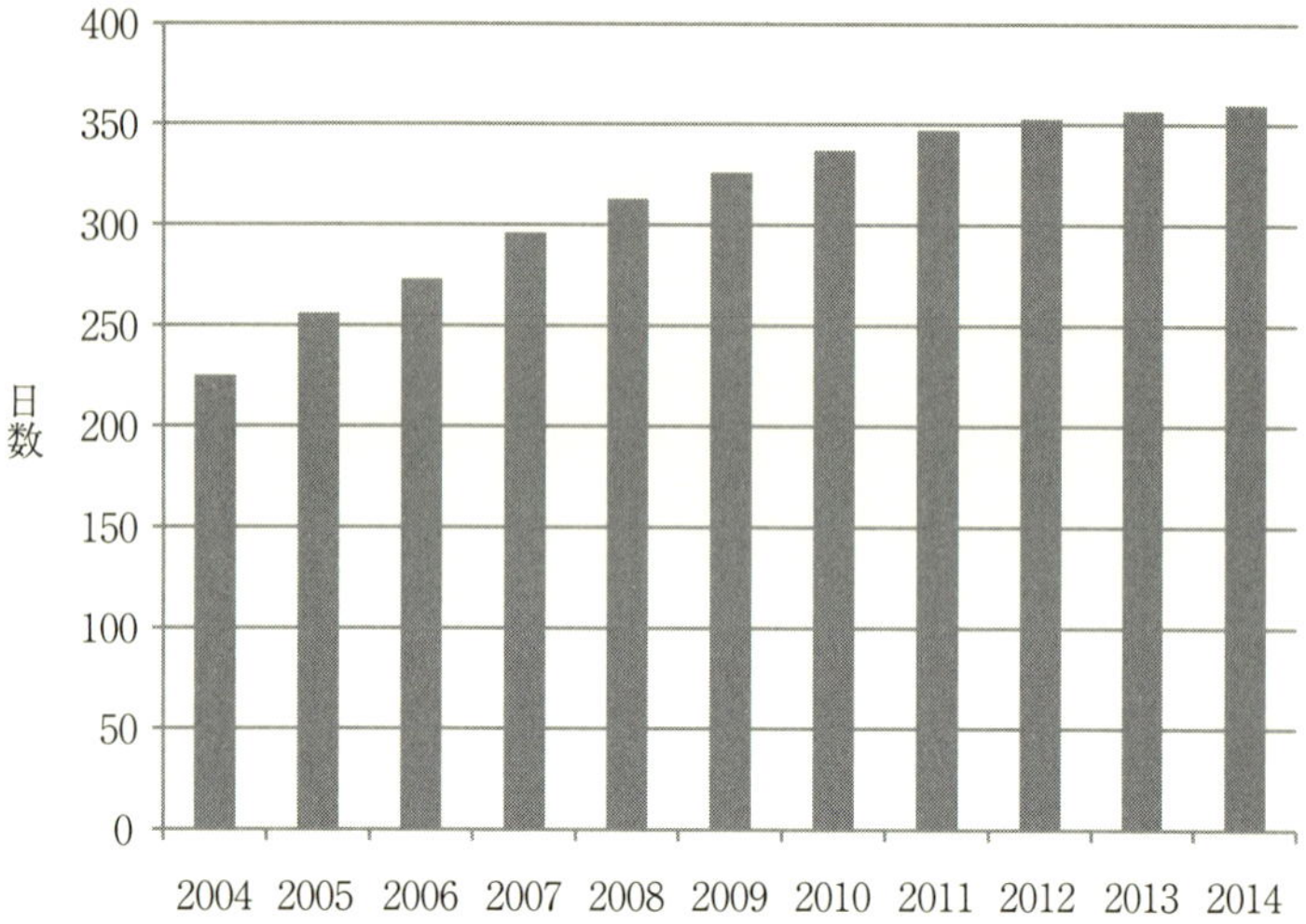

条件に暫定水利権（〇・〇七三㎥／秒）が認められている。当別川の渇水流量は約一・八㎥／秒であり（第五章図13）、暫定水利権流量はその四％程度に過ぎない。また、長年暫定水利権を得ている中で当別川が渇水になって暫定水利権が一時中止になったこともない。したがって、ダム建設を前提としなくても当別町に対して暫定水利権でなく安定水利権を与えても何ら問題がないと考えられる。

2　水道水の費用便益比に関する計算例

日高町（旧門別町）の計算例を紹介する。日高町では、平取ダムがないと水源不足量が次第に大きくなって、給水制限日数が年々増加すると予測している。渇水被害予測日数を図9に示す。二〇〇四年には年の

表4　水道事業の費用対効果分析マニュアル

給水制限率	A 物品・サービス購入費用		B	C 設備投入費用		A+B+C 節水被害原単位（円/人/日）
	購入項目	購入費用（円/人/日）	労働投入費用（円/人/日）	購入項目	購入費用（円/人/日）	
10%	ウエットティッシュ	9	9	―	0	18
20%	ボトルウォーター	100	30	10ℓポリ容器、10ℓポリバケツ、たらい	117	247
30%	ボトルウォーター	200	62	10ℓポリ容器、10ℓポリバケツ、たらい	117	379
40%	携帯トイレ（大）、携帯トイレ（小）、ウェットティッシュ、ガム、ウェットタオル、シャンプー、ナッツ、ボトルドウォーター、弁当、使い捨て下着、ドライクリーニング	1,104	107	10ℓポリ容器、10ℓ、ポリバケツ、たらい、小形ポンプ	149	1,360

厚労省水道課　2007年7月

六〇%、二〇一四年にはほとんど一年中渇水被害を受ける予測となっている。二〇一一年は三四七日被害を受けることになっているが、そのような事態は起きていない。したがって、この予測は間違っていると考えられる。

この予測に基づいて、ダム建設に参画する費用が一二・二億円、厚生労働省のマニュアル（表4）に従って計算してダムが無い場合の被害が一〇六・九億円、したがって費用便益比＝一〇六・九／一二・二＝八・七となり、ダム参画は問題ないとしている。このような誰が見ても誤りの予測に基づいて、ダム計画が進められているのである。

第四節　批判的意見に耳を傾けないダム事業者（北海道開発局・北海道）の問題点

1　サンルダム問題について市民団体との会談を拒否し続けた旭川開発建設部

サンルダム建設に批判的な私たち市民団体は、サンルダム計画について様々な疑問を提出した。それに対して北海道開発局はHPで回答したが、納得できるものが少なく、私たちは直接意見交換を申し入れたが、現在にいたるまで話し合いの場は持たれなかった。天塩川流域委員会は二〇〇三年五月から二〇〇六年十二月まで二〇回開催された。第一四回委員会が開催される前に、私たちは、「サンルダムは本当に必要なのか？　～天塩川の治水計画とサンルダム建設計画の問題点～」という一一六ページの冊子を刊行し、流域委員会委員に配布した。委員の中から、この冊子刊行の代表者を委員会に呼んで話を聞くべきとの意見が出されたが、流域委員会委員長の決裁で認められなかった。この委員長は、北海道開発局旭川開発建設部出身の北大の先生であった。

流域委員会が閉じられた後に、旭川開発建設部が名寄市長などダム建設推進を掲げる団体メンバーと会談したことが二〇〇七年一月十九日に新聞報道されたので、ダム推進側だけでなく批判的な意見をもつ私たちと会談すべきであると要望したが、それでも開発局は私たちと会うことを拒否し続けた。この問題の経緯がわかる資料を巻末に掲載した。

二〇一二年九月二十五日、北海道開発局はサンルダムの継続を決定して、国土交通省に報告した。旭川開発建設部は、有識者会議の中間とりまとめに沿って、ダム推進の立場を鮮明にしている流域自治体首長と検討の場でダムについて検証したというが、賛成派だけの会議は検証の場となりえない。これまでして、国交省や開発局はダム批判派の追及にさらされるのを恐れている。これが何故なのか、真剣に考える必要がある。私たちは、私たちの疑問に答えることができないので、会談拒否をしていると判断せざるを得ない。このような会談拒否は、ダム建設が止まらない原因の一つである。

なお、二〇回開催された天塩川流域委員会経費は約八億八七〇〇万円（運営費九九〇〇万円、委員旅費・謝金七九九万円、資料作成など七億八〇〇〇万円）、会議一回あたり経費は四四〇〇万円であった。とくに資料作成費用が膨大であるが、委員会で使用されたものは多くはない。二〇〇五年十月に河川整備計画原案が提出され、流域委員会の検討の結果二〇〇九年十一月に河川整備計画が決定された。原案と決定されたものを比較すると、若干の字句の違いはあるものの、内容はまったく変わっていない。膨大な費用と多くの時間をかけた結果、内容の変化がなかったのは、批判的意見を取り入れなかった結果であると、私たちは考えている。

2　形骸化している再評価委員会（当別ダムの場合）

第五章で述べたように、当別ダムに係る水道施設整備再評価委員会では、開催されるたびに水道水受水量を切り下げられて、二〇〇五年再評価委員会の委員から「水需要計画が過大」「人口減少の時代にダムは必要かどうか疑問」などの声がだされたが、委員会は北海道の強い意向を受け、最終的には了承した。委員長は新聞の取材に応じて、「この再評価は完全に道の事業に組み込まれてしまっている印象を受けた。再評価が形骸化し、作業の単なる一ステップになりかねない危険性がある」とコメントした。二〇〇七年の再評価委員会の委員長は、当別ダム推進の立場を明確にしている札幌市営企業調査審議会（水道部会）の部会長が務めた。この委員会は、たった二回の審議で水道事業の継続を決めた。せっかく、堀達也北海道知事が、「時のアセス」により再評価の考え方を提案したのに、行政の力で形骸化されて、本来の意味での再評価が行なわれていない。

当別ダム水道水問題については傍聴により問題点が明らかとなったが、サンルダム再評価委員会は、私たちの知らない間に開催され、後に資料を見た限りでは議論された形跡がなかった。このように、形骸化した再評価委員会も、ダム建設が止まらない原因の一つである。

3　便宜供与

「便宜供与」という言葉は、広辞苑などの辞書には載っていないが、ニュースなどではよく使われる。これは、Aが、その目的を達するために、Bにとって都合のよいものや機会などを与えるという意味で使われる。一般的には犯罪とは認められていない。

第一章の沙流川の節で紹介した、NHKテレビ「あるダムの履歴書―北海道沙流川流域の記録―」には、北海道開発局の便宜供与がうかがわれる発言があった。当時の門別町長であった郡司啓氏は、次のように発言している、「やっぱり国をヨイショしなければダメだというのは、どうしても町長としては、そういうことは避けられない。で、反対と言えないで、そうですか？と言う形で聞いていると、道路の維持管理も進むし、河川改修も進むとか、そういうメリットが全体で考えると、なかなか国には逆らえない」。北海道開発局は大きな権限をもち、また四〇〇〇億円前後の予算も持っているので、おそらく自由裁量である程度のことをすることが可能であり、そのため郡司元町長の「メリットがあり、国には逆らえない」発言があったものと推定される。なお、郡司元町長は、次のようにも発言している、「現実は、国が説明したこととは全く違っている。町民には、（私が）沙流川は清流のままだ、心配ない、と言って来たことに対して、怒られている。沙流川をダメにしたんじゃないかと。町民の率直な意見だ」。元町長は明言したわけではないが、「開発局の言うことを信じて行なってきた結果、町民を裏切ってしまった」と取れる発言である。

サンルダム計画は、すでに述べてきたように、基本的には名寄市を水害から守るために、名寄川の上流の支流サンル川にダムを造ろうとするものである。しかし、検討の場を傍聴すると、ダムの治水に関係のない下川町長と士別市長がもっとも熱心にダムの必要性を論じている。さらに、天塩川流域のすべての一一市町村長がサンルダム建設早期実現を要望しているが、そのほとんどの自治体はサンルダムによる恩恵を受けない。ここにも、開発局による便宜供与が影響している可能性が考えられる。

第五節　まとめ

国民からは批判の多いダム建設がなぜ止まらないのかについて、もっとも基本となる河川法にその原因がある可能性を指摘した。したがって、無駄なダム建設をさせないためには、河川法の改正がもっとも重要であると考えている。

二番目に強調したいのは、基本高水でも、流水の正常な機能の維持でも、費用対効果でも、手法は類似していることである。すなわち、現実の河川の問題から出発しているのではなく、想定に基づいて虚構（事実ではないことを事実らしくつくり上げること）の世界を作り上げ、そのことによってダム建設の必要性を作り出していることである。その手法は、現在よく使われている「シミュレーション」である。

シミュレーションは将来を予測する重要な手法であるが、シミュレーションの妥当性は、まず現状再現である。シミュレーションは、まずモデルをつくる。治水の場合であれば、ある洪水でどこが破堤して氾濫するかを予測するモデルをつくる。そのモデルで、過去の水害を再現できれば合格であり、再現できなければ、妥当性がないことになる。しかし、国交省のすべての個所で破堤するというモデルは、現状再現の計算をするまでもなく誤りである。このような初歩的な検討もしないで、費用対効果がまかり通っているのでは、日本の河川工学は、シミュレーションの何たるかを理解していないと言われても反論できないはずである。おそらく、専門家はこのことを百も承知しているが、ダム問題で発言できないというのが真相ではないだろうか。

三番目に述べたいのは、国交省は川の管理は任されているが、権限の使い方が間違っていることである。水道水のためのあらたな水量がほんのわずかであっても、ダム建設をおしつける北海道開発局や北海道は、悪代官のイメージである。川は国民のものであり、国交省は国民から管理を任されているだけで、国民の意に反したことをする権限はないはずである。しかし、現実にそのことがまかり通っている背景には、便宜供与など様々な背景があると考えられ、今後明らかにすべきである。川は誰のものか？　という問いについては、第七章で論じる。

資料一　北海道開発局旭川開発建設部との会談の申し入れ書

二〇〇七年一月二十五日と一月三十一日に申し入れたが、電話で拒否回答。文章回答を要求したが、文書回答はなかった。下記に一月三十一日申し入れ書を資料として掲載する。

二〇〇七年一月三十一日

サンルダム建設を考える集い・下川自然を考える会・名寄サンルダムを考える会・北海道の森と川を語る会・大雪と石狩の自然を守る会・旭川・森と川ネット21・環境ネットワーク旭川・地球村・遊楽部川の自然を守る会・北海道自然文化ネットワーク・サンル川を守る会・北海道自然保護連合・市民森づくりクラブ・社団法人 北海道スポーツフィッシング協会・社団法人 北海道自然保護協会

北海道開発局旭川開発建設部 御中

天塩川河川整備計画原案についての開発局への会談再申し入れ

私たちは、天塩川河川整備計画原案について明らかにされていない点が多々あると考えて、一月二十五日、開発局に文書によって会談を申し入れましたところ、一月二十九日、担当課長から電話でお返事いただきました。その内容は、(1)特定団体とは会わない、(2)寄せられた意見に対しては、説明責任を果たす必要があるのでそのうちまとめて考えを述べる、の二点でした。一点目について、新聞で、名寄市・名寄市内町内会・ダム建設推進派の住民団体の三者が旭川開発建設部次長と会ってダムの早期着工を要望したと報道された点について質したところ、自治体とはいろんなことで連携しているので、会ったという回答でした。しかし、今回の問題は自治体との連携の問題ではなく、明らかにダム建設要望の問題です。賛成派とは会って、反対もしくは疑問派とは会わないということは、住民に対する差別であり、民主主義と相容れないと考えます。私たちは、具体的問題として、「一九九八年のアンケートではダムを必要としないという回答が多かったのに、なぜダム推進となったのか」とか、「戦後最大の水害に対応するという立場なのに、なぜ真勲別の目標流量だけ高く設定しているのか」という地域住民からの疑問に対する回答をお願いしました。

これらの疑問に答えないまま整備計画案を作成することはできないと考えています。出された疑問に対して説明責任を果たすとおっしゃっていますが、説明責任を果たすということは、たんに説明すればいいというものではありません。相手に理解してもらえるような合理的な説明を行なうことが含まれているはずです。今までの経過を見ると、開発局は一方的に説明をされていますが、納得できない回答が多々ありました。やはり、会談によってやりとりしなければ、説明責任は果たせないと考えます。そこで、今一度私たちとの会談を申し入れます。もし、回答が一月二十九日と同じであれば、私たちの見解について記者会見を開いて述べさせていただきます。また、国土交通省などの上位の機関などへも要請していくつもりです。早急なご回答をお願い致します。

資料二　三ダム関係の費用便益比計算資料の出典

・平成二十一年度平取ダム費用対効果検討資料（沙流川ダム建設事業所）
・平成二十年根動物プランクトン天塩川サンルダム建設事業の内　ダム実施計画外業務費用対効果検討編　平成二十一年三月（北海道開発局）
・平成十七年度公共事業再評価（当別ダム建設事業について）の費用対効果の検討資料（北海道空知総合振興局札幌建設管理部）
・水道用水供給事業再評価報告書　平成十九年度（石狩西部広域水道企業団）
・名寄市水道事業　水道水源開発等施設整備事業の投資効果分析　平成二十年六月（名寄市）
・門別町水道事業　門別町水道施設整備事業再評価報告書　平成十七年一月（門別町）
・国営土地改良事業等再評価　費用対効果分析「魚別地区国営かんがい排水事業」平成二十一年六月

（北海道開発局）

ダムに関連した再評価の通達とマニュアル

国土交通省

・国土交通省所管公共事業の再評価実施要領（直轄事業、公団等施行事業、補助事業等を対象）

・治水経済調査マニュアル（案）（国交省河川局　平成十七年四月）

厚生労働省

・水道施設整備費国庫補助事業評価実施細目（水道水源開発等施設整備費補助金の交付を受けて実施する事業を対象）

・水道事業の費用対効果分析マニュアル（案）（日本水道協会　平成十四年二月）

・水道事業の費用対効果分析マニュアル（厚生労働省水道課　平成十九年七月）

農林水産省

・土地改良の経済効果　平成十年

・土地改良事業の費用対効果分析マニュアル　平成十九年九月

引用文献

佐々木克之（二〇一二）：「ダム建設における流水の正常な機能の維持とは？」『北海道の自然』（北海道自然保護協会会誌）、第五〇号、九一―九八頁。

国土交通省河川局（二〇〇五）「流水の正常な機能を維持するため必要な流量に関する補足説明資料」（二〇〇五年九月二十二日）。

第七章　民主的な河川管理へ

はじめに

以前、ある国交省官僚が、「川は住民のものであり、国や道は川の管理を住民から任されている」と私たちに述べた。住民無視の国交省の対応に苦労をしてきた私たちは、このような官僚も存在するのだ、と感心した。

しかし、残念ながらこのような官僚は極めて珍しく、多くの国交省や地方自治体の官僚は、「川は自分たちのものだ」と考えていると、感じている。私たちは、川を住民の手に取り戻すことが、最も基本的な課題であると位置づけている。

二〇〇九年の総選挙で、「できるだけダムにたよらない治水」をマニフェストに掲げたことも一因となって民主党政権が成立した。しかし、この政権は、「川を住民の手に」という政治的理念を持っていなかった。結局、川の管理を従来と同じく国交省の手にゆだねてしまった。民主党政権の誤りをただし、民主的な河川管理を実現する道を検討した。

一九九七年の河川法の改正により、住民参加の道が開かれた。第一六条の二に、「河川管理者は、河川整備計画の案を作成しようとする場合において必要があると認めるときは、公聴会の開催等関係住民の意見を反映させるために必要な措置を講じなければならない」、と書き込まれた。ただし、「必要があると認めるときは」との但し書きがあり、手放しでは喜べない。

国交省や地方自治体は、「国土の保全と開発に寄与し、公共の安全と公共の福祉の増進を目的とする」ために河川管理を行なうとされている。この場合、公共の安全や公共の福祉は、流域住民を中心とする国民多数の利益である。河川管理において住民意見の反映は、憲法の主権在民をもちだすまでもなく、当然のことであるのに、それがようやく一九九七年に法律に書き込まれたこと自体、日本における住民意見が尊重されてこなかったことを物語っている。

今までに述べてきたように、一九六四年の河川法の改正に伴い、現実に起きた洪水を丹念に調べて治水対策を講ずることから、基本高水や流水の正常な機能の維持の想定による川の管理へ考えを変えて、ダム建設を容易にしてきた。その上、水道水・農業用水・工業用水の需要が減少してきたため、想定によって過大な需要予測を立てて、必要がないダム建設を進めてきた。財政逼迫や環境問題への関心が高まるにつれてダム建設への国民の疑問が高まってきたため、一九九七年の河川法改正では、河川整備計画の作成にあたっては住民の意見を反映させなければならなくなった。

住民意見反映の改正河川法は当時評価されたが、実際には十分機能していない。機能しない原因の一つは、ダム事業者である河川管理者が、想定によるダム計画の問題点や利水の過大需要予測を住民にわかりやすく知らせないため、住民が問題の所在を理解できないからである。さらに重大なのは、住民との意見交換を建前では重視すると言いながら、実態としては極力さけて、とくにダム建設に批判的な意見を無視していることである。

以下に、河川管理者が流域自治体首長などとともにとってきた対応を振り返り、住民意見の反映がまったく不十分であることを示し、今もっとも重要なことは民主的な河川管理へ切り替えることであることを述べる。

第一節　住民と河川問題

私たちのダム建設など河川行政への不満は多く、長く、一言では言い尽くせない。河川管理者のこれまでの対応で、活動初期には疑問や質問に自信を持って比較的丁寧に対応している。いわゆる「話し合い」にも応じてきた。しかし、市民側の治水事業に対する知識レベルが上がり、より事業に対する疑問が増して次々と核心に迫る追及が行なわれると、様相が変わりだす。サンルダム建設の主目的は、これまで市民が二度も覆してきた。三度目の建設目的は効果に疑問があり、ダム以外の治水対策で対応できる。平取ダム・当別ダムの建設目的についても大きな疑問と共に必要性が問われてきた。これらのダムについて管理者側は次第に説明に苦慮し出すが、それでも表面上冷静に振舞い、次第に市民を無視し話し合いに応じなくなる。

河川管理者へのダム建設の陳情は、過去実際に起こった水害被害の軽減や無くすことが目的であった。多くの住民の切実な思いと被害自治体はじめ、流域自治体の一丸となった陳情活動が発端となっている。深刻な水害被害と住民がそこにあったからだ。

しかし現在では堤防の完成や河川改修が進み、深刻な水害被害が減少している。また、水道水の確保という利水では、人口減少や節水型洗濯機・節水型トイレの普及などにより、また、市民の節水意識が向上したため、ダム建設による新たな水源確保は必要性がない。

さて、現在の新たなダム建設の目的は一体何なのだろう。治水としての流域住民の安心・安全や、利水で暮らしに直結する水道水の確保から逸脱した、正当性に欠ける事実がある。

1　水害と治水事業の変遷

治水対策と地域振興

昭和三十～四十年代までの治水対策は全道的に遅れ、堤防の越水や決壊など深刻な外水氾濫が多く、その対策のため流域自治体はダム建設等を求めてきている。河川流域自治体が連携して「治水対策促進期成会」を組織し、河川管理者である国や北海道に陳情してきた。しかし、主要なダム建設は実現したが、複数のダム建設には莫大な費用が必要になる。また当時、ダム建設を優先しても無堤地区の存在や、堤防が基準より低く弱いなど具体的な被害対策をまず優先する必要があったと考えられる。

この当時でもダム神話があり、建設地元には多くのダム労働者が長期滞在し、旅館、飲食店をはじめ商店、建設業界の発展による地域振興に大きな期待があった。巨大公共事業であるダム建設は治水対策と地域振興の一石二鳥の大きな期待が持たれていたのだ。

しかし、主なダム建設が完成運用され、堤防など河川改修が進んだ昭和五十年代に入ると、被害面積だけでなく被害額が減少に転じてきた。

深刻な水害の減少と被害の変化

北海道に戦後最大の降雨による流量をもたらした昭和五十六年八月に、堤防の越水や破堤による外水氾濫もあったが、低い場所の排水不良による内水氾濫が増え始めたと考えられる。これは河川管理者による堤防の完成など、治水対策が功を奏してきたことによる、二次的被害と言えるのではないだろうか。

これまでの治水事業は、中小河川の増水した洪水流量をすみやかに大河川に流し込み、本流を通じ海へと吐き出すことが主体の治水対策であった。そのため本流に洪水が押し寄せ、水位が比較的短時間で上がると小河川への逆流が起こる。これを防ぐため樋門を設置してきたが、樋門のほとんどが付近住民に管理が任されてきた。樋門の管理者は本流の水位上昇で小河川への逆流を防ぐため、樋門を操作し遮断する。そうすると小河川の水流は行き場を失い、溜まりだす。これが代表的な内水氾濫で、そのほか低い土地に雨水が溜まる被害も含まれる。

この内水氾濫が近年多く、被害対策が急がれる。深刻なことは樋門管理者の高齢化による樋門の管理と操作が十分にできなくなった可能性がある。樋門管理者のほとんどが農業者であり、高齢化と後継者不足が原因の厳しい現状を反映していると考えられる。

2　巨大公共事業で地域活性化を狙う

下川町議会と町長の「夢」

急激な過疎化の進展と人口減少に伴い、疲弊する地方自治体は公共事業の獲得による地域活性化のため奔走する。沈みかけたサンルダム建設の再浮上を求めたのは下川町議会であり、人口流出での地域崩壊の危機からダム建設を何としても復活させたかった。そのため議会は町理事者（町長）に対して強く陳情活動を求め、「議会と理事者の両車輪」と称し、議長と町長は強い決意を固め行動していた。

ここには具体的に「水害で苦しむ下流住民を助けるため」という目的は存在しない。下川町は巨大公共事業で、町の活性化・地域振興に期待してのことであった。町議会と理事者はダム建設の目的を治水・利水から完全にすり替えている。この時点からダム建設での行政主導による住民不在の行政がなされた。町はダム建設と観光化など、夢の地域活性化策を作り上げる審議会を立ち上げ「サン・ルーチェプラン」が町長に答申されている。下川町のダム建設目的は「治水」ではなく、「夢のような観光地」へと住民を誘導することに行政の主体が置かれた。ゴルフ場・スキー場・観光体験農園・フラワーガーデン・ヘリポート・ダム湖大噴水そしてダム湖を横断する巨大な橋の建設などである。このように住民をダム建設へと誘導するための「夢」を撒き散らし、スムーズな建設着工・早期完成に望みを託していた。

北海道開発局（二〇〇一年の統廃合までは北海道開発庁）が動く

下川町の「夢のような観光地」目的を達成するためには、ダム建設地元下川町だけでは実現しない。そのため過去に陳情した天塩川流域全市町村長による組織、天塩川治水促進期成会での合意とさらなる陳情があった。ここでもそれぞれの自治体住民の意思確認をおろそかにし、行政主導で進んでいる、流域自治体による互助的行動とも取れる。

一方、当時の北海道開発庁による社会資本整備事業は、毎年大きな国家予算を獲得し続け、一定の成果があった。しかし、組織の肥大化と大きな予算の消化にも限界がある。そのため当時から人員削減と組織の縮小化、再編などが突きつけられていた。

開発庁の組織の維持と安定には、大きな事業を次々と実施することが何よりも必要だ。生き残りのための組織戦術は内部でそうとう練り上げていたに違いない。

そこにサンルダム建設の再陳情である。「多くの住民が求め続ける事業があること」が開発庁存続の基本で、最も歓迎すべきことだ。内部検討され容易に浮上した、すなわち建設に向け発進していったと考えられる。

行政主導で忘れられる住民

下川町議会と町長は、ダム建設について住民の同意もなく、陳情へと走った。開発局は、住民同意があるものとして陳情を捉えた。これまでの大きな問題は何であろう。流域市町村長で組織する、天塩川治水促進期成会の陳情活動も同様、その背景の住民総意があると捉えられている。しかし、建設地元はじめ流域住民は、サンルダム建設の具体的な目的について、知らないのが現状であった。このことは、開発局が行なった流域住民アンケートで、ダムが必要と回答したのが七％に過ぎなかったことに現れている（第三章第六節1参照）。天塩川流域市町村長全員が、サンルダム建設の効果として、どこが救われるのか具体的に理解してはいなかったと考えられるので、住民が知らないのは当然のことだ。

市町村長は選挙により住民が選出する。したがってその意志は大半の住民同意によるものと取られてしまう。議会議員にしても支持者に基づく行動と解釈される。しかし実態は行政主導による住民不在がまかり通る。五年ほど前に、名寄市の古くからの喫茶店女性経営者に、名寄市長がサンルダム建設に熱心に取り組んでいることを話したら、「島ちゃん（一九九六〜二〇二〇年の間の名寄市長の愛称？）がそんなこと考えているなんて全然知らなかった」と話したことを思い出す。

3　サンルダム建設目的の変遷

サンルダム建設目的は何かを確認するため、北海道開発庁を訪れたことがある。説明に応じた担当官は「ダムは下流のため上流が犠牲になるもの。サンルダムは下流音威子府村を洪水から守るため、上流の下川町さんに犠牲になってもらうものです。音威子府村のことがなかったらサンルダムは必要ありません。下川町さんはそのこと（犠牲になること）に同意したんです」。また続けて、「人工ダムで地域振興は考えないでください。全国で成功例はありません。これだけは絶対に止めてください」と、聞きもしないダムと地域振興にまで言及した。おそらく下川町のサンルダム建設陳情の際、ダム建設で夢の地域振興策を町長などから聞いていたのだろう。建設目的「音威子府村を洪水から守るため……」は、過去の水害状況の現地聞き取りや、航空写真の分析などにより開発局に対して現地説明し覆している。

開発局が次に持ち出したのは、「ダムは下流の水位を下げることによって、下流全体の治水に役立つ」ということであった。しかし、ダムの下流では、ダムから離れるにしたがい水位を下げる効果が小さくなるので、この目的も投げ捨てられて、最後に、「流域でもっとも資産の多い名寄市を治水から守る」ということとなった。最初にダム建設ありきのため、目的があとから付け加えられたことを物語っている。

4 「想定」がダムを造りだす

このあたりから開発局は「計算式による過大想定の流量からダム事業の必要性」を力説し、「だからダムが必要」と言う。「想定の世界」は河川管理者にとって非常に都合が良い。なぜなら、市民には分かりにくく、事業者である河川管理者のペースになる恐れがあるからだ。

実際にあった短時間の集中豪雨を、計算式により過大に引き伸ばす。この「想定による降雨」から、過大な「想定流量」が求められる。驚くことは、この過大な「想定流量」を現況河川に流し、被害の最も大きくなる堤防を何箇所も机上で「想定破堤」させる。そして現実離れの「想定被害範囲と被害額」を出し、だから「ダムが必要」「ダム建設でも不十分」と住民を脅す。市民に分かりやすいのは実際に過去あった「戦後最大の洪水流量での被害軽減を図るため」なのだが、開発局はこの文言にも「想定」を入れた。開発局による天塩川水系河川整備基本計画には「戦後最大の洪水流量により想定される被害の軽減を図る」と盛り込まれている。この文章は正確には「戦後最大の想定される洪水流量により想定される被害の軽減を図る」という意味であることが、私たちの検証で明らかとなった。

「想定」でなく現実を

一方市民側は、ダムが出来ても解決できない見捨てられた被害発生地区の存在を指摘。「過去実際にあった水害と、その原因に基づく治水対策をこまめに優先すれば、ダムによらない治水対策は可能」と、具体的に主張する。これは「想定」ではなく、「現実」なのだ。

私たちはダム建設をはじめから否定しているのではない。ダム建設が治水や河川環境の保全、事業費用で有利であれば、容認するだろう。だがしかしそうではない。ダム建設の効果は少なく限定的で、河川を横断する巨大工作物は上下河川を分断する。河川環境、生態系への影響だけではなく、その維持費もダムがあり続けるかぎり続き、その影響は世代を超える。

効果の少ないダム建設は、下流の治水対策をいつまでも続け、治水対策費用は財政難の国費を不当に使うことになる。消費税の増税負担が大きくのしかかろうとしている現状から、多くの市民にこの事実を伝えたい。

莫大な国費を使おうとする事業者と流域市町村長は、国民である市民に対して丁寧に分かりやすく説明し、納得させる責務がある。それができていないまま、現在に至っているのはなぜなのだろうか。「説明できない必要性のないダムを造ること」が目的のまま今日に至る。

国や道の河川管理者は現状の河道をきちんと把握し、「想定」より、「現状」の治水対策を優先するのが何よりも必要ではないのか。現在生じている被害の解決は最も優先されなければならない。排水が悪く低い場所に水が溜まる内水対策、無堤地区への築堤や河道改修など細かな整備は、そこに暮らす住民に容易に理解、感謝されるに違いない。

直接の「話し合い」や「説明」を避け、文章での質問に対する回答を遅らせ、しかも内容を摩り替えた回答にすること等は許されない。しかし、その事業者を支える流域の地方自治体の長（市町村長）や議会、業界が市民を操る現実もある。

5　開発局の説明不能

開発局は、二〇一一年六〜七月と同年八月に一般市民からのパブリックコメントを募集した。

私たちは、二度とも、「検討の場に出席した天塩川流域の各自治体首長の多くは、治水のためにサンルダムが必要だと述べています。とくに下川町長と士別市長が熱心に訴えています。しかし、下川町の市街地は、主に名寄川の左岸にあり、かつサンル川と名寄川の合流点より上流に位置しています。したがって、下川町はサンルダムがあってもダムの治水の効果を受けません。士別市はまったくサンルダムとは関係のない場所です。地元の要望でダムを作るという根拠は失われているのではないでしょうか。開発局の認識をお尋ねします」との意見を提出した。

開発局は多くのコメントに対して回答をしているが、この意見に対しては二度とも回答がなかった。回答できなかったものと考えられる。すでに述べたように、下川町のサンルダム建設目的は治水ではなく地域振興だったからである。士別市長は、サンルダムとまったく関係がない地域なので、開発局または下川町を応援する何等かの動機があったと推測される。

6　川を住民の手に

「ダム建設で夢の地域振興」は、もはや実現不可能であろう。流域市町村をも巻き込みダム建設を陳情した下川町は、「厳しい局面が押し寄せても、もはや引けない」と、地元住民が語る。また、「開発局が自ら撤退することを待っているのではないか」とも言う。何があっても表面上は、最後までサンルダム早期完成を願い、全力で突き進むしかないのであろう。ダム建設は本来下流の治水対策のためであるのに……。建設地元の地域振興だけのために陳情した下川町議会と町長は反省し、住民による新たな町づくりのための転換を図らなければならないのだが……。

流域市町村は効果の少ないムダなダム建設を優先するよりも、地元河川の状況をきちんと把握し、それぞれの被害に基づく適切な対策実施へと方向転換すべきだ。インフラ整備とはそうあるべきで、事業がそれぞれの町を潤すことにもなるだろう。

私たちがすべき基本は「川を取り戻すこと」。「川は住民のものであり、国や道は川の管理を住民から任されているだけ」という基本を、行政に認識させなければならない。また開発局や道、流域市町村が実施しようとする河川事業は、住民への説明と同意（インフォームドコンセント）が、ますます必要になるだろう。その上で事業の住民による厳しいチェックが必要になる。国や地方の財政難は「お金の使い方と成果」についてさらに住民の厳しいチェックを受けなければならないだろう。

行政主導が横行した責任は、私たち住民にもある。「行政任せ」で「間違いないだろう」という安易な考えがより行政主導を招いてしまった。「川は住民のもの」ではあるが、現実として河川管理者である開発局や道は自分たちのもののごとく予算を獲得し、権力を行使する。川を住民の手に取り戻すことは容易ではない。だがその一歩は住民自ら川に親しむことではないだろうか。次々と川があなたに語りかけていることが分かるはずだ。

第二節　民主党政権のダム問題の変節—有識者会議を隠れ蓑にした反民主的ダム行政

民主党は二〇〇九年八月、「コンクリートから人へ」を掲げて政権交代を実現した。そのときのダムに関するマニフェストは、「ダムは、河川の流れを寸断して自然生態系に大きな悪影響をもたらすとともに、堆砂（砂が溜まること）により数十年間から百年間で利用不可能になります。環境負荷の大きいダム建設を続けることは将来に大きな禍根を残すものです。自然の防災力を活かした流域治水・流域管理の考え方に基づき、森林の再生、自然護岸の整備を通じ、森林の持つ保水機能や土砂流出防止機能を高める『みどりのダム構想』を推進します。なお、現在計画中または建設中のダムについては、これをいったんすべて凍結し、一定期間を設けて、地域自治体住民とともにその必要性を再検討するなど、治水政策の転換を図ります」であった。

二〇〇九年十月に、当時の前原誠司国交相が多くのダム建設の凍結を決めて、ダムを継続するかどうか順次検討すると述べた。同じ年の十二月に前原大臣が、国土交通省の「今後の治水対策のあり方に関する有識者会議」（以下、「有識者会議」）を設置した。この十二月の第一回会議の冒頭に、前原国交相（当時）は「私は、ダムはすべて悪いと言うつもりは全くございませんが、ダムによって水がせきとめられて砂がたまる。それにより砂が供給されなくなり海岸の侵食などが起こるケースも当然出てきて、そのために護岸工事をやっていかなくてはいけない状況になるわけでございます。そうした場合に、堤防の強化、今までのダムを中心とした河川整備ももちろん必要ですが、そういった前提を一たんリセットして、いろいろな制約要因の中で、日本人がこれから持続可能な生活をしていくために、この河川整備はどうあるべきなのかを先生方には根本的に考え直していただきたい」と有識者会議の役割を示した。

民主党のマニフェスト実行はここまでで、これ以降が、民主党のダム問題の変節のスタートであった。私たちは、国交省が有識者会議を利用してダム建設を進めてきたことを批判している。

1 有識者会議の経過と役割

二〇〇九年十二月三日に第一回会議が開催され、二〇一〇年九月二十七日の第一二回会議で「中間とりまとめ」をまとめ、それ以降このまとめに準じて各地から上がってきたダム検証結果の審議を行なっていて、二〇一二年六月二十六日に第二四回会議を開催した。「中間とりまとめ」には、各地からの検証結果の報告の取扱いについて次のように述べている。「検討結果の報告を受けた後、国土交通大臣は、本中間とりまとめで示す個別ダム検証に当たっての共通的な考え方に沿って検討されたかどうかについて当有識者会議の意見を聴き、当該ダムについて、概算要求など予算措置を講じる上で適切な時期に判断する」。すなわち、各ダムについての検討が、「中間とりまとめ」に示されている考え方に沿って検討されたかどうかを有識者会議が審議して、その結果を国交相に報告して、国交省は報告されたダムについて予算措置などを決める、ということである。

したがって、有識者会議の役割は、「中間とりまとめ」で示された内容に沿って検討されたかどうかを審議するだけである。例えば、「完成までに要する費用はどのくらいか？」という項目があり、いくつかの治水策それぞれに費用を示すことが求められている。有識者会議は、それぞれの費用がきちんと示されているかどうかをチェックするのが仕事ということになる。こんなことは、別に学者でなく官僚ができることである。

私たちが期待しているのは、個々のダムの検討が「できるだけダムによらない治水」の視点から審議されることであるが、実際にはそのような審議はなされていない。「中間とりまとめ」をとりまとめた有識者会議が、自らの役割を学者でなくてもできることに狭めているのはおかしいことで、国交省のいわれるままに「中間とりまとめ」を作成したのではないかとの疑念が生じる。

2　「中間とりまとめ」の問題点

お題目にすぎない「できるだけダムにたよらない治水」

お題目という言葉がある。意味は「口にするだけで、実質の伴わない主張」である。中間とりまとめの冒頭にある「できるだけダムにたよらない治水への政策転換を進めるとの考えに基づき今後の治水対策について検討を行なう際に必要となる、……考え方等を検討するとともに、さらにこれらを踏まえて今後の治水理念を構築していくこととなった」は、まさにお題目である。以下にその理由を述べる。

前原大臣（当時）が、「前提を一たんリセットして、いろいろな制約要因の中で、日本人がこれから持続可能な生活をしていくために、この河川整備はどうあるべきなのかを先生方には根本的に考え直していただきたい」と挨拶したことをすでに述べた。これは、できるだけダムによらない治水を考えるために、従来のダム計画を一たんリセットする必要を述べたのである。しかし、「中間とりまとめ」では具体的にはそのようになっていない。

検証に当たっての基本的な考え方のひとつに、「治水対策は、河川整備計画の目標と同程度の安全度を確保することを基本として立案する」があげられている。具体的にいえば、私たちは、「名寄川の目標流量を一五〇〇㎥／秒とすることや、当別川の基本高水を一三三〇㎥／秒」とすることは、現実を見ない過大なものと批判しているが、「中間とりまとめ」では、これを基本に計画しなさい、と述べている。これでは、従来のダム計画を推進しなさいと言っているに等しい。

ダム検証の進め方に異議あり

ダム事業者がダム検証の責任者であってはならない

「中間とりまとめ」では、検証の責任者（検討主体という名称）は、直轄事業（国の事業）では各地方整備局（北海道では北海道開発局）、補助事業（地方自治体の事業）では知事と決めている。「中間とりまとめ」の理念である「できるだけダムによらない治水」の立場でダムを検証するのに、できるだけダムによる治水をめざしてきた事業者が検証の責任者になるのはふさわしくない。ダム事業に対して第三者の立場の人たちが検証の責任者になるべきである。

下川町がサンルダムを要望することについて、パブリックコメントで質問をだした（本章第一節5参照）が、この質問は無視され、回答がなかった。この責任は、検証の主体である開発局にある。ダム事業者が責任者であれば、このようなことは起きるのである。公正を欠くので、ダム事業者が検証の責任者であるべきではない。

淀川流域委員会では、当初、地方整備局は実務に徹して、流域委員会は積極的に調査し、論議し、今後の治水のあり方に大きな影響を与えた。しかし、最終的には国交省は淀川流域委員会を中止してしまった。論議を尽くして閉鎖したのではなく、問答無用に閉鎖したのである。これでは国民の負託を受けた行政とは言い難い。淀川流域委員会の経過を真剣に総括して、地方整備局などは検証作業の実務担当の事務局とし、行政上の責任としては、検討の場で出された結論について地方整備局が公開の場で意見を述べ、委員会の意見と一致しない場合には両者が納得して合意を得るようにすべきである。

ダム事業を推進してきた自治体首長だけが検証の検討委員となることは無意味

「中間とりまとめ」では、検証に係る検討に当たって、「関係地方公共団体からなる検討の場」を設置し、相互の立場を理解しつつ、検討内容の認識を深め検討を進める」としている。具体的には、検討主体（北海道では開発局）が、「中間とりまとめ」に沿っていくつかの案を提示して、検討の場の構成員である地方公共団体（実際には地方公共団体の長）の意見を聞くという形で進行する。「中間とりまとめ」で言う検証とは、「検討主体が、ダム案とそれ以外の案を提示して、検討の場の構成員の意見を聞く」ということである。私たちが、また一般社会が考える検証とは、「開発局が述べているダムの必要性を事実に基づき検討して、事実と適合しているかどうかを明らかにする」ことである。しかし、「中間取りまとめ」では、ダム推進の検討主体が、ダム案とそれ以外の案について、主としてコスト的にどれがよいか、検討することになっていて、事実に基づくダムの必要性は検討はされなかった。

サンルダムおよび平取ダムの検討の場の構成員（地方公共団体の長）はすべて「ダム建設を早くすすめてほしい」と発言するだけであった。誰が考えても、ダムに批判的な意見をもつものがいない検討の場では、ダム案以外の案が認められることはあり得ないし、事実に基づきダムの必要性を検証することはなされない。検討の場は、ダム推進という結論をだすためのセレモニーという性格しか持ちえない。このような無内容な検討の場を決めた有識者会議は、検討主体が行なう検討の場が本来の意味での検証を行なうと考えたとは思えない。おそらく、国交省の官僚が作成したものを認めたということであったと推察される。

3　有識者会議のおそまつ

有識者会議が作成した「中間とりまとめ」に沿って各地の検討の場で、検討主体の説明を地方公共団体が聞いて、意見を述べることが行なわれている。上述したように、これは本来の意味での検証とは考えられない。それぞれの検討の場は公開されている。しかし、検討の場を設置することを決めた有識者会議は非公開である。公費で賄われて、全国から注目されている有識者会議が非公開ということは考えがたいが、公開の要求に対してガンとして非公開を貫いている。後日議事録が公開されるが、発言者の名前はなく、誰が何を話したかわからない。

ただ、この会議は、マスコミには公開されていて、マスコミの人のメモがインターネットで紹介されることがある。それを読むと、各ダムの検討結果（ダムの継続または中止）を承認するための会議であることがわかり、実際に有識者会議は各ダムの検討結果と異なった内容を決めたことはほとんどない。

二〇一二年七月九日現在、有識者会議で検討されたのはほとんど補助ダム（ダム事業者が都道府県）で、各都道府県の検討で、中止としたのは八件、継続としたのは二一件であったが、有識者会議の結論は、まったく同じものであった。有識者会議は、結果からみると単なる承認機関であり、検討機関であることが疑わしい。このことが非公開の本当の理由かもしれない。

石木ダム問題

二〇一二年二月二十二日に、有識者会議が予定され、長崎県の石木ダムも議題のひとつであった。ダム水没予定地の一三戸の世帯がダム絶対反対の姿勢を堅持しており、土地所有者の協力が

図１　佐世保市水道の１日最大配水量の実績と予測

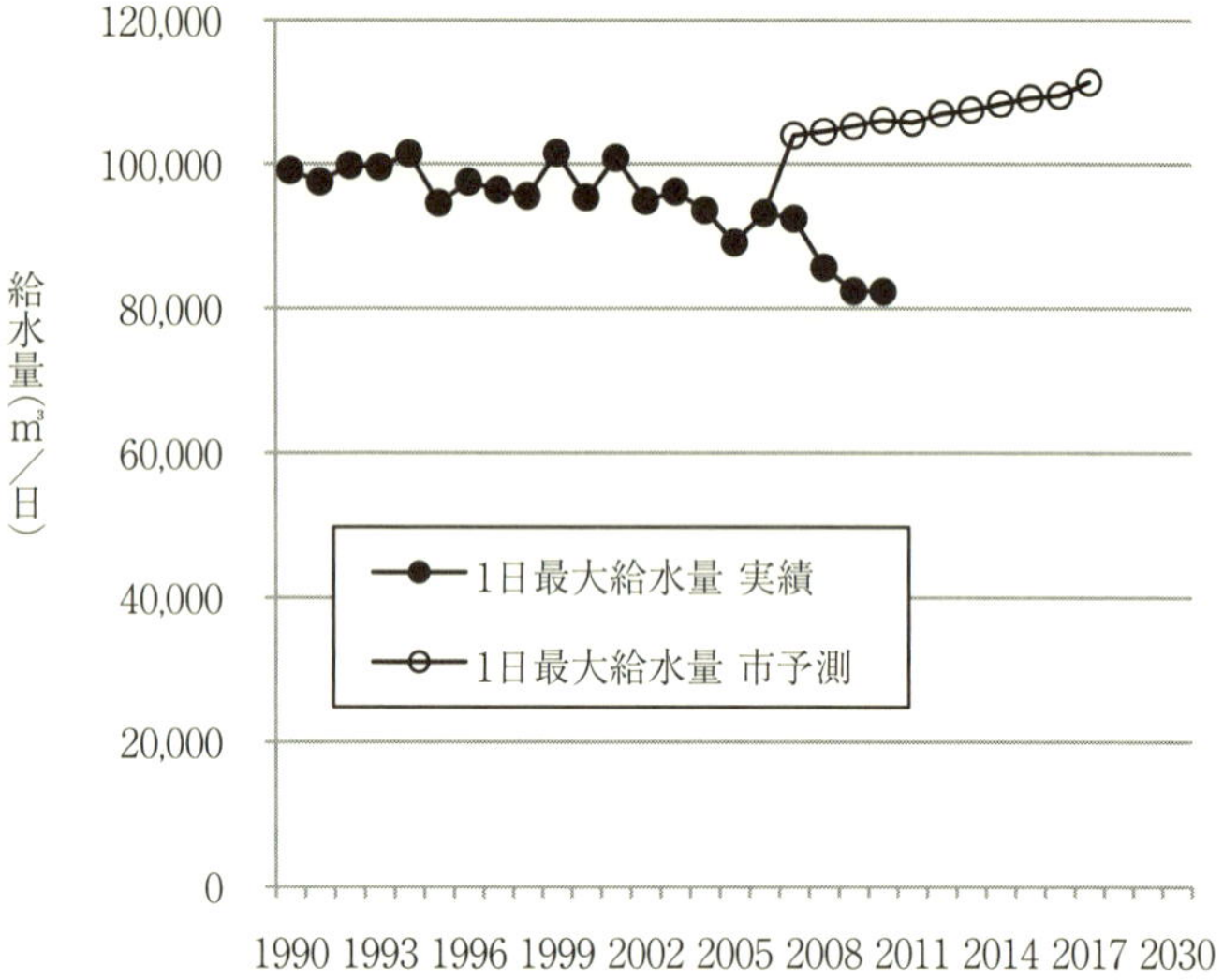

市民の手による石木ダムの検証結果

得られる見通しは皆無である。石木ダムに反対する土地所有者の代表がこの日上京して、有識者会議に「自分たちの未来がかかっている、傍聴させてほしい」と要求した。しかし、有識者会議の座長はだんまりをきめこみ、結局この日の会議は流会となった。長崎から上京した土地所有者に何も言えない有識者会議に、学者としての誇りはまったくなかった。

　石木ダムなどを議題とする有識者会議が四月二十六日に予定され、やはり土地所有者が上京したが、そのときは国交省の役人が一〇〇名近く会議室を取り囲み、その中で有識者会議は非公開で開催された。議事録を見ると、ある委員が、「（土地所有者等の協力の見通しについて）中間とりまとめの基準の考え方を反映していない」と意見を述べた。しかし、多くの委員は、例えば「少数者が反対して何も進まないということにはできない」などと発言して、「中間とりまとめ」の指針からはずれていることを無視した発言が続いた。最初に発言した委員が最後まで主張を崩さなかったので、座長は「石木ダムに関しては、その事業に関してさまざまな意見がある、そういうことにかんがみて、地域の方々の理解が得られるよう努力を続けていくことを希望する」とまとめた。翌日の新聞報道をみると、石木ダムは継続となっていて、実際に継続するかどうかは国交大臣の判断にかかっている。

六月十一日に国土交通省は、長崎県に対して石木ダムの継続を認める対応方針を伝え、同時に「石木ダムに関しては、事業に関して様々な意見があることに鑑み、地域の方々の理解が得られるよう努力することを希望する」旨を通知した。この議事録を見る限り、有識者会議は、「中間とりまとめ」の指針に沿っているかどうかをチェックする機関であり、さらに指針に反してもダムを造るべきと発言する委員が大部分であることがわかった。

なお、長崎県の検討の場でダム継続を決めた石木ダムの必要性については多くの疑問が出されているが、ここでは一つだけ紹介する。図1は、今後水道水水源が不足するので石木ダムが必要であるとする事業者の佐世保市水道水の予測と実績を示したものであるが、一見して予測はかなり過大であることがわかる。私たちが第五章で示した札幌市の一日最大給水量の実績と予測の図（第五章図7）と瓜二つである。全国どこでも同じよう過大予測によるダム建設が進められていることがよくわかる。

4　有識者会議の廃止と民主的に公開して検討する組織の設置の要望

いずれサンルダムと平取ダムの検討結果が有識者会議の議題となることになるが、私たちは、このような有識者会議で審議されることを拒否したい。そこで、現在の有識者会議を廃止して、民主的に公開して、さまざまな意見が論議される組織の設置が必要と考えて、五月十七日に国交大臣に要望書を提出した。要望書の趣旨は以下のとおりである。

国民に公開できない「今後の治水対策のあり方に関する有識者会議」を廃止して、民主的に公開して検討する組織の設置を要望する

要望趣旨

1　有識者会議の設立趣旨違反

二〇〇九年に開催された第一回有識者会議で、この会議を設置した当時の前原国土交通大臣の発言に示されていることは、(1)公共投資は抑制していかなければならない（国の赤字国債をみれば一目瞭然）、(2)今までの前提を一度リセットして、持続可能な生活をしていく視点から河川整備計画を根本的に考え直していただきたい、(3)一四三のダム事業計画をしっかりと議論して、審議の結果として、国民にすべてがわかるような説明をしていただきたい。ということです。

では、実際の有識者会議はどうであったのか。(1)点目については、巨額な費用が必要とする八ツ場ダム継続にみられるように、いわゆる無駄遣いの抑制は働いていない、(2)点目については、従来の河川整備計画を前提として論議されていて、まったく無視されている。(3)点目は、ダム事業者の検証結果をそのまま承認していて、検討機関ではなく承認機関となっている。このように、すべての面にわたって、設立趣旨と異なる内容の会議となっている。この点だけからも、有識者会議は出直すべきである。

2　有識者会議は、ダム建設のための隠れみのと考えざるをえない

審議会等の公開を定めた閣議決定に沿って検討した。

(1)　審議会委員は「委員の任命に当たっては、当該審議会等の設置の趣旨・目的に照らし、委員により代表される意見、学識、経験等が公正かつ均衡のとれた構成になるよう留意するものとする」とされている。有識者会議は、「できるだけダムにたよらない治水」への政策転換を進めるとの考えに基づいて設置されたものである。全国的にダム建設に批判的意見が多く、有識者会議が作成したとする「中間とりまとめ」の冒頭には、「今までの考え方をリセットして、考える」という趣旨が述べられている。有識者会議は、このように国民の声におされて設置されたものである。しかし、有識者会議が各ダムの検討結果をそのまま承認することとなっていて、会議の設置趣旨に照らして公正かつ均衡がとれているとは全く考えられない。

有識者会議の座長は、まず「会議は非公開」と述べ、そのあとに「議事録は公開されているので、透明性は確保している」と述べている。野田総理大臣も同様なことを述べている。しかし、議事録には発言者の名前がない。この議事録では、国民は委員がきちんと役割を果たしているかどうか理解できない。また、専門家としての批判を受け、それに答えることは専門家としての責任であるが、その責任を果たしていない。このような委員会に、日本の経済と自然への多大な影響を与えるダム建設の是非を任せることはできない。

第三節　川を住民の手にとりもどすために

この章の冒頭に、「川は住民のものであり、国や道は川の管理を住民から任されているだけ」と述べた国交省（当時建設省）の官僚の言葉を紹介した。私たちは、この言葉の意味するところを、川の管理は住民の要求を基本に考えると理解している。

第三章の第六節には、サンルダム建設をすすめている北海道開発局が、一九九八年に天塩川流域住民に行なったアンケート結果を示した。「流域住民は洪水などについて安全だと思う人が多く（八九％）、ダム建設を希望する人の割合は少なかった（七％）」という結果であった。したがって、サンルダム計画は住民の要求を基本に決めた、ということにはならない。北海道開発局は、流域の全自治体首長がサンルダム建設を望んでいるので、サンルダム建設は民意だと言うかもしれないが、なぜこのようなギャップが生じるのか、検討しなければならない。第六章では、その背景に開発局の地方自治体への便宜供与があること、また過疎化に悩む地方自治体が、地域振興のためにダム建設に走ることを述べた。

過疎化の克服は北海道では重大な問題であるが、私たちは、ダム建設はその方策ではないと考えている。本章の第一節3に、当時の北海道開発庁の職員がサンルダム建設について「人工ダムで地域振興は考えないでください。全国で成功例はありません。これだけは絶対に止めてくださ い」と述べたというエピソードが述べられているが、おそらく人工ダムで地域振興が進んだ例はないと想像できる。

ダム事業は、治水や利水の根拠が認められてはじめて予算がつくものであり、地域振興はダム建設の根拠にはなりえない。第一章で紹介したように、下川町がサンルダム建設を要求するのは治水ではなく地域振興が目的である。北海道開発局は、この点をあいまいにしていて、この点を質した私たちのパブリックコメントにも無回答であった。北海道開発局の責任ある対応を望む。

私たちは、⑴公務員である河川管理者は、現地にも行かず、机上の計算で問題を解決しようとすることをやめにして、地域住民の声に耳を傾け、現地を丹念に見て歩き、その結果を治水対策としてまとめて、住民と話し合いながら進めることを期待する。⑵地域住民の声を反映するためにも、流域委員会などの検討会においては、異なる意見を有する者を委員として採用する。本書の冒頭に紹介したドイツ倫理委員会報告で述べられている、「異なった立場を代表する人物が委員となったが、問題について率直に、そして互いに敬意を払いながら討論が行なわれた。委員会メンバーは、自分の基本的な立場を放棄することなしに、実践的な結論へと合意に至った」のまとめを実践するようにする。

1 河川管理者の住民不在から住民本位の姿勢への転換

公務員は、国民全体への奉仕者であって、一部への奉仕者ではない（憲法一五条）および、公務員は憲法を尊重し擁護する義務がある（憲法九九条）。したがって、北海道開発局や北海道の河川管理者は、一部への奉仕者であってはならない。北海道開発局の旭川開発建設部は、サンルダム推進の団体とは会っても、私たち市民団体とはガンとして会わなかった（第六章第四節）が、これは憲法違反にあたる問題である。北海道開発局や北海道の憲法に則った公務員としての対応を要求する。

第二章第一節で述べたように、「一九五〇年代までは、予算が限られた中で、住民の具体的被害や強い要望のため、事業者（河川管理者である国や北海道）により計画的に、住民と協同して治水方策を進められた」と考えられる。

その結果は、北海道開発局が行なった流域住民アンケートで、「洪水・土砂災害に対する安全性」について、「安全・ある程度安全」と回答した人が八九％であったことに示されている。天塩川流域の河川管理者の仕事が評価されたと考えられる。

このように、河川管理者は、地域住民の声に耳を傾け、地域住民の要望を反映した河川管理をめざしてほしい。そのためには、地域住民などの声を聞く場が必要であり、その進め方が決定的に重要である。

2　民主的検討会

第一章から第六章までに、河川管理者が、ダムを建設したいという人たちとは連携を密にしているが、ダムに批判もしくは反対の意見を持つ人たちとは話し合いを拒否している実態を述べてきた。これは、公務員のあり方としては憲法違反であり、そのような堅苦しいことを言わずとも、公務員は住民の要望を応えることがもっとも重要な業務であり、かつ仕事のやりがいでもある。なぜ、住民の声を聞こうとしないのかについては、本章の第一節でも述べた。私たちは、河川管理者が、誇りをもって住民本位の業務を行なうためにいくつかの提案をしたい。

三人よれば文殊の知恵

これは、一人では良い考えが浮かばなくても、三人寄れば（知恵の仏の文殊菩薩と同じくらい）すばらしい考えが出てくるという意味で、民主主義的検討の必要性を示していると考えられることわざである。国会や地方自治体の議会はこのような考えが基本にある。もうひとつ、「良薬は口に苦し」は、人の忠告を素直に聞くのは不愉快だが、結局は自分のためになる、という意味で使われる。こちらは、どんな意見に対しても聞く耳をもつことの重要性を述べている。

私たちが取り組んでいる三つのダム計画にはそれぞれ、流域委員会類似の検討会が設置された。しかし、文殊の知恵に達しなかった。これらの検討会では、河川管理者から河川管理の方策（河川整備計画）が提案され、検討されたが、いずれもほとんど原案そのままが最終計画となって、結果としては異なる意見は何ら採りいれられなかった。これは、良薬を無視し、仏つくって魂入れず（立派な仏像を作っても、肝心な魂が入っていない。立派に見える河川整備計画ができても、肝心な住民の意見が入っていない）である。

住民の意見が反映された例が少なくとも二つあるので、紹介する。

川辺川ダム住民討論会

これは、「川辺川ダム事業について説明責任を果たす一環として、県民参加のもと国土交通省、ダム事業に意見のある団体等並びに学者及び住民が相集い、オープンかつ公正に論議することを目的」としたものである。二〇〇一年一二月九日に、熊本県主催、コーディネートの下で第一回が開催されて以降、第二回からは国土交通省主催、熊本県コーディネートにより開催され、二〇〇三年の一二月まで九回開催された。第一回討論会は当時の熊本県知事が発案して実施された。川辺川ダムを推進する国交省と、これに疑問をもつ住民団体の公開討論会であった。国交省は業務としてふんだんに予算人員を確保できたが、住民側は、発表者の確保、資料収集とその解析などに多大な時間的・金銭的負担を強いられた。この討論会への県民の関心は高く、会場は常に満員、多いときには三〇〇〇人以上が参加した。

討論会では結論は出されなかったが、二〇〇八年九月十一日、熊本県の蒲島郁夫知事は国土交通省の川辺川ダム計画について「計画は白紙撤回。ダムによらない治水対策を追求すべきだ」として、ダム中止を国に求めた。中止の背景には、住民討論会を通じて示された熊本県民の世論があったと想像される。

私たちは、熊本県知事による住民討論集会に学んで、北海道の高橋はるみ知事に、サンルダム計画についての住民討論集会の開催を要望したが、残念ながら無視された。

淀川流域委員会

二〇〇一年二月に開催された淀川流域委員会は、例えば天塩川流域委員会の性格とは大きく異なるものであった。委員会に先立って準備会が持たれた。選ばれた委員は、河川工学者、生態学者、弁護士、文化人類学者と専門が多岐にわたり、また河川行政に対して必ずしもつねに好意的であるわけではない人も含まれた。淀川流域委員会（Y）と天塩川流域委員会（T）とを比較してみる。

委員の選出

Y　公募や推薦の四五六名の中から五三名の委員を選出した。

T　北海道開発局が選んだ。委員長の清水康行氏（当時北海道大学河川工学准教授）は、北大に転出前は、サンルダム計画を推進している北海道開発局旭川開発建設部に籍を置いたこともある開発局の職員であった。

運営

Y　第三者の民間会社

T　北海道開発局旭川開発建設部

会議

Y　公開、傍聴人の発言も可

T　公開、傍聴人に発言は否

議事録

Y　議事録、発言者氏名明記

T　議事要旨、発言者氏名明記せず

とりまとめ報告

Y　委員が執筆……河川管理者の整備計画とは異なる視点が書かれている。

T　北海道開発局職員が執筆……河川管理者の原案とほとんど同じものとなり、検討会を組織した趣旨がいかされていない。

以上の比較を見ると、淀川流域委員会は、委員による運営を徹底したのに対して、天塩川流域委員会は、北海道開発局まるがかえであったことが明瞭である。

淀川流域委員会は、担当する近畿地方整備局（北海道の北海道開発局に相当）の意向によって二〇〇七年一月に休止され、現在まで再開されていない。

3　民主的な検討組織の設置

検討組織のあり方

住民の声を反映する組織による河川管理の在り方の検討を基本とする。そのためには、
(1)住民が問題点（治水、利水、環境など）を正確に知る方法を講じる。
(2)検討組織の委員を公募で求めて、事業者の考えを支持する人と、批判的な意見を持つ人をほぼ半々にする。これは、川辺川住民討論会の経験に学んで、明確な論争が住民に問題点の所在を明確にするからである。
(3)検討委員会の運営を第三者機関にゆだねる。事業者は第三者機関に積極的に協力する。このことによって、検討委員会の自由な論議が保証される。
(4)検討委員会は公開とし、議事録には発言者を明記する。このことによって、委員の責任を明らかにし、真摯な論議が保証される。
(5)委員会が責任をもって検討したことを保証するため検討委員会のまとめを、委員が執筆する。
(6)委員会のまとめと河川管理者との間の意見交換も公開で行なう。

(7)河川管理者は、委員会の意見を尊重し、食い違いがある点は公開で論議して、最終案をまとめる。

国交省設置の委員会

現在の有識者会議を廃止する。その理由は、(1)公開されず、後日出される議事録にも発言者氏名がなく、責任ある組織と見ることができない。(2)各地方からあがってきた検討結果を追認する組織となっている実績があり、存在価値がない。

有識者会議の設置も、上記検討組織の(2)から(7)に準じて組織する。(2)の公募が厳しければ、ダムに批判的な水源連と国交省双方から同数の委員を推薦するなど工夫する。(3)については、民間組織が厳しければ、国の予算や事業のあり方を見る立場の総務省や会計検査院など、国民から自主的と考えられている組織を考える。

あとがき

「まえがき」で述べたように、二〇〇九年の民主党への政権交代によるダム検証の方針を受けて、私たち自身で行なった北海道の三つのダムの検証成果をまとめたのが本書です。執筆分担は以下のとおりです。

まえがき：佐々木、
一章　一節・二節：宮田、三節：佐々木、四節：安藤
二章　一節：宮田、二節〜四節：佐々木
三章　宮田・出羽・佐々木共同執筆
四章　佐々木
五章　安藤・佐々木共同執筆
六章　佐々木
七章　佐々木・宮田共同執筆

二〇一〇年三月から二〇一一年五月の間に五回にわたって三つのダム事業についての検証のた

めの検討会が本書の基礎となっています。この検討会に、嶋津暉之・今本博健・前川光司の各氏が専門家としてご出席いただき、二〇〇九年十月の旭川のシンポジウムにおいて治水問題で宮本博司氏にご講演いただきました。四氏には本書のご校閲をいただきました。この四氏のご協力によって本書を作成することができました。この検討会を開催するにあたって、パタゴニア日本支社と秀岳荘からご寄付をいただきました。四氏と二社にあつくお礼申し上げます。

最後に、本書の出版を引き受けていただいた緑風出版と編集部に感謝いたします。

本書が出版される二〇一三年春には、安倍内閣が進めようとしている大型公共事業の予算が審議されます。本書が、公共事業と自然保護の問題について一石を投じることができることを願っています。

二〇一三年三月

北海道自然保護協会　佐々木克之

[執筆者略歴]

安藤加代子（あんどう　かよこ）

1948年奈井江町生まれ。生活クラブ生協理事を経て、1996年に「当別ダム上流部のゴルフ場建設計画に反対する市民連絡会」代表幹事（1998年に時のアセスで中止）

1998年に「当別ダム周辺の環境を考える市民連絡会」を設立し代表幹事を務めている。

佐々木克之（ささき　かつゆき）

1942年満州吉林生まれ、1965年京都大学理学部化学科卒業、2002年独立行政法人水産総合研究センター定年退職（研究テーマは沿岸域における物質循環）、著書：共著「川と海」（2008）など、現在北海道自然保護協会副会長

出羽　寛（では　ひろし）

1943年旭川生まれ、1976年北海道大学大学院農業生物学科博士課程単位取得退学（動物生態学）、2009年旭川大学経済学部定年退職、旭川大学名誉教授、著書「旭川の自然ー動物たちの世界」(2007)、オサラッペ・コ ウモリ研究所代表、嵐山ビジターセンター代表、突哨山と身近な自然を考える会代表、

宮田　修（みやた　おさむ）

1951年富良野市山部生まれ　神戸常盤大学衛生技術科卒臨床検査技師　町立下川病院定年退職　サンルダム建設を考える集い・環境省環境カウンセラー(市民部門)所属　　寄稿：サンルダム建設をめぐる40年～北海道の自然(社)北海道自然保護協会、天塩川治水事業とこれから～ヌタプカムシペ大雪と石狩の自然を守る会ほか

[編者略歴]

一般社団法人北海道自然保護協会（ほっかいどうしぜんほごきょうかい）

1964年発会
会員約620名
目的：北海道の自然保護
主な成果：他団体と連携して士幌高原道路・日高横断道路・大規模林道・千歳川放水路などをストップ
主な活動：北海道の生物多様性保全、ダム・道路など無駄な開発行為による自然破壊のチェック、講演会・自然観察記録コンクール・会報・会誌などによる普及啓発
代表：佐藤謙

虚構《きょこう》に基《もと》づくダム建設《けんせつ》
——北海道のダムを検証する

2013年4月10日　初版第1刷発行　　定価2500円＋税

編　者　（社）北海道自然保護協会©
発行者　高須次郎
発行所　緑風出版
〒113-0033　東京都文京区本郷2-17-5　ツイン壱岐坂
［電話］03-3812-9420　［FAX］03-3812-7262［郵便振替］00100-9-30776
［E-mail］info@ryokufu.com［URL］http://www.ryokufu.com/

装　幀　斎藤あかね
制　作　R 企 画　　印　刷　シナノ・巣鴨美術印刷
製　本　シナノ　　用　紙　大宝紙業・シナノ　　E1500

ISBN978-4-8461-1307-0　C0036

◎緑風出版の本

■全国どの書店でもご購入いただけます。
■店頭にない場合は、なるべく書店を通じてご注文ください。
■表示価格には消費税が加算されます。

ダムとの闘たたかい
思川開発事業反対運動の記録

藤原　信著

四六判上製
二六三頁
二四〇〇円

いま再び凍結中のダム事業が復活している。その極めつきが、思川開発ダム事業。土建業者だけが儲かり、自然を破壊し、地元住民を苦しめ、仲違いさせ……。行政と司法の腐敗が、税金を垂れ流し、国民と国土を荒廃させる。

〝緑のダム〟の保続
日本の森林を憂う

藤原　信著

四六判上製
二三二頁
二二〇〇円

森林は、治水面、利水面で〝緑のダム〟として、不可欠である。このまま森林の荒廃を放置すれば、数十年後には、取り返しがつかない。森林の公益的機能を再認識し、森林を保続するため、ヒトとカネを注ぎ込まねばならない。

スキー場はもういらない

藤原　信編著

四六判並製
四二一頁
二八〇〇円

森を切り山を削り、スキー場が増え続けている。このため、貴重な自然や動植物が失われている。また、人工降雪機用薬剤、凍結防止剤などによる新たな環境汚染も問題化している。本書は初の全国スキーリゾート問題白書。

大規模林道はいらない

大規模林道問題全国ネットワーク編

四六判並製
二四八頁
１９００円

大規模林道の建設が始まって二五年。大規模な道路建設が山を崩し谷を埋める。自然破壊しかもたらさない建設に税金がムダ使いされる。本書は全国の大規模林道の現状をレポートし、不要な公共事業を鋭く告発する書！